상식부터 **최신 정보시스템**까지 **명쾌 · 상쾌 · 통쾌!!**

비주얼
바이크
구조와 기능

감수 **이 순 수**
편성 **GB기획센터**

Corporate Identity

"새로운 얼굴로 바뀼습니다."

골든벨의 얼굴(Corporate Identity)이 23년 만에 새로운 전략 시각 커뮤니케이션으로 변모했습니다. 영문 로고는 메인 타이틀로, 한글 로고는 책등[背面]에 주로 사용하였습니다. 원형 컬러 세가닥은 지식의 전달을 종소리의 파장으로 상징한 것입니다.

디자인은 「제일기획」의 신문화팀 '한성욱' 아티스트가 기획·제작한 것입니다.

Preface

이제 '바이크 문화'로 선진국형 모델로 진입하고 있는 것이 완연하다. 바이크가 '택배의 수단'이라는 오명에서 벗어나 진정한 레저 산업으로 정착하고 있는 것이 무척이나 발전적으로 비치고 있다. 여기에 바이크의 구조와 기능을 간단한 이론적 배경에서부터 실제 수리에 임하는 내용까지 많은 사진과 일러스트를 비주얼하게 기획 편성한 국내 유일의 올컬러판이다.

교육기관에서 필수 교재 역할은 물론 바이크에 흥미를 갖는 중학생이나 고교생, 앞으로 바이크를 구입하려는 초심자, 현재 바이크 레저를 즐기는 사람들, 연령이나 성별을 불문하고 이 책으로 바이크를 보다 가까이하였으면 좋겠다는 바람으로 편성하였다.

이 책은 10장으로 편성하여 바이크를 구성하는 중요한 파트를 1~2면에 일러스트 및 사진과 함께 설명하였다. 순서에 따라 현재 판매되고 있는 바이크가 어떻게 구동하고 있는지를 생생하게 표현하였고, 특히, 전자제어 스로틀, 트랜지스터 점화방식, 트랙션 컨트롤 시스템, 무단변속기, 유압 기계식 무단변속기, 듀얼 클러치 트랜스미션, 도난 방지 장치, 이모빌라이저, 에어백, 전자제어 ABS 등 첨단 시스템을 모두 수록하였다.

각 이륜차의 제작사가 채택하는 최신의 기술은 물론 왜 그렇게 되는가 하는 기본을 파악할 수 있도록 가장 초보적인 곳에서부터 접근하였다. 전문 용어를 모르는 사람이라도 읽기 쉽고, 알기 쉽게, 그리고 레저를 즐기는 사람에게도 "헉, 이렇구나!"라고 무릎을 칠 수 있는 한권의 바이크의 바이블로 인지되었으면 하는 바람이다.

Contents

PART 01
바이크 각부의 명칭

01 알아두어야 할 각부 명칭 · · · · 008
02 엔진 및 관련 부품 명칭 · · · · 010
03 계기반 · · · · · · · · · · · · · 011
04 주요 제원과 차체 치수 · · · · · 013
05 마력과 토크 · · · · · · · · · 015

PART 02
바이크의 종류

01 네이키드 · · · · · · · · · · 018
02 슈퍼 스포츠 · · · · · · · · 020
03 투어러 · · · · · · · · · · · 023
04 메가 스포츠 · · · · · · · · 025
05 크루저 · · · · · · · · · · · 027
06 듀얼퍼퍼스 · · · · · · · · · 029
07 스쿠터 · · · · · · · · · · · 030
08 레이서 · · · · · · · · · · · 031
09 비즈니스 바이크 · · · · · · 033

PART 03
바이크의 엔진

01 엔진의 기본 · · · · · · · · 036
02 4사이클 엔진 · · · · · · · · 037
03 배기량과 내경 · 행정 · · · · 039
04 DOHC · · · · · · · · · · · 040
05 OHC · · · · · · · · · · · · 041
06 OHV · · · · · · · · · · · · 042
07 다양한 실린더 배열 · · · · · 043
08 단기통 엔진 · · · · · · · · · 044
09 직렬 2기통 · · · · · · · · · 045
10 직렬 4기통 · · · · · · · · · 046
11 V형 엔진 · · · · · · · · · · 047
12 수평대향 엔진 · · · · · · · 049
13 2사이클 엔진 · · · · · · · · 050

PART 04

엔진을 구성하는 각 파트

01 피스톤 · · · · · · · · · 054
02 크랭크축 · · · · · · · · 055
03 캠축 · · · · · · · · · · · 059
04 밸브 · · · · · · · · · · · 062
05 밸브 타이밍 · · · · · · · 064
06 가변 밸브 시스템 · · · · 065
07 진화하는 가변 밸브 시스템 · · · · 066
08 고속회전형 엔진의 밸브 기구 · · 068

PART 05

엔진 냉각장치와 주변기기

01 공랭 엔진 · · · · · · · · 072
02 수냉 엔진 · · · · · · · · 073
03 라디에이터 · · · · · · · 074
04 라디에이터 구성품 · · · · 077
05 엔진 오일의 역할 · · · · 078
06 엔진 오일의 종류 · · · · 079
07 웨트 섬프 · · · · · · · · 081
08 드라이섬프 · · · · · · · 083
09 오일 필터 · · · · · · · · 085
10 오일 쿨러 · · · · · · · · 085
11 2사이클 엔진의 윤활 · · · · 087

PART 06

엔진의 흡기/ 배기 기구

01 카브레터 · · · · · · · · 090
02 카브레터의 작동 1 · · · · · · 091
03 카브레터의 작동 2 · · · · 092
04 카브레터(부압 작동형) · · · · 093
05 퓨얼 인젝션 · · · · · · · 094
06 FI 각 부의 작동 · · · · · 095
07 가솔린 공급 · · · · · · · 098
08 에어 공급 · · · · · · · · 099
09 배기 시스템 · · · · · · · 100
10 촉매장치 · · · · · · · · 101
11 익스팬션 챔버 · · · · · · 102
12 전자제어 스로틀 · · · · · 103
13 전자제어 인테이크 · · · · 104
14 선진적인 에어 인테이크 · · · 105

PART 07

전기 장비

01 전기계통의 기본 사이클 · · · · · 108

02 발전에서 충전까지 · · · · · 110

03 배터리 · · · · · 111

04 점화 플러그 · · · · · 112

05 점화 코일 · · · · · 114

06 CDI 점화 · · · · · 115

07 트랜지스터 점화 · · · · · 118

08 포인트 점화 · · · · · 120

09 점화시기와 진각 · · · · · 121

10 트랙션 컨트롤 시스템 · · · · · 123

11 헤드라이트 · · · · · 124

PART 08

구동 기구

01 감속, 구동계통의 기본 · · · · · 128

02 1차 감속 기구 · · · · · 130

03 클러치 · · · · · 131

04 변속기 · · · · · 135

05 2차 감속 기구 · · · · · 139

06 스쿠터의 클러치와 미션 · · · · · 142

07 엔진 시동 기구 · · · · · 150

08 진화하는 변속기 · · · · · 152

PART 09

차체/ 현가장치

01 프레임 · · · · · 162

02 현가장치 · · · · · 169

03 현가장치 장착 · · · · · 181

04 스윙 암 · · · · · 184

05 매스(질량) 집중화 · · · · · 185

06 도난 방지 장치 · · · · · 186

07 안전 장비 · · · · · 188

PART 10

제동 장치와 휠, 타이어

01 디스크 브레이크 · · · · · 192

02 드럼 브레이크 · · · · · 194

03 브레이크 시스템 각 부의 역할 · · 195

04 진화하는 브레이크 시스템 · · · · · 198

05 휠 · · · · · 202

06 타이어 · · · · · 203

PART **01**

바이크 각부의 명칭

우선은 바이크를 구성하고 있는 각 부분의 이름을 알아보자.
프레임을 골격 삼아 엔진, 외장품, 현가장치, 조향기구 그리고 두 개의 타이어가 달려 있다.
조향은 프런트 타이어가 담당하고, 라이더는 온 몸을 사용해서 바이크가 전진하는 방향을 컨트롤한다.
엔진이 가솔린을 태워서 만들어낸 구동력은 클러치와 미션 등을 거쳐서
구동륜인 리어 타이어로 전달된다.

01

The Basic Structure of Bikes
알아두어야 할 각부 명칭

가령 자동차의 무게는 1500㏄급 승용차라면 약 1500㎏ 정도이지만, 그에 비해 바이크는 1300㏄ 네이키드 스포츠가 약 260㎏이다. 가속 성능 등을 살펴보면 차체가 가볍고 작은 바이크의 운동 성능이 훨씬 높다고 할 수 있다. 여기서는 바이크 각 부분의 명칭에 대해서 알아본다.

▼ 가와사키 Ninja ZX-6R

▶ 바이크 각부의 명칭

① 브레이크 디스크

② 프런트 포크

③ 헤드라이트(전조등)

④ 미러

⑤ 윈드 스크린

⑥ 프런트 카울

⑦ 브레이크 캘리퍼

⑧ 라디에이터

⑨ 연료 탱크

⑩ 엔진

⑪ 클러치

⑫ 배기관

⑬ 시트

⑭ 시트 카울

⑮ 테일 램프(미등)

⑯ 방향지시등

⑰ 번호판 등

⑱ 스텝

⑲ 스윙 암

⑳ 탠덤 스텝

㉑ 드라이브 체인

㉒ 머플러(소음기)

㉓ 휠

㉔ 타이어

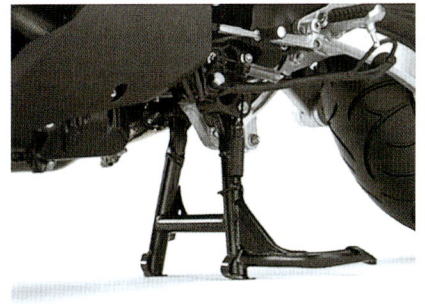

센터 스탠드

사이드 스탠드

▼ 야마하 SR400

① 헤드라이트(전조등)
② 계기반
③ 핸들(그립)
④ 미러
⑤ 프런트 포크
⑥ 프런트 펜더

⑦ 휠
⑧ 연료 탱크
⑨ 엔진
⑩ 퓨얼 인젝션
　　(연료분사장치)
⑪ 프레임

⑫ 시트
⑬ 사이드 커버
⑭ 시프트 페달
⑮ 스텝
⑯ 리어 쇽 옵서버
⑰ 스프로킷

⑱ 드라이브 체인
⑲ 그랩 바
⑳ 리어 펜더
㉑ 테일 램프(미등)
㉒ 타이어

02

The **B**asic **S**tructure of **B**ikes

엔진 및 관련 부품 명칭

엔진은 크게 나누어 실린더 헤드와 실린더, 크랭크축 케이스로 구성되어 있다. 스포츠 모델에서는 100마력을 넘는 고출력 엔진도 많다.

▶ 엔진 각부의 명칭

① 실린더 헤드 ③ 크랭크축 케이스 ⑤ 흡기 포트
② 실린더 ④ 오일 팬 ⑥ 퓨얼 인젝션

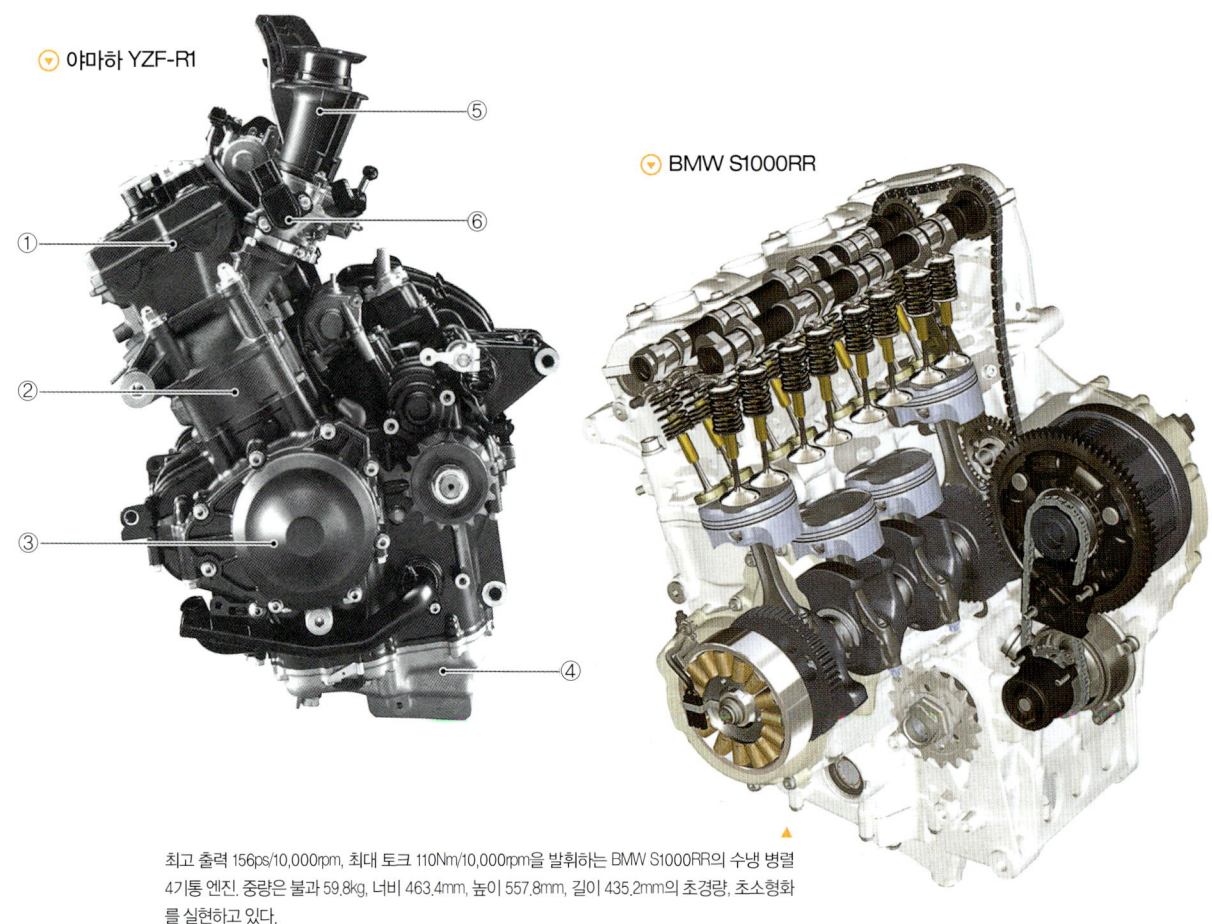

▼ 야마하 YZF-R1

▼ BMW S1000RR

최고 출력 156ps/10,000rpm, 최대 토크 110Nm/10,000rpm을 발휘하는 BMW S1000RR의 수냉 병렬 4기통 엔진. 중량은 불과 59.8kg, 너비 463.4mm, 높이 557.8mm, 길이 435.2mm의 초경량, 초소형화를 실현하고 있다.

03

계기반

바이크는 지붕이 없기 때문에 비오는 날에는 계기반 둘레가 젖는다. 그래서 방수 기능을 갖추고 있다. 선진적인 디지털 계기반이 있는가 하면 고전적인 아날로그 분위기로 연출한 계기반 등 다양한 방식이 있다. 상급 모델의 계기반 둘레는 고급스러운 모습이 돋보인다.

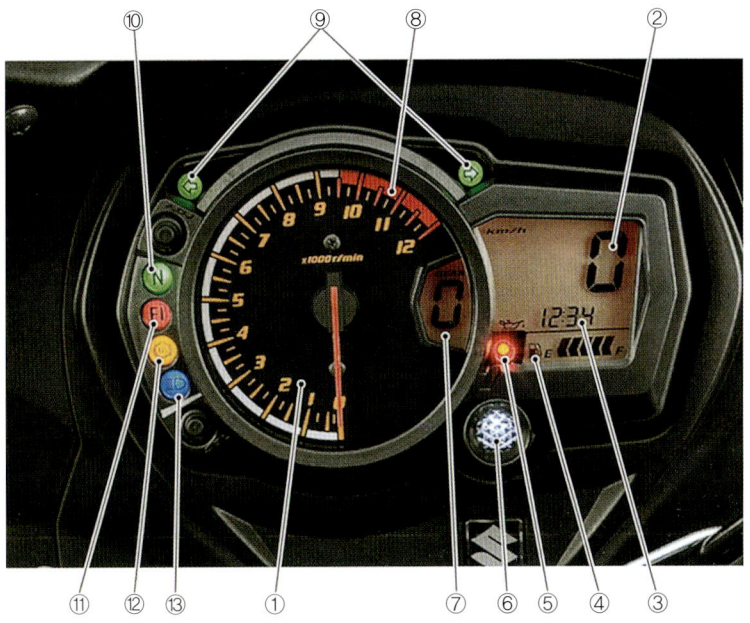

◀ 스즈키 밴딧 1250F ABS의 계기반 둘레는 액정 모니터를 갖춘 선진적인 구성 내용으로 기능성을 추구하고 있다.

▼ 평범한 크롬 도금 본체에 클래식한 분위기의 흰색 바탕을 채택한 야마하 SR400의 계기반 둘레. 연료 잔량 경고등을 갖추고 있다.

① **회전계** : 엔진의 회전수를 표시한다. 시프트 체인지 타이밍의 참고로 활용하는 등 중요한 기능을 갖춘 계기반이라서 눈에 띄기 좋도록 큼지막하게 배열되어 있다.

② **속도계** : 주행 속도를 표시한다. 확인하는 빈도가 높으므로 큰 글자로 표시된다. 최근의 바이크는 액정 화면에 디지털로 표시되는 것이 많아졌다.

③ **시계** : 단추를 눌러서 시계 말고도 거리계를 표시할 수도 있다. 거리계는 총주행 거리는 물론, 리셋이 가능한 단거리 측정용 기능을 갖추고 있는 것이 대부분이다.

④ **연료계** : 자동차에서는 당연한 장비이지만 카브레터 시절의 바이크에는 달려 있지 않은 것도 많았다. 퓨얼 인젝션이 보급되면서부터 표시하는 모델이 많아졌다.

⑤ **유압 경고등** : 엔진 오일이 부족하면 엔진이 망가질 수가 있다. 그래서 계기반에는 오일이 줄거나 유압이 낮아지면 이것을 알리는 경고등이 달려 있다.

⑥ **시프트 체인지 인디케이터** : 적절한 시프트 타이밍을 알려 주는 표시등이다. 엔진 회전수를 감각적으로 파악할 수 있는 베테랑 라이더에게는 별로 필요성이 없지만, 초보자에게는 친절한 장비이다.

⑦ **기어 포지션** : 변속기 기어가 지금 몇 단에 들어가 있는지를 알려주는 표시등이다. 지금의 바이크는 5~6단 기어가 일반적이며, 가장 높은 기어를 톱기어, 가장 낮은 기어를 로 기어라고도 한다.

⑧ **레드 존** : 회전계에는 엔진에 과도한 부하가 걸리는 고속회전 영역을 알리는 레드 존이 표시되어 있다. 이 영역까지 엔진을 돌리지 말도록 라이더는 주의해야 한다.

⑨ **비상등, 방향지시등 인디케이터** : 방향지시등이나 비상등이 점멸하고 있다는 것을 알리는 표시등이다. 방향지시등을 끄지 않거나 잘못 누르는 것을 방지해주는 장비이다.

⑩ **뉴트럴(중립) 램프** : 변속기의 중립 위치(뉴트럴 포지션)에 있음을 알리는 램프이다. 엔진의 시동을 걸 때에는 뉴트럴 램프가 켜져 있는 것을 확인한 다음에 시동 단추를 누르도록 한다.

⑪ **FI 램프** : FI(연료분사) 시스템이 정상적으로 가동하고 있는지 여부를 나타내는 램프이다. 인젝션이나 배터리 등에 트러블이 발생하면 켜져서 이상을 알려 준다.

⑫ **ABS 램프** : ABS가 정상적으로 가동하고 있는지를 확인하기 위한 램프이다. 정상일 경우에는 불이 켜지고, 이상이 발생하면 꺼지거나 깜박거리는 등의 표시로 경고를 한다.

⑬ **하이 빔(상향등)** : 헤드라이트가 상향등으로 켜져 있음을 알린다. 상향등을 켠 채로 달리면 반대 차선의 차량 운전자를 눈부시게 하는 등 피해를 준다.

● **계기반 둘레**

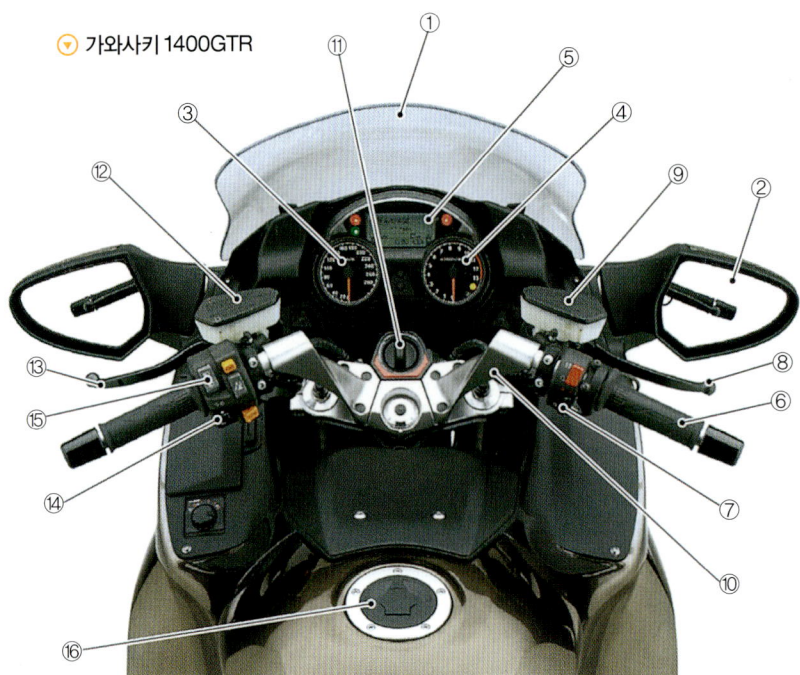

▼ **가와사키 1400GTR**

① 윈드 스크린
② 미러
③ 속도계
④ 엔진 회전계
⑤ 액정 화면
⑥ 스로틀 그립
⑦ 시동 단추
⑧ 브레이크 레버
⑨ 브레이크 마스터 실린더
⑩ 핸들
⑪ 점화 스위치
⑫ 클러치 마스터 실린더
   (유압식일 경우)
⑬ 클러치 레버
⑭ 방향지시등 스위치
⑮ 헤드라이트 상향/하향 전환 스위치
⑯ 연료 급유구

할리데이비슨 FXD 다이나 수퍼글라이드의 심플한 계기반. 속도계와 필요 최소한의 인디케이터 램프만 달려 있다.

04

The **B**asic **S**tructure of **B**ikes

주요 제원과 차체 치수

카탈로그를 펼치면 반드시 실려 있는 것이 제원표이다. 언뜻 보기에는 어려운 용어나 숫자가 쓰여 있는 것처럼 보이지만, 무슨 뜻인지를 알고 나면 이해하기가 무척 쉽다. 우선은 차체 크기를 나타내는 항목부터 살펴보자. 각 부분의 치수를 읽을 줄 알게 되면 그 바이크의 특성도 자연스럽게 파악할 수 있게 된다.

◉ 주요 제원

바이크를 구입할 때에 대부분의 사람들이 카탈로그나 제조사 홈페이지를 본다. 거기에는 반드시 제원표 또는 주요제원 등의 표가 실려 있다.

이 표에는 모델명을 비롯해서 각 부분의 치수와 엔진 종류, 출력, 프레임 구조, 각 장비의 형식 등 다양한 정보가 담겨 있다.

◉ 차체 각부의 치수를 나타내는 용어

제원표에는 전장(길이), 전폭(너비), 전고(높이), 최저 지상고 등 평소에는 잘 사용하지 않는 용어들이 나오는데, 이것들은 모두 차체의 치수를 나타내는 항목이다. 무엇이 어느 부분을 가리키는지는 다음 페이지에 나와 있다. 차체의 사이즈는 물론, 그 바이크의 대략적인 특성도 짐작할 수 있다.

예를 들어 휠 베이스(축간거리)가 길수록 직진 안정성이 우수하고, 짧을수록 선회성이 좋다는 것이 일반론이다. 날카로운 핸들링 특성으로 운동성능이 높은 혼다 CBR1000RR(2010년 형)이 1415mm이고, 느긋하게 크루징을 즐기는 할리데이비슨 FXST(2010년 형)이 1700mm이다. 그 차이는 285mm나 된다.

한편, 험로를 주행하기 위해 만들어진 오프로드 모델은 차체가 지면과 닿지 않도록 사이클가 긴 현가장치을 장착해서 최저지상고가 높다. 모토크로스 경기 전용 모델인 야마하 YZ450F(2010년 형)는 381mm나 공간이 확보되어 있는 반면에 포장도로 주행이 전제로 만들어진 CBR1000RR은 130mm 정도밖에 안된다.

혼다 CBR1000RR

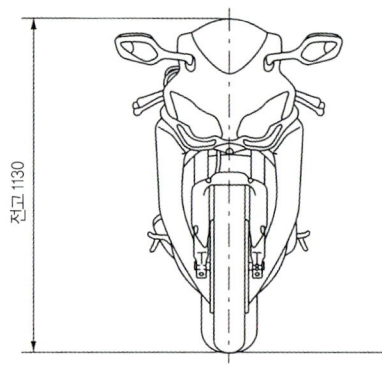

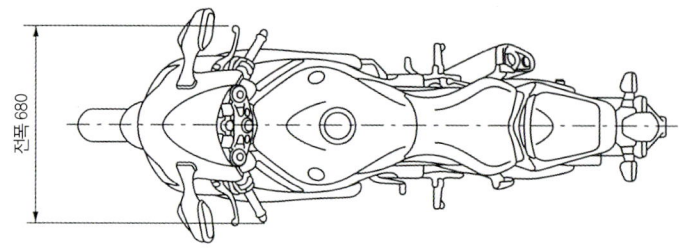

전폭 680

전고 1130

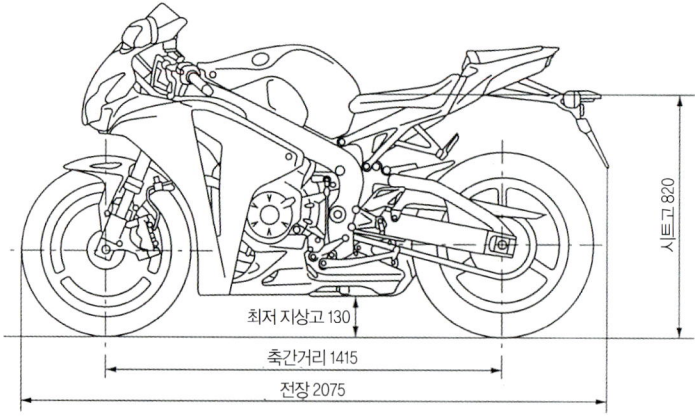

시트고 820

최저 지상고 130

축간거리 1415

전장 2075

할리데이비슨 FXST

1700mm

전장, 전폭, 전고, 축간거리

전장이란 타이어를 포함한 차체의 맨 앞부터 맨 끝가지의 거리, 전폭은 차체 중에서 가장 폭이 넓은 부분, 전고는 지면에서 바이크의 가장 높은 부분까지의 거리(미러는 포함하지 않는다), 축간거리(휠 베이스)는 전륜 중심부터 후륜 중심까지의 길이로서 단순하게 생각하면 축간거리가 짧을수록 신속한 코너링을 할 수 있다.

최저 지상고, 시트고, 중량

지면부터 차체의 가장 낮은 부분까지의 길이가 최저 지상고이다. 시트고는 말 그대로 시트의 높이로서 착석면의 가장 낮은 부분부터 지면까지의 거리를 나타내며, 라이더가 탔을 때에 발이 잘 닿는지 여하를 판단할 수 있다. 중량은 제조사나 모델에 따라 표시 방법이 약간 다른 경우가 있지만, 오일과 가솔린 등을 뺀 건조 중량 표기가 일반적이다.

야마하 YZ450F

381mm

05 The **B**asic **S**tructure of **B**ikes
마력과 토크

카탈로그나 잡지에 등장하는 제원표에는 최고 출력이나 최대 토크를 100kW/9000rpm 또는 90Nm/8500rpm 등으로 나타내고 있다. kW는 마력, Nm는 축을 회전시키는 힘을 나타내는 단위이다. rpm은 엔진의 회전수를 나타낸다.

● 마력과 토크를 나타내는 단위

엔진의 성능을 나타내는 지표로서 최고 출력(마력)이나 최대 토크라는 용어를 사용한다. 마력이나 토크란 어떤 수치일까? 마력이란 일의 양을 나타내는데, 증기기관을 발명한 영국의 제임스 와트가 표준적인 말 한 마리의 힘을 기준으로 삼은 데에서 유래되었다.

그가 정의한 것이 1마력=75kg-m/s, 즉 75kg의 무게를 1초 사이에 1m 들어 올리는 데에 필요한 힘이란 뜻이다. 지금은 전 세계적으로 단위를 통일해서 kW(킬로와트) 표시가 정식으로 되었으며, 1kW=1.360ps, 1ps=0.7355kW이다.

토크란 축을 회전시키는 힘을 나타낸 것이다. 가령 렌치로 볼트를 조일 때에 1kg-m는 1m 길이의 렌치로 1kg의 힘을 가했을 때의 회전력을 뜻한다. 지금은 Nm가 정식 단위로 되어 있으며, 1Nm=0.10197kg-m, 1kg-m=9.80665Nm이다.

카탈로그의 제원표에는 100kW/9000rpm 또는 90Nm/8500rpm처럼 최고 출력이나 최대 토크 발생 시의 엔진 회전수(rpm)를 표기하고 있다.

회전수가 높으면 고속회전형 스포츠 엔진, 낮으면 중저속 토크 중시형 엔진이라는 것을 알 수 있다. rpm이란 1분간의 회전수를 나타내는 단위이다. 엔진의 크랭크축 축이 1분간에 몇 회전하고 있는지를 나타낸 것이다.

▶ 마력

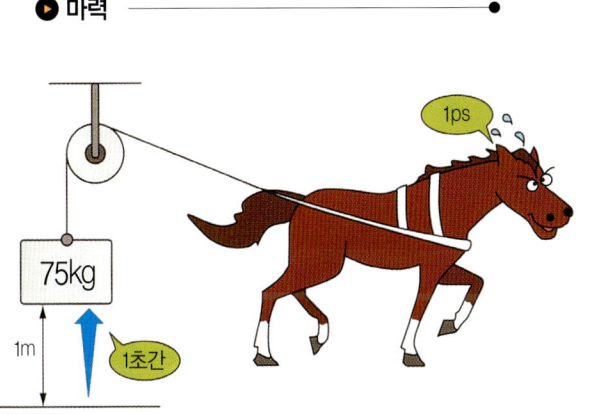

▶ 토크

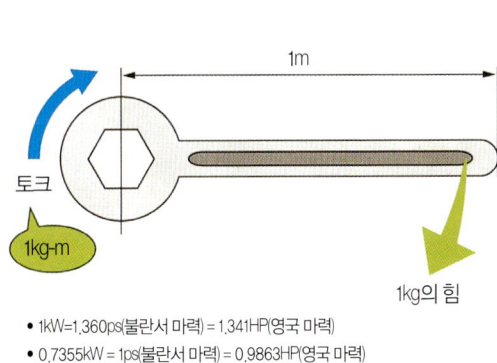

- 1kW=1,360ps(불란서 마력) = 1,341HP(영국 마력)
- 0.7355kW = 1ps(불란서 마력) = 0.9863HP(영국 마력)
- 0.7457kW = 1.01387ps(불란서 마력) = 1HP(영국 마력)
- 1Nm = 0.10197kg-m
- 9.80665Nm = 1kg-m

1969년 혼다 CB750Four

월드GP 레이스에서 오로지 승리하기 위해 만들어진 레이싱 머신에서나 가능했던 4기통 엔진. 그런 꿈같은 4기통 엔진을 탑재한 바이크를 혼다는 1968년 10월의 도쿄 모터쇼에서 선 보였다. 좌우에 2가닥 씩 뻗은 머플러, 보는 이를 압도하는 풍격. 4개의 카브레터를 실린더마다 장착하고, 시판차 최초로 디스크 브레이크를 갖추고 있었다.

선진기술이 아낌없이 투입되어 기존의 바이크로는 불가능했던 영역에 한 걸음 내딛은 이 바이크에 모든 바이크 팬들이 마음을 빼앗겼다. 이것을 계기로 일본의 4대 제조사들은 4사이클 엔진을 앞 다투어 개발하게 되었고, 스포츠 바이크의 기준이 4기통 엔진이 되었다.

PART 02

바이크의 종류

바이크에는 어떤 종류가 있을까?
일반적으로는 네이키드, 슈퍼스포츠, 투어러, 오프로드, 스쿠터 또는 로드레이서,
모터크로서, 트라이얼러 등 바이크의 타입이나 배기량으로 분류되어 다양한 명칭으로 불리고 있다.
여기서는 바이크를 분류별로 나누어서 살펴보기로 하자.

01

The **B**asic **S**tructure of **B**ikes

네이키드

엔진이나 프레임, 헤드라이트 등이 겉으로 노출된 전통적인 스타일의 바이크이다. 라이더는 주행시 바람을 그대로 맞게 되지만 바로 그렇기 때문에 시원한 개방감을 맛 볼 수 있다. 헤드라이트나 엔진 일부분에 작은 카울을 장착한 모델도 네이키드라고 부르는 경우가 있다.

▶ 네이키드

네이키드=벌거벗은. 즉 카울을 장착하지 않아서 엔진이 밖으로 드러나 보이는 바이크를 말한다. 예전에는 모두 바이크하면 모두 네이키드 타입이었지만, 1980년대부터 레이싱 머신의 선진적인 에어로 카울을 장착한 모델이 급격히 늘어나면서 이들과 구분하기 위해 이런 이름이 붙었다.

80년대에 레이서 레플리카 붐이 끝나면서 90년대에는 네이키드 붐이 일어났다. 그 선구자적 역할을 한 모델이 1989년에 등장한 가와사키 제퍼(ZEPHYR)이며, 평범한 철 파이프 프레임에 냉각핀이 아름다운 공랭 병렬 4기통 400cc 엔진을 탑재하고 있었다. 카울이 없는 전통적인 차체 구성을 답습한 제퍼는 원점으로 회귀하려는 듯한 스타일링으로 단숨에 인기 모델이 되어 **네이키드**라는 확고한 카테고리를 형성시켰다. 바람을 막는 효과를 생각한다면 카울이 달려 있는 편이 유리하지만, 네이키드가 지금도 꾸준히 주목받고 있다는 것은 경쾌한 조작감과 아름다운 겉모습에 매료된 팬들이 많다는 것을 대변한다.

▲ **가와사키 제퍼(1989년)**

심플한 철 프레임에 아름다운 조형미의 공랭 4기통 400cc 엔진을 탑재한 가와사키 제퍼는 1989년에 등장해서 순식간에 인기 모델이 되었다. 그 후에 750cc, 1100cc의 후속 모델도 판매되었다.

▲ **혼다 CB1300 SUPER FOUR <ABS>**

동그란 헤드라이트, 파이프 핸들, 존재감 있는 연료 탱크, 고전적인 2가닥 현가장치, 철 파이프 프레임, 보기에도 멋진 엔진이 매력인 혼다 CB1300 SUPER FOUR <ABS>.

▲ **가와사키 ZRX1200 DAEG**

더블 크레이들 프레임에 수냉 DOHC 4밸브 엔진을 탑재하는 가와사키 ZRX1200 DAEG, 일본인 체격에 맞춘 핸들 위치는 U턴 등 일상 라이딩에서 높은 조작성을 발휘한다.

▶ 클래식

과거의 명차를 방불케하는 클래식한 스타일이 특징인 카테고리이다. 마력이나 성능보다는 실용적인 속도 영역에서 엔진의 필링을 중시하므로 다루기 쉽고 편한 모델이 많다.

⊙ 모토굿지 V7 클래식

1967년에 등장했던 V7을 현대에 부활시킨 모토굿지 V7 클래식. 길쭉한 연료 탱크, 모토굿지만의 크랭크축 세로형 V트윈 엔진은 보편적인 아름다움을 느끼게 한다.

⊙ 가와사키 W650

아름다운 모터사이클을 만들어 보고 싶다는 가와사키의 정열을 느낄 수 있는 W650. 베벨 기어로 구동되는 캠축, 발로 밟아 시동을 거는 킥스타트 등 소유감을 만족시켜 주는 모델이다.

▶ 스트리트 파이터

슈퍼 스포츠나 메가 스포츠로부터 카울을 벗겨낸 버전을 스트리트 파이터라고 부르는 경우가 있다. 고속도로를 고속으로 순항할 수 있는 동력 성능을 갖추고 있으면서도 네이키드 스타일을 하고 있는 점이 특징이다. 힘찬 모습과 와일드한 이미지가 매력이다.

⊙ 스즈키 B-KING

익사이팅한 스타일에 선진적인 기술을 갖추어서 두터운 토크와 가슴이 후련해지는 엔진 응답성을 실현한 스즈키 B-KING.

⊙ KTM 990 SUPERDUKE

차량 중량을 186kg으로 억제하고 120ps를 발휘하는 고성능 999cc DOHC V트윈 엔진을 탑재하는 KTM 990 SUPERDUKE. 스윙암에 직접 연결된 리어 쇽업소버는 단단한 스프링을 채택하고, 외장품의 날렵한 엣지가 공격적인 인상을 준다.

02 슈퍼 스포츠

The **B**asic **S**tructure of **B**ikes

말 그대로 스포티하게 달리는 것이 전문인 바이크이다. 서킷에서 풀 스로틀로 달리면 레이싱 라이더의 기분을 만끽할 수 있다. 고속 주행의 바람과 맞서기 위해 라이더의 자세는 바이크에 엎드리는 듯한 전경 자세가 나온다.

◉ 레이서 레플리카

1980년대 중반부터 풀 카울 차체와 고출력 엔진 등 레이싱 바이크가 서킷을 달리기 위해 개발한 선진 기술을 그대로 일반 시판 바이크에 투입한 모델이 연이어 등장했다. 그 시초가 된 모델이 1983년 스즈키가 내놓은 RG250Γ(감마)이다. 양산차로는 최초로 경량 고강성 알루미늄 각 파이프 프레임에 최고출력 45ps를 발휘하는 과격한 2사이클 엔진을 탑재하였다. 당시에는 일반적이었던 센터 스탠드마저 생략하는 등 **레이서 레플리카**라는 카테고리를 정착시켰다.

시판차를 베이스로 하되 개조 범위를 제한하는 레이스(프로덕션 레이스)에서는 베이스가 되는 차량의 마력이 중요하다. 그래서 각 제조사들은 한층 더 마력을 향상시킨 한정 모델(호멀러게이션 모델)을 발매했고, 1987년의 혼다 VFR750R(RC30)이나 1989년의 야마하 FZR750R(OW-01) 등은 본격적인 레이스 머신으로 큰 인기를 끌었다.

▽ 스즈키 RG250Γ (1983년)

전장×전폭×전고
2050×1195×685(mm)
차량 건조 중량 131kg
수냉 2사이클 병렬 2기통
총배기량 247cc
최고 출력 45ps/8500rpm
최대 토크 3.8kg-m/8000rpm
변속기 형식 6단 리턴식

▽ 혼다 VFR750R(1987년)

전장×전폭×전고
2045×1100×700(mm)
차량 건조 중량 180kg
수냉 4사이클 V형 4기통
총배기량 748cc
최고 출력 112ps/11000rpm
최대 토크 7.4kg-m/10500rpm
변속기 형식 6단 리턴식

프로덕션 레이스의 베이스 차량으로 개발된 VFR750R(RC30), 런티타늄 커넥팅 로드와 마그네슘 합금 실린더 헤드 커버, 퀵 릴리스 방식 프런트 포크, 알루미늄 연료 탱크 등 워크스 레이서 RVF750의 레플리카라고 불릴 자격이 있는 내용을 갖추고 있다.

◉ 혼다 NSR250R(1986년)

1986년에 등장한 혼다 NSR250R은 수냉 2사이클 90도 V형 2기통 249cc 엔진을 탑재하고 있었다. 마찰 저항을 줄인 1축 크랭크축과 컴퓨터로 제어되는 가변 배기밸브 시스템 등 당시의 최신 기술을 구사해서 동급 최경량인 125kg(건조 중량)을 실현했다.

슈퍼 스포츠

별다른 개조를 하지 않아도 그대로 서킷 주행이 가능할 정도의 높은 선회력과 동력 성능을 갖춘 로드 스포츠 모델은 1990년대부터 **슈퍼 스포츠**라고 불리게 되었다. 이 카테고리를 확립한 것은 1992년에 발표된 혼다 CBR900RR 파이어블레이드이다.

기존의 1000cc급 바이크 중에도 스포츠성이 높은 모델이 존재했었지만 레이서 레플리카 처럼 가벼운 차체로 서킷 주행까지 고려된 모델은 CBR900RR이 최초였다. 판매가 시작되자마자 전 세계 시장에서 환영받아 큰 인기를 끌었다. 그 이래로 각 제조사로부터 연이어 라이벌 모델들이 등장하게 되었고, 지금은 1000cc급과 600cc급이 주류를 이루고 있다.

혼다 CBR1000RR

전장×전폭×전고 2075×1130×680(mm)
차량 건조 중량 201kg
수냉 4사이클 병렬 4기통
총배기량 999cc
최고 출력 118ps/9500rpm
최대 토크 9.7kg-m/8250rpm
변속기 형식 6단 리턴식

전자제어 유압 스티어링 댐퍼 HESD와 전후 연동 전자식 컴바인드 ABS 브레이크를 갖춘 CBR1000RR 〈ABS〉도 라인업에 있다.

야마하 YZF-R1

모토GP 머신 YZR-M1으로 개발한 크로스 플레인 크랭크축을 비롯해서 전자제어 스로틀 YCC-T, 가변 에어 인테이크 YCC-I 등 선진 기술이 아낌없이 투입되어 있다.

스즈키 GSX-R1000

출력 특성을 바꿀 수 있는 S-DMS를 비롯해서 모노블록 캘리퍼와 BPF(Big Piston Frontfork), 모토GP 머신을 방불케 하는 티타늄 머플러 등 높은 마력을 갖추고 있다.

가와사키 Ninja ZX-10R

불필요한 타이어 공회전을 억제하는 가와사키 점화 매니지먼트 시스템을 적용하였다. 램에어 가압시에는 200ps의 압도적인 파워를 발휘하는 동급 최강 엔진을 갖추고 있다.

BMW S1000RR

엔진 출력 특성을 4단계 모드로 바꿀 수 있는 기능을 비롯해서 리어 타이어의 그립력을 최대한으로 이끌어내는 트랙션 컨트롤 시스템 등 전자제어 기술이 적용되었다.

두카티 1198 CORSE SE

사형 주조 크랭크축 케이스, 티타늄 밸브와 커넥팅 로드, 올린즈의 풀 어저스터블 TTXR 현가장치 등 팩토리 레이싱 머신에 한없이 가까운 프리미엄 바이크이다.

아프릴리아 RSV4 FACTORY

65도 V4 엔진의 강력한 파워를 전자제어 스로틀로 컨트롤하는 라이드 바이 와이어를 채택하였다. 배기 디바이스와 연동으로 엔진 출력을 제어한다.

03 The Basic Structure of Bikes
투어러(Tourer)

투어링, 즉 여행을 위한 도구로서의 기능을 중시한 모델을 투어러라고 한다. 선회력이나 가속력뿐 아니라 높은 방풍 성능과 대형 연료 탱크, 피곤해지지 않는 라이딩 자세, 2인 승차를 고려한 장비 등이 특징이다. 내비게이션이나 오디오 등 호화로운 장비를 싣고 있는 경우가 많다.

⊙ 투어러

장거리를 쾌적하게 달려야 하는 사명을 지닌 투어러는 라이더가 쉽사리 피곤해지지 않도록 대형 윈드 실드나 카울이 설치되어 있으며, 주행거리를 늘이기 위해 대용량 연료 탱크를 갖추고 있다. 2인 승차가 편하도록 시트의 형상이나 쿠션도 잘 만들어져 있고, 물건을 수납할 대형 패니어 케이스도 장착되어 있다.

투어러의 대표격은 BMW의 R1200RT, 대륙횡단 투어러라고도 불리는 혼다 골드윙 등이 있다. 그립 히터, 시트 히터는 물론이고 오디오와 대용량 수납공간도 갖추고 있다. 골드윙은 만약의 충돌사고를 대비한 에어백 시스템까지 설치되어 있는 모델도 있다.

⊙ 혼다 골드윙 <에어백 · 내비>

매립형 내비게이션 시스템을 사용하고 있으며, 핸들을 쥔 상태로 각종 조작이 가능하도록 디자인되어 있다.

⊙ BMW R1200RT

방풍성이 좋은 전동식 윈드 스크린, 27리터 용량의 연료 탱크, 쾌적한 시트, 짐을 싣기 편한 대형 캐리어, 비오는 날에도 안심인 ABS, 내구성이 높은 샤프트 드라이브, 대용량 패니어 케이스 등 장거리 투어와 2인 승차를 거뜬히 치러내는 BMW R1200RT.

2인 승차, 장거리 투어를 전문으로 하는 빅 투어러 BMW R1200RT.

⊙ 스포츠 투어러

스포티한 주행 성능과 고급스런 승차감을 겸비하고 있는 것이 스포츠 투어러이다. 슈퍼 스포츠 수준의 고성능 엔진을 장거리 주행에도 맞도록 다듬어서, 방풍 성능을 고려한 차체에 탑재하고 있다. 선진적인 ABS나 전후 연동 브레이크 등을 갖추어서 안전한 투어링을 즐길 수 있도록 되어 있다. 기어 조작이 필요 없는 AT 모드를 갖추고 있는 모델도 있고, 패니어 케이스 등의 옵션 부품도 풍부하게 마련되어 있다.

◉ 혼다 VFR1200F

1986년에 등장한 이래로 스포츠 투어러로 높은 지지를 받고 있는 VFR은 독자적인 고동감을 자랑하는 신설계 1200cc V형 4기통 엔진, 샤프트 드라이브 구동방식, 스로틀 바이 와이어 방식 스로틀 보디 등을 적용해서 스포티한 운동성능과 높은 질감의 승차감을 양립하고 있다.

◉ 스즈키 BANDIT 1250F ABS

라이더의 안전을 위한 ABS를 비롯해서 기어 포지션 인디케이터와 시프트 인디케이터 등 밴딧 시리즈 상위 모델다운 호화로운 장비를 탑재하고 있다.

◉ 야마하 FJR1300 ABS

2인 승차로 열흘간 3000km를 쾌적하게 주행할 수 있는 고차원의 주행성능을 지닌 세계최고 수준의 유럽대륙 횡단 투어러 FJR1300 ABS. 전자제어 방식 클러치를 적용하고 있다.

04 메가 스포츠

The **B**asic **S**tructure of **B**ikes

고성능의 스포츠 주행이 가능하면서도 쾌적한 장거리 주행까지…. 슈퍼 스포츠도 아니고 투어러도 아닌 메가 스포츠 모델은 배기량이 큰 엔진을 탑재하고 시속 300km의 최고 속도를 자랑한다. 각 제조사마다 자존심을 걸고 만들어내는 카테고리이다.

▶ 메가 스포츠

슈퍼 스포츠가 작고 가벼운 차체로 서킷에서의 마력을 추구하는 바이크라면, 유럽 아우토반 등을 고속으로 질주할 수 있는 동력 성능을 갖춘 것이 메가 스포츠이다.

그 대표 주자는 스즈키가 1998년부터 판매하고 있는 하야부사1300, 가와사키의 ZZR1400 등이 있다. 큼직막한 차체와 라이더를 거센 바람으로부터 지키는 풀 카울을 갖추고, 제조사가 자존심을 걸고 제작한 배기량이 큰 엔진을 탑재한다. 선진적인 브레이크 시스템과 현가장치이 고속 영역에서의 안정된 주행을 가능케 한다.

그 선구자적 역할을 한 것이 1984년에 등장한 가와사키 GPZ900R Ninja이며, 1986년에 GPZ1000RX, 1988년에 ZX-10, 1990년에 ZZR1100으로 발전하다가, 1996년 혼다 CBR1000XX와도 최강 자리를 두고 경쟁을 벌였다.

🔺 **가와사키 GPZ900R Ninja(1984년)**

최고 속도 240km/h 이상, 400m 가속 10.976초의 경이적인 동력 성능으로 폭발적인 인기를 끌었던 모델. 사이드 캠 체인 방식 수냉 엔진을 탑재되었다.

🔺 **혼다 CBR1000XX BLACK BIRD**

1996년 당시 세계 최속인 164ps의 고성능 엔진을 탑재하고 혼다가 세계 최강 자리를 노려서 내놓은 모델. 공력 특성이 우수한 풀 카울을 갖추었다.

▶ 스즈키 HAYABUSA

바람을 원활하게 흘려보내는 카울 디자인은 수
많은 풍동 실험을 거쳐서 완성되었다. 최신 퓨얼
인젝션 시스템은 32비트, 1024KB의 CPU를 갖춘
ECM(엔진 컨트롤 모듈)이 제어한다.

▲ 가와사키 ZZR1400 ABS

가와사키 독자적인 설계 콘셉트로 개발된 경량 & 고강성 알루
미늄 모노코크 프레임을 채택하였다. 프런트 브레이크에 래디
얼 마운트 캘리퍼를 장착해서 강력하고도 안정감 있는 제동력
을 실현했다.

◀ BMW K1300S

실린더를 앞으로 55° 기울인 수냉 병렬 4기통 엔진은 175ps를 발휘한다. 경량 고강성
알루미늄 프레임에 BMW 독자적인 현가장치인 듀오레버, 패러레버를 장착하고 있다.

◉ 하이스피드 투어러/ 그란투리스모

메가 스포츠보다 비교적 투어러를 지향하는 성격이 특징이다. BMW K1300GT, 가와사키 1400GTR 등은 전동 스크린과
패니어 케이스를 표준으로 설치하여 고속 장거리 투어의 편리성을 고려하고 있다.

◀ BMW K1300GT

인테그럴 ABS, 그립 히터, 온보
드 컴퓨터를 탑재하였다. 상급
버전에는 전자제어 현가장치과
시트 히터, 크루즈 컨트롤 등도
갖추어져 있다.

▲ 가와사키 1400GTR

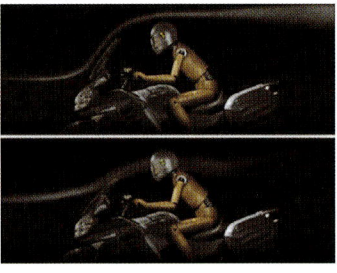

무단계 조절식 전동 윈드 스크린을 설치하여 라이더를 풍
압으로부터 보호한다.

05 크루저

The **B**asic **S**tructure of **B**ikes

절대적인 성능보다는 바이크만의 개방감을 즐기면서 느긋하게 달리는 분위기를 추구하는 카테고리이다. 전통적인 스타일을 고수하는 할리데이비슨을 필두로 전 세계 여러 제조사로부터 수많은 모델이 나오고 있다.

▶ 크루저 / 아메리칸

중저속 토크를 중시한 전통적인 V트윈 엔진을 탑재하는 할리데이비슨은 앞으로 크게 뻗은 프런트 포크, 마치 소파에 앉는 듯한 여유로운 라이딩 자세, 로우&롱(낮고 긴 차체) 스타일이 특징이다. 미국 대륙의 곧바로 뻗은 직선 도로를 쾌적하게 달리도록 고안된 이런 스타일을 우리나라에서는 흔히 **아메리칸**이라고 불리곤 하지만, 본고장 미국에서는 **크루저**라고 불리는 것이 일반적이다.

이런 아메리칸 스타일은 일본 제조사는 물론, 이태리의 모토 굿지, 영국의 트라이엄프 등 유럽 제조사들도 제작하고 있으며, 엔진 배기량도 매우 다양하다. 고급스런 크롬 도금이 특징인 **클래식 스타일**, 개성적인 디자인의 **커스텀 스타일** 등이 인기를 끌고 있다.

고속으로 달리기에는 어울리지 않는 차체 구성이지만, 마치 말을 타고 달리는 듯한 승차 자세 때문에 자유를 찾아 나그네 길을 떠나는 분위기가 매력이다. 각 제조사마다 커스텀 파츠를 풍부하게 마련해 놓고 있어서 남들과는 다른 나만의 개성적인 바이크로 다듬어 나아가는 즐거움도 크다.

◀ 야마하 VS400 드랙스타
고급스런 주행 필링과 도심 속 패션과도 잘 어울리는 스타일이 인기를 끌고 있다.

▼ 할리데이비슨 FXDWG 다이나 와이드글라이드

▼ 혼다 VT1300X
로우&롱 스타일의 늘씬한 차체에 핸들 위치가 높게 설정되어 있다.

두 발을 앞으로 뻗는 와일드한 승차 자세가 특징이다.

◉ 광폭 타이어를 장착한 커스텀 바이크들

드래거 스타일(드랙 레이스 경기 차량을 본 딴 스타일이 특징)을 도입해서 직진 안정성이 우수한 광폭 타이어를 장착하는 모델도 많이 있다. 1679cc의 대배기량 수냉 V형 4기통 엔진을 알루미늄 프레임에 탑재하는 야마하 VMAX는 전용으로 개발된 200mm 폭의 타이어를 채택하였다. 또 할리데이비슨의 신세대 VRSC 패밀리는 240mm의 초광폭 타이어를 채택하여 박력있는 뒷모습을 연출한다.

◀ 야마하 VMAX
성난 파도 같은 가속감과 내부에 충만한 에너지를 표현한 역동적인 디자인을 하고 있다.

▶ 할리데이비슨 VRSC V-ROD 머슬
근미래를 상징하는 조형미와 궁극적인 로우&롱 스타일이 특징이다.

06 듀얼퍼퍼스

The **B**asic **S**tructure of **B**ikes

포장되지 않은 길도 달릴 수 있도록 개발된 기종을 오프로드 바이크라고 부르지만, 포장도로에서도 당연히 잘 달린다. 가냘프고 가벼운 차체에 충격 흡수력이 좋은 현가장치과 블록 패턴 타이어를 채택하여 포장, 비포장도로를 불문하고 높은 주파력을 갖춘 바이크를 듀얼퍼퍼스라고 부른다.

◉ 듀얼퍼퍼스

포장도로는 물론, 비포장도로도 달릴 수 있도록 만들어진 바이크를 듀얼퍼퍼스라고 부른다. 125~250cc의 단기통 엔진이 주류를 이루며, 1990년대 초반까지 각 제조사가 2사이클, 4사이클 각각을 배기량 별로 판매하고 있었지만, 지금은 점점 그 수가 줄고 있는 추세이다. 또한 랠리에 참전하는 레이싱 머신을 본 딴 400cc 이상의 대형 오프로드 바이크도 있는데, 2기통 엔진을 탑재하는 모델도 많다. 힘 좋은 엔진과 대용량 연료 탱크를 갖추어서 어떠한 노면 상태에서도 지칠 줄 모르고 주파하는 실력이 큰 인기를 끌고 있다.

◉ 야마하 WR250R

◉ 모타드

프런트 21인치의 오프로드 바이크에 17인치 온로드용 타이어(지금은 모타드 전용 타이어가 나오고 있다)를 장착해서 아스팔트 도로 주행까지 가능하도록 개조한 것이 시조이다. 미국에서는 **슈퍼 바이커즈**, 유럽에서는 **슈퍼 모타드**라는 이름으로 불리며 인기를 끌고 있는 카테고리이다.

◉ 스크램블러

과거에 비포장도로를 달리도록 처음 만들어진 오프로드 바이크는 지면과의 접촉을 피해서 머플러를 위로 올리고 블록 패턴의 타이어를 장착했을 뿐이었다. 그 스타일을 그대로 재현한 바이크들이 지금도 인기를 끌고 있다.

◉ 가와사키 D트랙커 125X

혼다 CL72(1962년) ◉

07 스쿠터

부담없이 누구나 탈 수 있는 커뮤터로 인기를 얻고 있는 것이 스쿠터이다. 클러치 조작이 불필요한 자동변속기, 두 발을 가지런히 모아서 앉는 승차 자세, 화물을 싣기 편한 대용량 트렁크, 엔진이나 기계 장치가 안 보이도록 카울로 싸인 차체 등이 특징이다. 250㏄ 급을 중심으로 폭넓은 연령층으로부터 지지를 받고 있다.

◉ 스쿠터

타고 내리기가 편한 언더본 프레임으로 라이더가 두 발을 플로어에 모아서 앉는 승차 자세가 특징이다. 두 개의 풀리에 벨트의 마찰력을 이용하는 무단변속기 CVT(Continuously Variable Transmission)를 탑재해서 클러치 조작이나 기어 체인지 조작을 생략했다. 왼손의 조작하는 레버는 클러치가 아니라 브레이크이다.

엔진이나 기계 장치가 겉으로 드러나지 않도록 커버로 싸인 차체는 누구나 부담없이 올라탈 수 있는 커뮤터로 인기가 높고, 일본에서는 1980년대 초부터 50㏄를 중심으로 큰 붐이 일었다. 일반적인 바이크와 크게 다른 점이라면 엔진과 변속기 그리고 스윙암을 일체식으로 제작한 **유닛 스윙암 구조**를 채택하고 있다는 점이다.

▲ **야마하 마제스티**
길이 107mm, 약 60리터 용량의 트렁크 공간을 갖추고 있는 야마하 마제스티 250.

▲ **혼다 실버윙 GT <600>**
고급스런 소유감을 맛볼 수 있는 배기량이 큰 스쿠터.

▲ **스즈키 어드레스V 125**
편리성이 높은 소형 스쿠터.

08 레이서

The **B**asic **S**tructure of **B**ikes

레이스나 경기가 열리는 전용 트랙을 달리도록 개발, 제작된 전용 바이크를 레이싱 바이크 또는 레이서라고 한다. 일반 도로를 달리는 이동수단이 아니라, 스포츠나 경주를 하기 위한 특수 바이크에는 각 제조사의 첨단 기술이 적용되어 있다.

▶ 로드레이서

서킷을 달리기 위해 만들어진 전용 머신이다. 250cc로 92~93ps를 발휘하는 강력한 엔진을 높은 방풍성의 카울 등 최첨단 기술을 아낌없이 투입한 섀시에 탑재하고 있다.

▶ 야마하 TZ250

로드레이스 참가자를 위해 주문 제작 방식으로 판매하던 TZ 시리즈는 가벼운 차체에 93ps의 고출력을 발휘하는 2사이클 엔진을 탑재한다.

▶ 가와사키 ZX-6R 레이스 베이스 차량

일본 로드레이스 ST600전에 출전하는 선수들을 위해 판매하는 가와사키 ZX-6R 레이스 베이스 차량이다.

▶ 모터크로서

점프대나 비탈길 등 인공적으로 만들어 놓은 비포장 전용 코스를 달리도록 제작된 경기용 바이크이다. 가볍고 아담한 차체에 순발력이 높은 엔진을 탑재하고 있다. 최근의 추세에 따라 퓨얼 인젝션 모델이 개발되어 나오고 있으며, 경량화를 위해 배터리를 생략한 모델도 많다.

▶ 야마하 YZ450F

곧게 뻗은 흡배기 통로로 충전효율을 높이기 위해, 실린더를 뒤로 숙이고 전방 흡기/ 후방 배기라는 독자적인 설계가 이루어져 있다. 덕분에 질량 집중화에 유리해서 우수한 핸들링 특성도 실현하고 있다.

◉ 엔듀로 레이서

　자연 지형을 이용한 공식 루트를 일정 시간 내에 주파해서 순위를 겨루는 것이 엔듀로 레이스(크로스컨트리)이다. 이 경기에 나가는 바이크는 야간 주행을 고려해서 헤드라이트도 갖추고 있다.

엔진은 중저속 영역을 강화하고, 미션 감속비를 전용으로 설계해서 스로틀 조작에 대한 컨트롤성을 높이고 있다.

◉ 트라이얼러

　인공, 또는 자연의 지형지물에 발을 닿지 않고 통과하는 기술을 겨루는 것이 트라이얼이다. 선수는 바이크 위에 일어선 상태로 달리기 때문에 시트가 없고, 연료 탱크도 아주 작다. 철저하게 경량화를 추구하고 있는 점이 특징이다.

🔺 혼다 RTL260F

알루미늄 프레임에 SOHC 4밸브 엔진을 탑재하며, 킥으로 시동을 걸면 AC 발전기가 인젝션 시스템과 점화계통, 라디에이터 냉각팬 등에 전원을 공급한다.

🔺 야마하 TYS350F

◉ 더트트랙 레이서

　평평한 지면의 타원형 코스를 도는 것이 더트트랙 레이스이다. 뒷타이어를 미끄러뜨리면서 코너링하며, 앞브레이크는 장착되지 않는다. 주로 미국에서 인기를 끌고 있으며, 할리데이비슨은 오래전부터 이 레이스에 참전해 오고 있다.

🔺 할리데이비슨 XR750

09

The Basic Structure of Bikes

비즈니스 바이크

스포츠 주행을 즐기거나 투어링을 떠나는 레저용 바이크 말고도, 비즈니스를 위해 특성화된 바이크도 있다. 배달 업무용, 퀵 서비스, 경찰 바이크 등이 있다.

◉ 배달용 바이크

기동성이 우수한 바이크는 오래 전부터 우체국이나 신문사, 음식점 등에서 배달 업무용으로 널리 사용되어 왔다. 특히, 혼다가 1958년에 판매한 슈퍼커브는 자동원심 클러치를 채택해서 한 손으로도 운전이 가능해졌다. 연비가 좋고 내구성이 높아서 현재까지 160여 개국에서 판매되고 있는 베스트셀러이다.

◁ 혼다 슈퍼커브 110 프로

앞바퀴 위에 대형 바구니, 뒷바퀴 위에 짐받이를 표준으로 설치된 비즈니스 모델이다.

▷ 혼다 자이로 캐노피

음식 배달용으로 개발된 3륜 바이크이다. 무거운 물건을 운반하는 데에도 요긴하게 사용된다.

◉ 일하는 바이크

경찰의 교통기동대, 파출소 순찰용, 군대의 정찰용, 소방서의 소방용, 도로관리회사의 순찰용 등으로 바이크가 사용되는 경우가 많다. 자동차에는 기대하기 힘든 기동성이 큰 장점이다.

◁ 경찰용으로 판매되는 BMW R1200RT 폴리스

오토매틱 이륜차면허 교육용 혼다 실버윙 400. 연습 중에 넘어지더라도 차체를 보호하는 범퍼가 달려 있다.

일본의 여경 교통기동대. 마라톤 경기의 선도나 이벤트 데모 주행 등 홍보 활동에 적극적으로 참가하고 있다.

2차 세계대전 중에 미국 군사용으로 제작된 1942년 할리데이비슨 XA750. V트윈이 아니라 수평대향 2기통 엔진을 채택하고 있는 점이 흥미롭다.

자나 깨나 바이크

지붕도 없고 타이어도 두 개 밖에 없는 바이크의 뭐가 그렇게 재미있는가?

바이크 전문지에 기사를 쓰는 일이 직업인 필자는 일할 때에도 바이크, 휴일에도 바이크, 레이스나 투어링도 자주 하는 등 바이크 삼매경의 나날을 보내고 있다. 그런 필자를 보고 "그게 뭐가 그렇게 재미있어?"라고 신기해 하는 사람도 적지 않을 것이다.

그야 지붕도 없고 에어컨도 없는 바이크는 비가 오면 홀딱 젖고, 여름에는 덥고 겨울에는 춥다. 어쩌다 넘어지기라도 하면 무지 아프고, 교통체증에 잡히면 얼굴이 매연으로 시커멓게 된다. 그렇지만 인공물로 둘러싸인 현대인의 생활 속에서는 결코 맛 볼 수 없는 것을 바이크로는 느낄 수 있다. 그것은 인간의 본능이 추구하는 자연이다.

도시를 빠져나와 자연 속을 달리면 산이나 바다의 냄새가 상쾌하게 다가오고, 계절이 바뀌는 것을 피부로 느낄 수 있고, 여름의 소나기도 기분 좋게 맞을 수 있다. 이것은 에어컨 시설이 완비된 지하철이나 자동차로는 결코 경험할 수 없는 일이다. 도시에서 생활하면서도 자연을 느낄 수 있으니까 저는 바이크를 타는가 보다.

물론 필자는 바이크를 좋아하는 이유에 대해서 지금까지 진지하게 생각해 본 적은 없지만, 지금 이 글을 쓰면서 곰곰이 생각해 보니까 불현듯 바이크에 올라타고 바람 속을 달리고 싶어진다.

PART 03

바이크의 엔진

바이크에 사용되는 엔진은 자동차 엔진과 마찬가지로 가솔린을 실린더 안에서 연소시켜서,
이때에 발생한 에너지로 크랭크축를 돌려 회전력을 얻는다.
실린더 안에서 연소가 이루어진다고 해서 내연기관이라고 부른다.
현재는 4사이클 엔진이 주류를 이루고 있으므로
여기서는 4사이클 엔진을 대상으로 기본 구조를 설명하도록 하겠다.

01

The Basic Structure of Bikes

엔진의 기본

엔진은 바이크의 심장이라고 할 수 있다. 바이크의 엔진은 자동차와 마찬가지로 왕복운동을 회전운동으로 바꾸는 왕복운동 형식이다. 이제부터 왕복운동 엔진의 기본 구조를 설명하겠다.

▶ 왕복운동 엔진

왕복운동이란 영어의 [Reciprocating]에서 나온 말로서, 실린더 안에 공기와 가솔린을 섞어서 주입하고, 이것을 피스톤으로 압축한 다음에 점화, 연소시켜서 열 에너지를 얻는다. 연소 가스가 팽창하면서 피스톤을 누르고, 이때에 발생한 힘으로 크랭크축을 돌려서 동력으로 사용한다. 바이크용 엔진으로는 피스톤이 실린더 안을 4사이클(4행정 2왕복)로 작업을 끝내는 4사이클 엔진과, 2사이클(2행정 1왕복)로 끝내는 2사이클 엔진이 있지만, 지금은 배기가스나 연비 면에서 유리한 4사이클 엔진이 주류를 이루고 있다. 배기량이나 기통 수(실린더 수), 실린더 배열, 밸브 구동 방식 등에는 다양한 구조와 종류가 있다.

그 기본 구조는 카브레터나 인젝션으로 가솔린을 무화 상태로 만든 혼합기를 연소실에 가두어 놓고, 피스톤으로 압축해서 전기 불꽃(점화 플러그)으로 연소시킨다. 이때에 발생한 팽창 에너지가 피스톤을 누르고, 커넥팅 로드로 연결된 크랭크축이 회전운동을 하게 된다. 혼합기가 연소하면서 생긴 압력으로 피스톤이 실린더 안에서 왕복운동을 하게 되는데, 실린더 안에 혼합기를 받아들이거나 연소 후의 가스를 배출하는 역할도 담당한다. 이것은 주사기와 같은 원리로 피스톤을 당기면 부압이 생겨서 공기를 빨아들이고, 피스톤을 누르면 정압이 발생해서 공기를 뱉어내는 것과 같다.

▶ 4사이클 엔진의 기본구성

4사이클 엔진은 흡기구와 배기구에 각각 밸브를 설치해서, 흡기/ 압축/ 연소/ 배기의 4행정에 맞춰 밸브를 개폐한다.

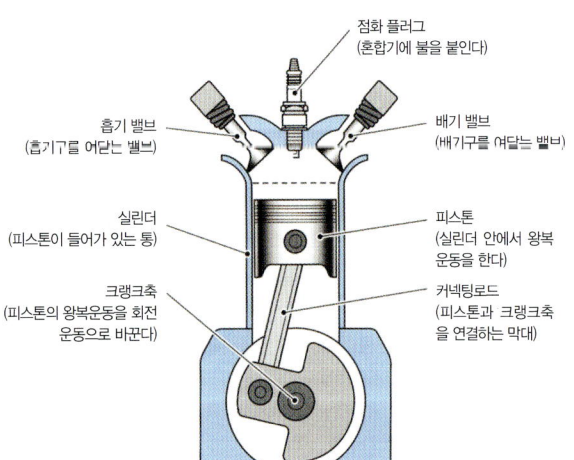

점화 플러그
(혼합기에 불을 붙인다)

흡기 밸브
(흡기구를 여닫는 밸브)

배기 밸브
(배기구를 여닫는 밸브)

실린더
(피스톤이 들어가 있는 통)

피스톤
(실린더 안에서 왕복운동을 한다)

크랭크축
(피스톤의 왕복운동을 회전운동으로 바꾼다)

커넥팅로드
(피스톤과 크랭크축을 연결하는 막대)

▶ 부압과 정압의 원리

실린더 안에 혼합기를 빨아들이려면 대기와 실린더 내부 압력의 차(부압)가 있어야 한다. 주사기를 예로 들어 생각해 보자.

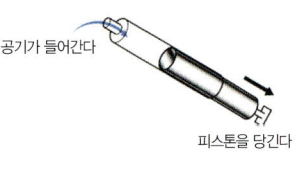

공기가 들어간다

피스톤을 당긴다

흡기

구멍이 뚫려 있는 상태에서 피스톤을 당기면 부압이 생겨서 공기가 빨려 들어온다.(흡기밸브가 열려서 연소실에 혼합기기 빨려 들어오는 상태)

구멍을 막는다

압축

피스톤을 누른다

압축, 팽창

구멍을 막은 상태로 피스톤을 누르면 주사기 안의 공기가 압축되어(정압) 피스톤을 되돌리려고 한다.(밸브가 닫히고 피스톤이 상승한 상태)

구멍을 연다

피스톤을 민다

배기

막았던 구멍을 열면 구멍을 통해 공기가 세차게 빠져 나간다.(배기밸브가 열려서 연소가스가 배출되는 상태)

02 The Basic Structure of Bikes
4사이클 엔진

흡입, 압축, 연소 팽창, 배기의 네 가지 행정(4행정)을 하는 동안에 피스톤이 두 번 왕복하는 엔진이 4사이클 엔진이다. 피스톤과 크랭크축이 커넥팅 로드로 연결되어 있다. 그 구조를 이제부터 살펴보자.

◉ 4사이클 엔진

　피스톤이 4회 행정을 하여 하나의 작동 사이클을 끝내는 엔진을 4사이클 엔진이라고 한다. 38페이지의 그림처럼 ①흡입→②압축→③연소 팽창→④배기의 4행정으로 이루어지며 그 사이에 피스톤이 2회 왕복, 크랭크가 2회전한다. 즉 크랭크축이 2회 돌 때마다 1회씩 연소가 이루어지는 것이다.

　흡기구에는 흡기 밸브, 배기구에는 배기 밸브가 각각 설치되어 있어서, ①흡입 행정에서 흡기 밸브가 열리고, ④배기 행정에서 배기 밸브가 열려서 혼합기와 연소가스를 흡기, 배기한다. 실린더 헤드에는 ③연소 팽창 행정일 때에 혼합기에 불을 붙이는 점화 플러그가 설치되어 있고, 내부에는 실린더 내경보다 약간 작은 원통형 피스톤이 들어있다. 피스톤은 혼합기가 연소하면서 만들어내는 팽창 에너지를 받아서 상사점과 하사점 사이를 고속으로 왕복운동 한다. 이 직선적인 피스톤의 왕복 운동을 회전 운동으로 바꾸는 것이 커넥팅 로드와 크랭크축이다.

◉ 피스톤 속도는?

　피스톤은 실린더 안에서 고속으로 왕복 운동을 되풀이하는데, 그 속도는 엄청나게 빠르다. 가령 3000rpm이라면 1분에 크랭크축이 3000회전하므로 피스톤도 1분에 3000번이나 왕복하게 된다. 엔진 내부에서는 크랭크축의 회전 운동이나 밸브 개폐가 엄청난 속도로 이루어지고 있다.

◉ 피스톤과 크랭크축 ──────── ● ◉ 4사이클 엔진의 내부 ────────

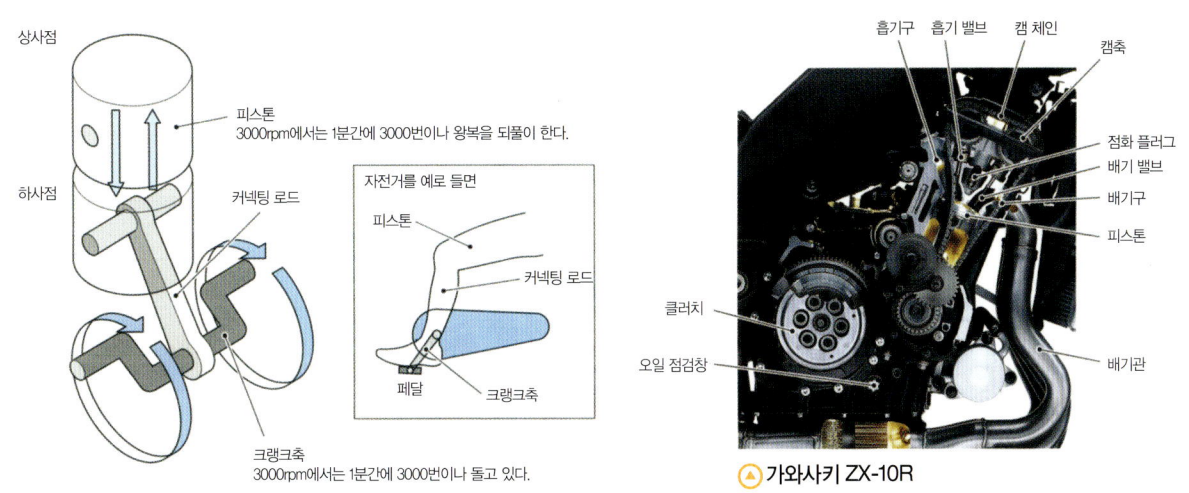

상사점
피스톤
3000rpm에서는 1분간에 3000번이나 왕복을 되풀이 한다.
하사점
커넥팅 로드
자전거를 예로 들면
피스톤
커넥팅 로드
클러치
오일 점검창
페달　크랭크축
크랭크축
3000rpm에서는 1분간에 3000번이나 돌고 있다.

흡기구　흡기 밸브　캠 체인　캠축
점화 플러그
배기 밸브
배기구
피스톤
배기관
◉ 가와사키 ZX-10R

① 흡입 행정

상사점에서 하사점을 향해 피스톤이 이동할 때에 흡기 밸브가 열리면서 혼합기가 연소실로 흘러 들어온다. 피스톤이 내려감에 따라 실린더 내부의 기압이 낮아져서 흡기구를 통해 혼합기가 빨려 들어온다.

② 압축 행정

피스톤이 하사점을 지나 상사점을 향해 올라가기 시작하면 흡기 밸브와 배기 밸브가 모두 닫히고 피스톤에 의해 혼합기가 압축된다. 이렇게 압축을 하면 혼합기의 온도가 올라가서 연소되기 쉬운 상태가 된다.

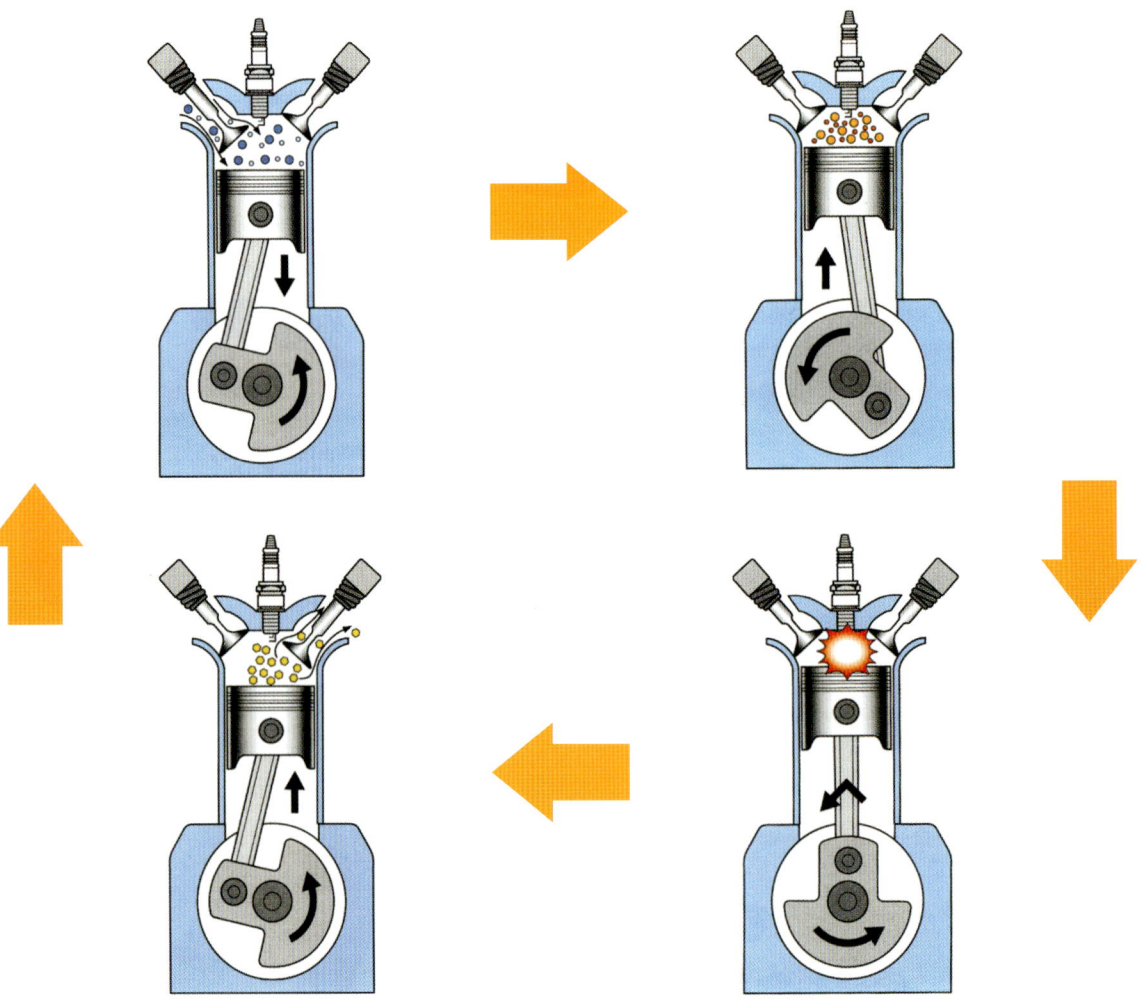

④ 배기 행정

피스톤이 하사점에 이르면 배기 밸브가 열리고, 피스톤이 상사점을 향해 올라가면서 실린더 내부의 연소 가스를 배기구를 통해 밖으로 배출한다.

③ 연소 팽창 행정

피스톤이 상사점에 도달했을 때에 점화 플러그의 불꽃으로 불을 붙이면 압축된 혼합기가 순식간에 연소된다. 이때에 발생한 열 에너지로 피스톤을 눌러서 크랭크를 돌리게 된다.

03 The Basic Structure of Bikes
배기량과 내경·행정

엔진의 크기를 판단하는 기준이 되는 것이 배기량이다. 바이크용 엔진으로는 50cc~2000cc 정도가 일반적이다. 피스톤의 직경을 내경, 피스톤이 왕복하는 거리를 행정이라고 하며, 그 비율을 내경·행정비라고 한다.

▶ 배기량

일반적으로 엔진의 크기는 배기량으로 나타낸다. 이것은 실린더 안에서 피스톤이 움직이는 공간인 행정 체적(기통 체적)에 실린더 수를 곱한 것으로, 단위는 cc 또는 ㎖(혹은 cu.inch.)로 나타낸다. 실린더의 내경과 행정를 알고 있다면 원기둥의 부피를 계산하는 방법으로 배기량을 구할 수 있다.

원기둥의 부피 = 반지름 × 반지름 × 3.14 × 높이
행정 체적 = 5 × 5 × 3.14 × 3 = 235
여기에 실린더 수를 곱하므로 단기통일 경우 약 235cc, 2기통일 경우 약 471cc, 4기통일 경우 약 940cc

내경 10cm
행정 체적
행정 3cm

▶ 내경 행정 비율

실린더의 내경과 피스톤이 상하로 움직이는 거리의 비율을 내경·행정 비율이라 한다. 내경이 행정보다 큰 것을 **단행정 엔진**, 보어보다 사이클가 큰 것을 **장행정 엔진**, 내경과 행정이 똑같은 것을 **정방행정 엔진**이라 한다. 이것은 엔진 특성에 큰 영향을 미치는데, 장행정 엔진은 피스톤이 움직이는 거리가 길어짐과 동시에 피스톤 속도의 한계가 일찍 오므로 끈기 있는 토크를 발휘하는 저속회전 중시형 출력 특성이 되고, 단행정 엔진은 피스톤이 움직이는 거리가 짧아서 피스톤의 속도를 높일 수 있으므로 고속회전 고속출력 엔진이 된다.

길다
짧다
단행정 엔진

상사점
사이클
보어
하사점
피스톤
정방행정 엔진

짧다
길다
장행정 엔진

▶ 압축비

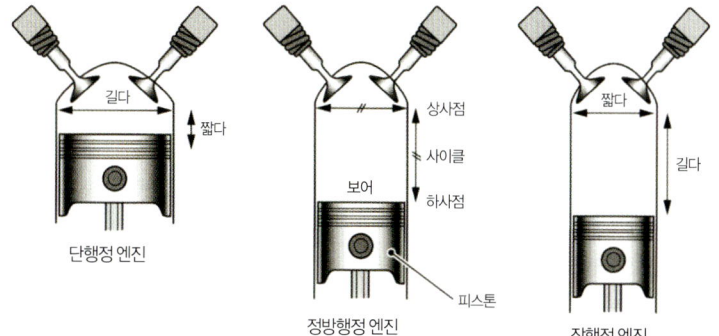

압축비란 실린더 안에 빨아들인 혼합기를 얼마나 압축하는가를 나타내는 비율이며, (실린더체적 + 연소실 체적) ÷ 연소실 체적으로 계산할 수 있다. 압축비를 높이면 연소 효율이 올라가서 큰 힘을 낼 수 있다. 그러나 너무 높이면 혼합기가 뜨거워져서 이상 연소(점화 플러그에 불꽃이 튀기 전에 제멋대로 연소하는 현상)가 발생하게 된다. 이것을 **노킹** 또는 **디토네이션**이라고 부르며, 연소실에 비정상적인 압력파가 발생해서 금속을 두드리는 듯한 소리를 내며 피스톤 등에 지장을 준다.

연소실 체적 50cc
기통 체적 400cc

압축비 =(실린더 체적 + 연소실 체적) ÷ 연소실 체적
(400 + 50) ÷ 50
= 9
압축비 9

04 DOHC

실린더 헤드 위에 2개의 캠축이 있어서 흡기 밸브와 배기 밸브 구동을 각각 전담하는 것이 DOHC(Double Over Head Camshaft) 엔진이다. 1960년대 후반에 등장했을 당시에는 2밸브가 주류였지만 70년대 후반부터는 고성능을 추구해서 4밸브를 채택하는 경우가 많다.

● DOHC

실린더 헤드에 흡기 밸브와 배기 밸브 각각의 전용 캠축을 설치한 것이 DOHC(더블 오버 헤드 캠축)이다. DOHC에는 캠이 밸브를 직접 누르는 **직동식(또는 직타식)**과 암을 거쳐서 누르는 **로커암 식**이 있다. 직동식은 구조가 단순해서 동력 손실이 적어 고속회전 엔진에 주로 사용되며, 로커암 식은 밸브 리프트 량(캠에 눌러서 열리는 밸브의 이동량)을 변경하기가 편하고, 실린더 헤드를 작게 만들 수 있는 장점이 있다.

◉ BMW S1000RR

● DOHC의 기본 구조

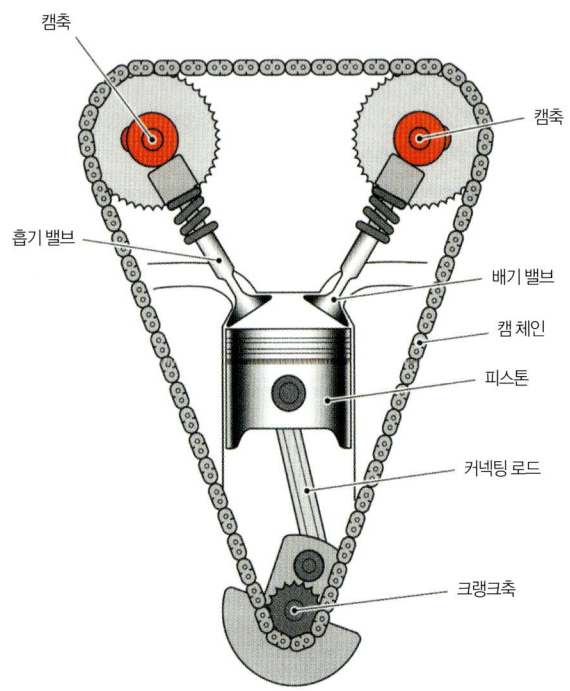

캠축

캠축

흡기 밸브

배기 밸브

캠 체인

피스톤

커넥팅 로드

크랭크축

직동식

엔진이 고속으로 회전하여도 밸브 개폐의 타이밍을 정확하게 유지할 수 있는 직동식은 슈퍼 스포츠에도 채택된다.

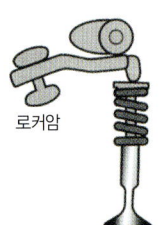

로커암

로커암 식

캠이 밸브를 눌러서 움직이는 거리(연소실로 튀어 나오는 양)을 조절하기 편리하다는 장점이 있다.

05 OHC
The **B**asic **S**tructure of **B**ikes

실린더 헤드 위에 있는 1개의 캠축이 로커암을 거쳐서 흡기 밸브와 배기 밸브를 함께 구동하는 것이 OHC(Over Head Camshaft) 엔진이다. DOHC에 비해 부품수가 적어서 실린더 헤드를 작게 만들 수 있는 장점이 있다.

◉ OHC/ SOHC

흡기 밸브와 배기 밸브를 여닫는 캠이 1개의 캠축에 달려 있는 것이 OHC(오버 헤드 캠축)이다. 캠축이 2개인 DOHC와 구분하기 위해서 SOHC(싱글 오버 헤드 캠축)라고 부르기도 한다.

크랭크축의 회전은 **캠 체인**이나 **캠 기어 트레인**을 거쳐서 캠축에 전달된다. 크랭크축이 2회전할 때마다 캠축은 1회전하면서 로커암을 거쳐 흡·배기 밸브를 각각 여닫는다.

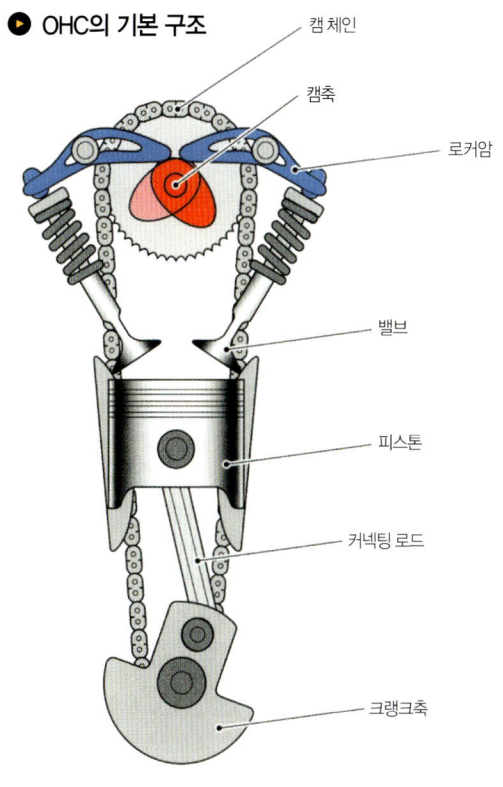

◉ OHC의 기본 구조

- 캠 체인
- 캠축
- 로커암
- 밸브
- 피스톤
- 커넥팅 로드
- 크랭크축

◉ 혼다 XR650

하나의 캠축으로 흡기 밸브와 배기 밸브를 구동하는 혼다 XR650의 SOHC 4밸브 엔진이다.

◉ OHC 엔진의 장점

실린더 블록에 캠축이 설치되어 있는 OHV에 비해서 SOHC는 밸브와의 거리가 크게 줄어든 것이 특징이다. 푸시로드가 필요 없고 부품수도 줄일 수 있다. 실린더 헤드를 작고 가볍게 만들 수 있다. 흡·배기의 효율 향상을 노린 3밸브나 4밸브 엔진도 있다. 자동차에서는 거의 사용하지 않는 방식이지만 바이크에서는 아직도 수많은 SOHC 엔진이 존재한다.

06 OHV

밸브를 구동하는 시스템의 구조는 시대 흐름에 따라 바뀌어 왔다. 가장 최근의 것이 DOHC이고, 그 전의 OHC, OHV 등이 있다. OHV(Over Head Valve)는 푸시로드가 로커암을 눌러서 밸브를 여닫는다.

◉ OHV

이름 그대로 실린더 헤드 위에 흡·배기 밸브가 설치되어 있는 것이 OHV(오버 헤드 밸브)이다. OHC(DOHC)도 밸브가 실린더 헤드 위에 있지만, OHV가 등장하기 전에 일반적이었던 SV(사이드 밸브)와 구분하기 위해 이런 이름이 붙었다.

캠축이 실린더 옆에 있고 캠의 회전에 따라 푸시로드가 상하로 왕복운동을 한다. 그 끝에 마련된 로커암이 밸브를 누르는 단순한 구조이다. 고속회전 엔진으로 만들기에는 긴 푸시로드가 무게나 강성의 면에서 불리하게 작용하므로 최근의 슈퍼 스포츠 모델에는 거의 채택되지 않는다. 그러나 느긋하게 크루징하는 것을 즐기는 할리데이비슨 등 배기량이 큰 크루저에서는 아직도 애호가가 많다.

◉ OHV의 기본 구조

로커암

흡기 밸브

피스톤

커넥팅 로드

푸시로드

배기밸브

캠축

푸시로드

🔺 가와사키 V2000

◉ SV

OHV가 등장하기 전에는 SV(Side Valve)방식이었다. 크랭크축 옆에 있는 캠축이 밸브를 누르는 단순한 구조지만, 연소실 형상이 비효율 적이고 밸브도 크고 무거워서 현재에는 사용되지 않는다. 그러나 스페인의 가스가스가 2007년에 발표한 최신형 트라이얼 머신에서 채택하는 등 지금도 극히 적은 수가 생존해 있다. 또 SV의 구형 바이크를 사랑하는 동회인들도 전 세계에 많이 있다.

◉ SV의 기본 구조

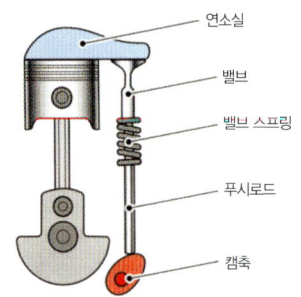

연소실

밸브

밸브 스프링

푸시로드

캠축

1929년에 등장한 할리데이비슨의 SV 엔진은 실린더 헤드 모양이 납작하다고 해서 플랫 헤드라는 애칭으로 불렸다.

구조가 단순하고 튼튼하지만 연소실이 찌그러진 형상이라 압축비 확보가 어려운 사이드 밸브 엔진.

07 The Basic Structure of Bikes
다양한 실린더 배열

고속회전 고출력을 얻기 위해서는 다기통 엔진이 유리하다. 실린더를 배열하는 방법에는 다양한 것이 있다. 직렬이라고 불리는 일렬 배치 구조가 일반적이지만 V형이나 수평대향 등의 역사도 오래 되었다.

▶ 다기통의 장점

피스톤이 왕복 운동을 하는 통을 **실린더**라고 하며 우리말로는 **기통**이라고 한다. 실린더가 하나만 있는 단기통 엔진을 비롯해서 바이크용 엔진에는 4기통이나 2기통 등이 널리 사용되고 있으며, 3기통이나 6기통, 모토GP 레이싱 머신에는 5기통 엔진도 있다. 실린더 수를 늘리는(다기통 화) 장점은 각 실린더의 연소 팽창 행정에서 발생한 에너지를 그 밖의 실린더의 흡기, 압축, 배기 행정에 활용할 수 있다는 것이다. 또 같은 배기량 단기통에서 실린더를 4개로 늘리면 하나의 실린더가 담당하게 되는 배기량이 4분의 1로 줄게 된다. 가령 400cc 엔진이라면 기통당 100cc가 되므로 연소실 체적이 줄어든 만큼 연소 효율이 높아진다. 피스톤이나 그 밖의 관련 부품도 그만큼 작고 가벼워지므로 보다 고속회전으로 돌릴 수 있는 엔진이 된다.

▶ 다기통 엔진의 실린더 배열

다기통 엔진의 실린더 배열법에는 다양한 종류가 있다. 직렬 엔진은 각 실린더가 일직선으로 배열되어 있는 것을 말하며, 두 개의 실린더를 V자로 배치한 V형 엔진도 많이 있다. 또, 바이크의 진행방향에 대해 크랭크축이 옆으로 배열된 것을 **크랭크축 가로형**, 앞뒤로 된 것을 **크랭크축 세로형**이라고 구분해서 부르기도 한다.

▶ 단기통과 다기통

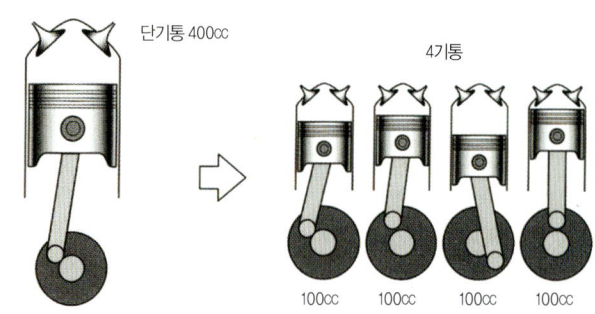

단순하게 생각하면 연소실이나 피스톤 등이 1/4로 준다. 연소 효율이 향상되어서 고속회전 고출력을 얻기 쉬운 장점이 있다.

▶ 다양한 실린더 배열

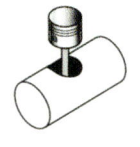
단기통(싱글)

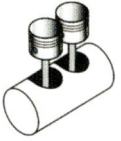
직렬 2기통

직렬 4기통

V형 2기통
(V트윈)

수평대향 2기통
(박서 트윈, 플랫 트윈)

스퀘어 4기통

08

The **B**asic **S**tructure of **B**ikes

단기통 엔진

부품 수가 적으므로 작고 가벼운 장점이 있다. 소배기량 모델이나 오프로드 바이크 엔진이 주로 채택하는 방식이다. 50cc 비즈니스 바이크의 경우는 가솔린 1리터로 110km를 주행하는 고연비를 자랑하기도 하고, 4밸브를 채택한 고성능 엔진은 오프로드 바이크에 많이 채택되고 있다.

◉ 단기통 엔진의 회전 필링

다기통 엔진과는 달리 고출력을 얻기에는 불리한 구조이지만, 작고 가벼워서 어떤 바이크에도 탑재하기가 편하고 제작 단가도 낮출 수 있다. 50~125cc 등 소배기량 모델은 4사이클, 2사이클 엔진을 불문하고 거의 대부분이 단기통 엔진이다. 물론 소배기량 바이크에만 사용되는 것은 아니다. 야마하 SR400은 고풍스런 스타일과 400cc 단기통 엔진으로 꾸준한 인기를 끌고 있는 모델이다. 4사이클 엔진은 크랭크축 2회전마다 연소가 1회 이루어지므로 단기통 엔진의 연소간격은 4기통 등에 비해 벌어져 있어서 **둥둥둥** 거리는 단속적인 배기음이 특징이다. 연소과정이 일어날 때마다 노면을 걷어차는 듯한 가속감도 단기통 엔진만의 매력이라고 할 수 있다.

◉ 고성능을 추구한 단기통 엔진

바이크를 구성하는 부품 중에서 가장 무거운 것이 엔진이다. 그 크기와 무게가 바이크의 조종성에 미치는 영향은 매우 크기 때문에, 단기통 엔진은 주로 오프로드 바이크나 스쿠터 등에 알맞은 형태라고 할 수 있다. 그 중에는 DOHC 구조나 5밸브 방식을 채택하는 고성능 단기통 엔진도 있다.

⊙ 스즈키 젬마

▶ 단기통 엔진

⊙ BMW F650GS

⊙ 혼다 CRF450R

⊙ 야마하 SR400

공랭 4사이클 OHC 2밸브 단기통
총배기량 399cc
최고출력 26ps/6500rpm
최대토크 2.9kgm/5500rpm

09

직렬 2기통

다기통 엔진 구조에는 다양한 것이 있지만 가장 단순한 배열이 두 개의 실린더를 옆으로 나란히 놓은 직렬 2기통이다. 영국에서는 1930년대, 일본에서는 1960년대부터 적극적으로 개발되고 있으며 현재에도 폭넓게 채택되고 있다.

▶ 역사가 있는 직렬 2기통

두 개의 실린더를 옆으로 나란히 배치한 배열을 직렬 2기통이라고 한다. 그중에서도 실린더가 지면에 대해 수직으로 솟아있는 것을 버티컬 트윈이라고 부르며 애호가가 많다. 직렬 2기통은 1930년대부터 영국의 트라이엄프나 BSA 등이 즐겨 채택했고, 그 고성능으로 세계 시장을 석권했다. 일본에서도 1960년대부터 적극적으로 도입해서 지금도 그 당시의 스타일을 재현한 클래식 바이크들이 높은 인기를 끌고 있다. 흡배기계의 배치가 편리하고 좌우 실린더가 주행풍을 골고루 받기 때문에 냉각성을 고려한다면 합리적인 구조이다.

▶ 밸런서로 진동을 억제하는 최신 직렬 2기통

두 개의 피스톤이 서로 어긋나게(역방향으로) 움직이는 **180° 크랭크축**은 서로의 실린더가 발생하는 진동을 상쇄한다. 그러나 두 실린더의 연소간격이 같아지는 **360° 크랭크축**은 피스톤이나 커넥팅 로드 등 무거운 부품이 같은 타이밍으로 왕복하기 때문에 커다란 **1차 진동**이 발생한다. 그 진동을 억제하기 위해 크랭크축에 **밸런서**라는 추를 달아서 회전시키는 것이 일반적인 방법이다. BMW의 F800S/ST가 채택하고 있는 새로운 시스템은 무게의 균형을 맞추는 **밸런서 로드**를 달아서 피스톤의 상하 운동에서 나오는 진동을 상쇄하고 있다. 또, 야마하 TMAX는 피스톤과 반대방향으로 피스톤 처럼 실린더 속을 왕복하는 추를 달아 놓고 있다.

▶ 병렬 2기통 엔진

▼ BMW F800S/ST

1차 진동을 상쇄하는 밸런서 로드.

▼ 야마하 TMAX

1차 진동 상쇄를 위해 피스톤처럼 왕복 운동을 하는 수평 피스톤식 밸런서.

▼ 트라이엄프 스크램블러

▼ 가와사키 W650

10

직렬 4기통

슈퍼 스포츠 바이크에 즐겨 채택되는 것을 봐도 알 수 있듯이 DOHC 직렬 4기통은 고속회전 고출력을 발휘하는 데에 유리한 엔진이다. 옛날에는 GP머신 등 일부 특수한 레이스 전용 모델만 적용하고 있었지만 지금은 비교적 일반적인 엔진 형태가 되었다.

▶ 직렬 4기통

현재 가장 일반적인 형태의 엔진으로 인식되고 있으며, 슈퍼 스포츠, 투어러, 네이키드 등 장르를 불문하고 채택되고 있다. 흡배기 계통을 설계하기가 편리하고 엔진 길이를 단축할 수 있는 장점이 있다. 실린더를 앞으로 기울인 것은 흡기 계통을 직선으로 설치하는 동시에 에어클리너 박스를 전방에 배치해서 질량의 집중화를 꾀하고 있기 때문이다.

▶ 가로형/ 세로형

차체의 진행 방향에 대해 실린더가 가로로 배열한 것이 일반적이지만 세로로 배열하는 방법도 있다. 이 둘을 구별하기 위해 가로형, 세로형 등으로 나누어 부르기도 한다.

가로형 직렬 4기통

▲ BMW K1300S

세로형 직렬 4기통

▲ BMW K1200LT

▶ 직렬 4기통 엔진

◉ 야마하 YZF-R6

내경×행정이 67.0×42.5mm의 단행정으로 설정하고, 13.1의 압축비를 확보하고 있는 수냉 4사이클 DOHC 4밸브 직렬 4기통 엔진.

▼ 혼다 CB750FOUR(1969년)

공랭 4사이클 OHC
2밸브 직렬 4기통

총배기량 736cc
최고출력 67ps/8000rpm
최대토크 6.1kgm/7000rpm

11

The Basic Structure of Bikes
V형 엔진

V자로 배치된 두 개의 실린더가 이루는 각도를 V뱅크각이라고 하는데, 할리데이비슨은 45° V트윈, 모토굿지와 두카티는 오래 전부터 90° V트윈을 채택하고 있다. 최근에는 V형 4기통이나 5기통 등 다기통 엔진도 등장하고 있다.

▶ V형 엔진의 장점

실린더를 서로 어긋나게 V자 형태로 배치된 V형 엔진이다. 2기통을 V트윈, 4기통을 V포라고 부르기도 한다. 진행 방향에 대해 크랭크축을 가로로 배치하면 직렬 2기통에 비해 엔진 폭을 줄일 수 있고, 세로형이라면 뱅크각도 충분히 확보할 수 있다. 오래 전부터 할리데이비슨은 크랭크축을 가로형 45도 V트윈, 모토굿지는 세로형 90도 V트윈을 채택해 왔다.

직렬 엔진이라면 밸브 구동계를 하나만 마련하면 되지만, V형에서는 둘이 필요하다. 크랭크축을 세로로 배열하면 뒤쪽 실린더에 주행풍이 충분히 받지 못하는 문제점이 있지만, 엔진 높이를 낮출 수 있어서 전체적으로 아담한 엔진으로 만들기가 쉽다. 또한 크랭크축을 짧게 만들 수 있어서 핸들링에 유리하고, 각 기통의 연소 간격이 부등 간격이라 트랙션 특성이 우수하다는 장점이 있다.

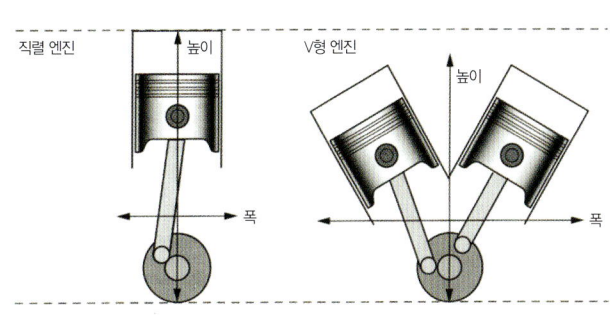

직렬 엔진에 비해 높이를 낮출 수 있지만 폭은 커진다.

▶ V형 2기통 엔진

크랭크축 가로형 V트윈

▼ 야마하 MT-01

▼ 할리데이비슨 XR1200

크랭크축 세로형 V트윈

▼ 모토굿지 V1100 에볼루치오네

▼ 모토굿지 캘리포니아 빈티지

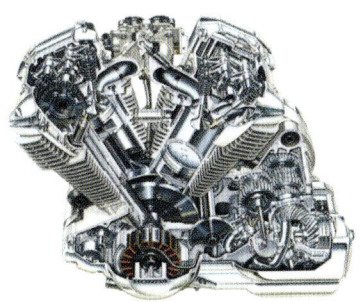

▲ 혼다 VTX(1800cc)

앞쪽 실린더를 거의 수평으로 기울인 두카티의 L트윈, 그리고 실린더가 좌우로 뻗은 모토굿지의 세로형 크랭크축 V트윈은 둘 다 엔진의 V뱅크를 90도로 함으로써 두 실린더가 발생하는 1차 진동을 상쇄하는 효과를 지니고 있다. 이 형식에서는 서로 마주 보는 실린더의 커넥팅 로드가 하나의 크랭크축 핀을 공유하는 것이 기본이지만, V뱅크각이 더 좁을 경우에는 두 실린더마다 각각 크랭크축 핀을 마련해서 일정 각도만큼 어긋나게 한 **위상 크랭크축**을 채택한다. 크랭크축 핀의 각도를 어긋나게 함으로써 **90도 V트윈**과 똑같은 진동억제 효과를 낼 수 있기 때문이다.

▽ 두카티의 L트윈

위상 크랭크축과 공유 크랭크축

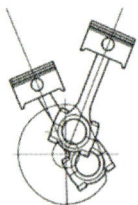 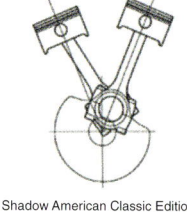

VT1100C Shadow   Shadow American Classic Edition

4사이클 990cc V형 5기통

Engine Dimension

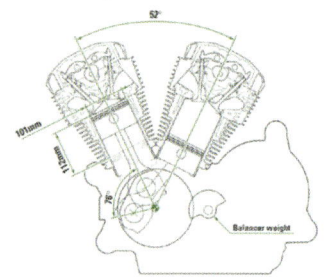

혼다 VTX는 V뱅크각 52°의 V형 2기통 엔진을 채택한다. 두 개의 피스톤은 크랭크축 핀을 공유하지 않으며, 웹을 사이에 두고 크랭크축 핀끼리 76도의 위상을 설정해 놓고 있다.

크랭크축 위상각을 270도로 설정한 야마하 TDM900은 2축 밸런서를 갖추고 있는 897cc 직렬 2기통 5밸브 엔진이다.

▽ 혼다 RC211V

2002년~2006년 세계 최고봉 로드레이스인 모토GP에 참전했던 혼다 RC211V는 앞 3기통, 뒤 2기통의 V형 5기통 엔진을 탑재하고 있다. 75.5°의 V뱅크각을 설정함으로써 별도의 밸런서 기구 없이도 1차 진동을 낮추는 데에 성공했다.

◉ 할리데이비슨의 V트윈 엔진

45도 V트윈 엔진으로 유명한 미국의 할리데이비슨은 1903년에 창업하고 6년째가 되던 1909년에 처음으로 V트윈 탑재 바이크를 판매했다. 이 V트윈은 배기량 811cc로 7.2ps를 발휘했다. 1911년에는 **F헤드**라는 애칭의 엔진을 개발했는데, 흡기 밸브가 실린더 헤드 위에 있는 OHV 형식, 배기 밸브는 실린더 옆에 있는 SV 형식이나. 흡배기 동로가 위아래에 하나씩 뚫려 있어서 실린더 단면이 알파벳 F자처럼 생겼다 해서 **F헤드**라고 불렸다. 45도로 배열된 두 개의 실린더 이미지는 할리데이비슨의 역사를 상징하게 되었으며, 오늘날에 이르기까지 1세기 이상을 이어오고 있다.

1909년에 등장한 할리데이비슨 최초의 V트윈 엔진. 811cc로 7.2ps를 발휘했다.

2002년에 할리데이비슨이 선보였던 레볼루션 엔진은 수냉 DOHC V트윈이다.

12

The Basic Structure of Bikes
수평대향 엔진

마주 보는 두 개의 피스톤이 움직이는 모습이 마치 권투선수가 글러브를 서로 부딪치는 것처럼 보인다고 해서 박서라고도 불리는 수평대향 엔진. BMW가 오래 전부터 2기통 엔진을 채택하고 있으며, 혼다도 6기통 엔진을 만들고 있다.

▶ 중심이 낮아 안정성이 높은 수평대향 엔진

V형 엔진의 실린더 V뱅크각을 180도(수평)로 벌여 놓은 것이 수평대향 엔진이다. 엔진의 높이가 낮고 바이크에 탑재했을 때의 무게 중심을 낮출 수 있지만, 엔진의 좌우 폭은 V형보다 넓다. 크랭크축이 세로로 놓이도록 탑재하면 구동계의 구조상 샤프트 드라이브를 사용하게 된다. BMW는 약 90년 전부터 2기통 엔진을 개발해서 채택하고 있으며, 혼다는 1980년대부터 6기통 엔진을 탑재한 바이크를 만들고 있다.

▶ 전통 있는 BMW의 박서 트윈

원래가 항공기 제조사였던 독일의 BMW는 1923년에 처음으로 R32라는 모터사이클을 제조했다. 그 바이크에 탑재되어 있던 것이 배기량 486cc 수평대향 2기통 엔진이었다. 그 후로 진화를 계속하면서 오늘날까지 80년 이상에 걸쳐 만들어지는 유서 깊은 엔진인 것이다.

▶ 정숙하고 깔끔한 회전 필링

일반적으로 V형 엔진은 서로 마주 보는 피스톤이 하나의 크랭크축 핀을 공유하는 구조이지만, BMW가 채택하는 수평대향 2기통 엔진은 각각의 피스톤이 180도 어긋난 크랭크축 핀에 연결되어 있다. 따라서 어느 한 쪽의 피스톤이 상사점에 있을 때에는 다른 쪽도 상사점에 있고, 하사점일 경우에는 다른 쪽도 하사점에 있다. 이론상으로 서로의 진동을 상쇄하는 구조이므로 매우 정숙하고 깔끔하게 회전하는 엔진 필링이 특징이다.

▶ 수평대향 엔진

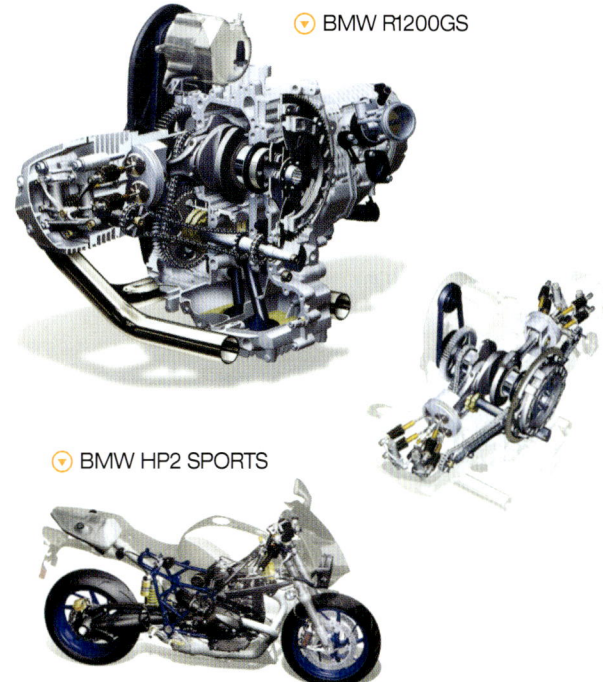

▶ BMW R1200GS

▶ BMW HP2 SPORTS

▶ 혼다 골드윙

크랭크축 핀을 60도 위상으로 설정해서 등간격 연소(120도)를 실현하고 수평대향 구조의 장점을 살려 한층 더 부드러운 출력 특성을 발휘하는 수평대향 6기통 1832cc 엔진을 탑재하고 있다.

▶ BMW R32(1923년)

13 The Basic Structure of Bikes
2사이클 엔진

4사이클 엔진은 피스톤의 2왕복(4행정)으로 1회 연소하는 구조이지만, 2사이클 엔진은 피스톤 1왕복(2행정)으로 연소가 이루어진다. 구조가 단순하고 무게가 가벼우며, 소배기량으로도 얻을 수 있는 힘이 좋다. 근래 들어 배기가스 규제 강화로 점점 사라져가고 있는 운명이다.

◉ 2행정으로 1사이클이 완성되는 2사이클 엔진

흡입, 압축, 연소 팽창, 배기 등의 과정을 피스톤이 2왕복, 즉 4행정으로 끝내는 것이 4사이클 엔진이다. 그러나 2사이클 엔진은 이 과정을 피스톤이 1왕복(2행정)으로 끝내는 구조이며, 4사이클 엔진에는 없는 **소기** 행정이 있는 것이 특징이다.

4사이클 엔진과는 달리 흡배기를 제어하는 밸브 장치가 없고, 실린더 옆면에 뚫려있는 흡기, 소기, 배기 포트를 피스톤으로 여닫는다. 캠의 프로파일(형상)로 흡배기 타이밍이 결정되는 4사이클 엔진과는 달리 실린더 상단부부터 각 포트 개구부까지의 거리로 포트 개폐 타이밍이 결정된다.

밸브 구동계가 없으므로 실린더 헤드가 단순하고, 연소실에는 점화 플러그만 있을 뿐이라서 연소 효율이 좋은 반구형이다. 구조상 4사이클 엔진 만큼은 압축비를 높이기 힘들어서 열효율이 낮고 연비도 좋지 않다.

그러나 크랭크축 1회전마다 폭발 과정이 있기 때문에 힘이 좋다. 배기가스에 미연소 가스가 많이 섞여 나오기 때문에 해마다 엄격해지는 배기가스 규제에 따라 일반 도로용 바이크는 점점 자취를 감추고 있는 실정이다.

① 흡입, 압축

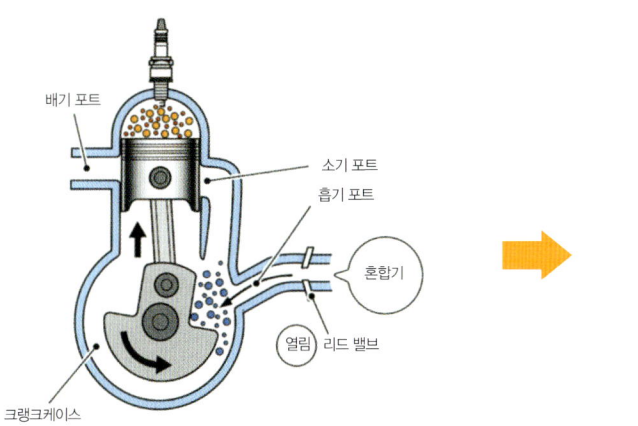

배기 포트

소기 포트
흡기 포트

혼합기

열림 리드 밸브

크랭크케이스

상사점을 향해 올라가는 피스톤이 소기 포트와 배기 포트를 닫고, 실린더 안의 혼합기를 압축한다. 궤적이 불어난 크랭크케이스 내부는 부압이 되어 리드 밸브가 열리고 흡기 포트에서 혼합기가 흘러 들어온다.

② 연소

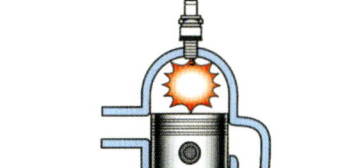
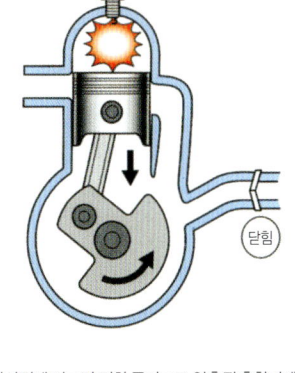

닫힘

피스톤이 상사점에 이르면 점화 플러그로 압축된 혼합기에 불을 붙인다. 연소에 의한 압력으로 피스톤이 내려가면 크랭크케이스 내부도 압력이 올라가며 리드 밸브가 닫히면서 밀폐 상태가 된다.

④ 소기

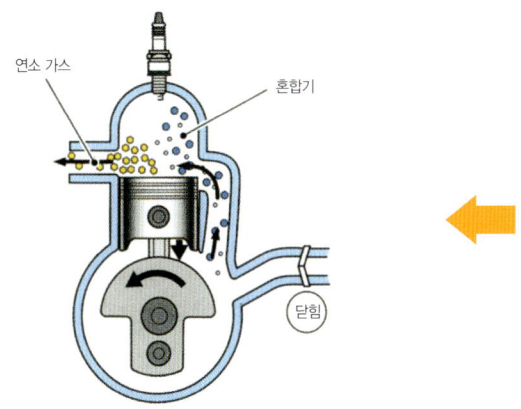

연소 가스

혼합기

닫힘

피스톤이 더욱 내려가면서 배기 포트가 완전히 열리게 되어 남아 있는 연소 가스를 배출한다. 크랭크케이스 안에서는 피스톤으로 혼합기가 압축된다. 크랭크케이스는 아직도 밀폐상태이다.

③ 배기, 압축

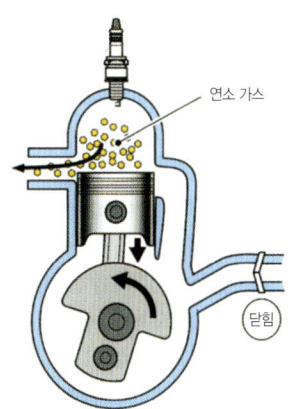

연소 가스

닫힘

피스톤이 내려감에 따라 소기 포트가 열리고, 크랭크케이스에서 압축된 혼합기가 연소실로 흘러 들어간다. 연소실로 들어간 혼합기가 실린더 안에 남아 있는 연소 가스를 배기 포트로 밀어낸다.

※크랭크케이스 리브밸브 방식의 경우

1971년 가와사키 Z1 900 Super4

북미시장 진출을 위해 1960년대 후반부터 4기통 엔진 개발에 착수하고 있던 가와사키는 한 발 먼저 1968년에 동경모터쇼에 등장한 CB750FOUR에게 선점 기회를 빼앗기고 말았지만, 배기량을 900cc로 증가시키는 등의 보강을 실시해서 4년 후인 1972년에 Z1을 내놓게 되었다.

혼다의 750cc를 웃도는 900cc의 배기량과 선진적인 DOHC 방식을 채택했고, 냉각 핀에 이르기까지 질감을 추구한 만듦새는 가와사키를 대표하는 기함이라고 부르기에 손색이 없었다. 강력한 성능과 뛰어난 완성도로 등장하자마자 인기를 끌었다.

스포츠 바이크로서의 운동성능도 인정받아 전 세계로부터 찬사가 이어지자 이듬해에는 일본 내수용으로 750cc버전인 이른바 Z2가 등장했다. 단순히 실린더 내경을 줄인 것이 아니라 전용으로 설계된 엔진을 탑재하고 있었다. Z 시리즈는 지금도 인기가 시들줄 모르고 있으며, 내구성이 좋은 섀시와 엔진으로 영원한 명차로 라이더들의 주목을 받고 있다.

PART 04

엔진을 구성하는 각 파트

그럼 이제부터 엔진을 구성하고 있는 주요 부분에 대해서 알아보자.
우선은 피스톤, 크랭크축, 캠축, 밸브 등 중요한 구성품의
역할이나 작동 원리에 대해서 설명한다.
각 부품들이 어떤 식으로 서로 관계를 맺으며 움직이는지 주목해 본다.
그리고 모든 회전 영역에서 최적의 연소 상태를 실현하기 위해 개발된
가변 밸브 기구와 최신 뉴매틱 밸브에 대해서도 알아본다.

01

피스톤

실린더 안에서 빠를 때에는 1분에 1만 회전을 넘는 엄청난 속도로 왕복 운동을 되풀이하는 것이 피스톤이다. 연소실에 혼합기를 빨아들여서 압축하고, 연소에 의한 압력을 받아내며, 연소 가스 배출을 촉진하는 내연기관 엔진의 중추라고도 할 수 있는 중요한 부품이다. 피스톤 링이 실린더와의 틈새를 막아 주고 있다.

▶ 가혹한 환경에서 작동하는 피스톤

피스톤은 실린더 안에서 고속으로 왕복운동 할 뿐 아니라 고온, 고압 연소 가스에 언제나 노출되는 가혹한 상황 하에 있다. 연소실의 온도는 2000℃ 이상이며 피스톤은 높은 내열성과 열전도성, 거기에 가벼워야하고 강도도 충분해야하므로 알루미늄 합금으로 만들어진다. 일반적으로는 알루미늄 합금을 녹여서 틀에 부어 굳히는 **구조 피스톤**이 쓰이지만, 고성능 모델이나 레이스용 엔진에는 보다 강성이 높은 **단조 피스톤**이 사용되기도 한다. 피스톤 스커트가 길면 피스톤의 움직임이 부드러워지지만 무게를 생각한다면 짧을수록 유리하다. 고속회전형 엔진은 스커트가 짧게 설계되어 있다. 다만, 2사이클 엔진의 경우는 포트 개폐를 피스톤으로 하기 때문에 스커트를 너무 짧게 하기도 어렵다. 4사이클 엔진용 피스톤은 흡배기 밸브가 피스톤 크라운에 부딪치지 않도록 공간(밸브 리세스)이 패여 있다.

▶ 피스톤 링

피스톤과 실린더 사이에 있는 미세한 틈새를 통해 혼합기나 연소가스가 크랭크케이스 안으로 새는 것을 방지하는 것이 피스톤 링의 역할이다. 일반적으로 4사이클 엔진에는 피스톤마다 3개씩 설치되어 있다. 가장 위의 것과 중간의 것을 압축 링, 가장 아래 것을 오일 링이라고 부른다. 오일 링은 실린더 벽에 묻은 여분의 오일을 적절히 긁어내리는 역할을 하며, 4사이클 엔진용 피스톤에만 설치되어 있다.

▼ 4사이클 엔진의 피스톤

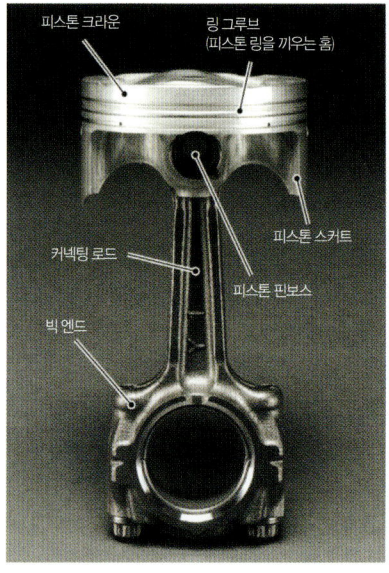

피스톤 크라운 / 링 그루브(피스톤 링을 끼우는 홈) / 피스톤 스커트 / 커넥팅 로드 / 피스톤 핀보스 / 빅 엔드

▼ 피스톤 링

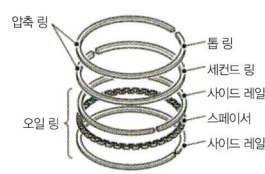

압축 링 / 톱 링 / 세컨드 링 / 사이드 레일 / 오일 링 / 스페이서 / 사이드 레일

피스톤 링은 일반적으로 3개로 구성되어 있으며, 위의 두 개(압축 링)가 연소실을 밀폐하고, 아래의 것(오일 링)이 실린더 내벽에 묻어 있는 오일을 긁어내린다.

밸브 리세스

4사이클 엔진용 피스톤에는 밸브가 닿지 않도록 공간이 패여 있다.

밸브 리세스가 다섯 군데 있으므로 5밸브 엔진임을 알 수 있는 야마하의 단조 피스톤.

2사이클 엔진의 알루미늄 단조 피스톤

2사이클 엔진은 포트 개폐를 피스톤으로 실시하기 때문에 피스톤 스커트가 비교적 길게 만들어져 있다.

커넥팅 로드(Connecting Rod)

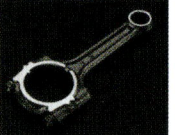

피스톤의 왕복운동을 회전운동으로 바꾸는 것이 크랭크축이다. 이 크랭크축과 피스톤을 연결하는 막대가 커넥팅 로드이다. 단조 특수강이나 티타늄 합금을 사용해서 높은 하중에도 견디도록 만들어져 있다.

02 The **B**asic **S**tructure of **B**ikes
크랭크축

피스톤의 왕복운동은 커넥팅 로드를 거쳐 크랭크축으로 전달되어 회전 운동으로 변환된다. 크랭크축은 회전축인 크랭크축 저널, 커넥팅 로드의 빅 엔드가 장착되는 크랭크축 핀, 그리고 이 둘을 이어주는 크랭크축 암으로 구성되어 있다.

◉ 크랭크축의 구성

커넥팅 로드와 연결되는 크랭크축 핀은 회전 중심에서 멀리 떨어진 곳에 있으며, 그 반대편에 **카운터 웨이트** 또는 **밸런스 웨이트**라 불리는 추가 마련되어 있는 것이 일반적이다. 피스톤이 실린더 안을 왕복운동 할 때에 상사점에서는 위쪽으로, 하사점에서는 아래쪽으로 강한 관성력이 발생하는데 크랭크축 핀의 반대편, 즉 피스톤의 움직임과 반대쪽에 추를 설치하면 이 힘을 상쇄할 수 있는 것이다. 실제 크랭크축은 크랭크축 암과 카운터 웨이트를 일체화시킨 **크랭크축 웨브**로 설계되어 있다. 크랭크축 끝에는 플라이 휠이 설치되어 있어서 회전이 매끄럽게 이루어지도록 고려되어 있다.

◉ 등간격 폭발

일반적인 4사이클 4기통 엔진(180° 크랭크축, 플랫 플레인)은 바깥쪽 2기통과 안쪽 2기통이 같이 움직이므로(1번과 4번, 2번과 3번 피스톤이 언제나 같은 위치에 있다) 그 폭발간격은 등간격이 된다. 점화순서는 1번→3번→4번→2번, 또는 1번→2번→4번→3번이 되어 크랭크축 반회전(180도)마다 연소실에서 폭발(연소)이 이루어지게 된다.

▶ 직렬 4기통의 크랭크축

크랭크축 웨브

바깥쪽 2기통과 안쪽 2기통이 같이 움직이는 직렬 4기통 180° 크랭크축. 사진은 최고출력 167ps를 발휘하는 BMW K1200S용이다.

크랭크축 회전각도	크랭크축 1회전째				크랭크축 2회전째				
	0도	90도	180도	270도	360도	450도	540도	630도	720도
1번	폭발	→	→	→	→	→	→	→	폭발
2번	→	→	→	→	→	→	폭발	→	→
3번	→	→	폭발	→	→	→	→	→	→
4번	→	→	→	→	폭발	→	→	→	→

단기통 엔진의 크랭크축

구조가 단순한 단기통 엔진의 크랭크축.
이것은 가와사키 KX450F의 것.

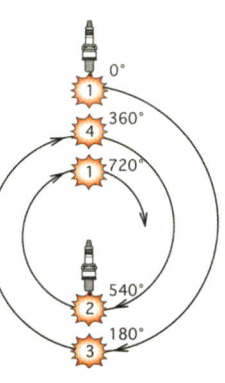

점화 순서는 1번→3번 →4번→2번, 또는 1번 →2번→4번→3번이 되어 180도마다 등간격으로 폭발이 이루어진다.

◉ 부등간격 폭발

피스톤과 연결되는 크랭크축 핀의 위치가 폭발간격을 결정짓는데 모토GP 머신 등 레이싱 머신 엔진의 폭발간격은 **부등간격 폭발**이 일반적이다. 어째서 매끄럽게 회전하는 등간격 폭발이 아니라 부등간격 폭발일까? 예를 들어 야마하가 모토GP 머신 YZR-M1의 기술로 개발해서 2009년형 YZF-R1부터 도입한 **크로스 플레인 크랭크축**은 바로 이웃에 있는 피스톤 위치를 4분의 1회전(90°)씩 어긋나게 한 부등간격 폭발이다.

등간격으로 폭발(연소)하는 편이 매끄럽게 회전하는 엔진의 필링이 되어 장점도 많을 것 같지만, 등간격 폭발은 그립력에 한계가 있어서 고출력화 된 현대의 레이싱 머신의 파워와 토크를 노면에 제대로 전달하기가 어렵다. 주행 중인 바이크를 측정기를 사용해서 조사해 보면 타이어가 노면을 따라 구르는 것처럼 보이지만 사실은 타이어가 언제나 미끄러지면서 헛도는 것을 알 수 있다.

부등간격 폭발은 바로 이때에 장점이 있다. 가령, 눈길이나 흙밭에서 출발할 경우를 생각해 보자. 스로틀을 크게 열어도 타이어가 공회전할 뿐이지 제대로 앞으로 나아가지 못한다. 실력이 있는 라이더라면 순간적으로 스로틀을 닫아서 타이어의 그립력을 회복시킨 다음에 다시 구동력을 걸어 준다. 부등간격 폭발의 효과는 바로 이것을 의도적으로 발생시키는 데에 있다고 한다.

스로틀을 여닫을 정도로 극단적인 차이는 아니지만, 엔진의 폭발간격 중에 비어있는 시간을 마련함으로써 타이어의 그립력이 회복되고, 라이더도 구동력이 잘 전달되는 것을 느낄 수 있어서 조종성이 크게 향상되는 것이다.

◉ 크로스 플레인 크랭크축(90도 위상)

크랭크축 회전각도	크랭크축 1회전째					크랭크축 2회전째			
	0도	90도	180도	270도	360도	450도	540도	630도	720도
1번	폭발	→	→	→	→		→	→	폭발
2번	→	→	→	→	→	폭발	→	→	→
3번	→	→	→	폭발	→	→	→	→	→
4번	→	→	→	→	→		폭발	→	→

2009년형부터 도입한 YZF-R1의 크로스 플레인 크랭크축은 바로 이웃에 있는 피스톤 위치를 4분의 1회전씩 어긋나게 한 90° 위상 크랭크를 채택하고 있다.

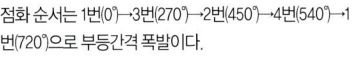

점화 순서는 1번(0°)→3번(270°)→2번(450°)→4번(540°)→1번(720°)으로 부등간격 폭발이다.

◉ 야마하 YZF-R1(수냉 4사이클 DOHC 4밸브 직렬 4기통 998cc)

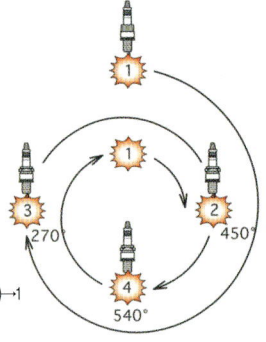

크로스 플레인 크랭크축은 어느 회전 영역, 속도영역부터라도 스로틀 조작에 따른 출력 특성이 매우 이해하기 쉬운 엔진이다.

◉ 76°/ 28° 위상 크랭크축

크랭크축이 2회전하는 사이에 180° 간격으로 각 실린더가 연소해서 등간격 폭발이 이루어지는 180° 크랭크축 직렬 4기통 엔진과는 달리 V형 4기통 엔진은 폭발간격이 부등간격으로 이루어진다. 가령 V뱅크 90°의 V형 4기통 엔진에서 180° 크랭크축일 경우에는 크랭크축이 2회전하는 사이에 180°, 270°, 180°, 90°의 부등간격 폭발에 의해 독특한 고동감을 발휘한다.

VFR1200F의 새로운 V4 엔진은 V뱅크 76도/ 28도 위상 크랭크축을 채택해서 256도, 104도, 256도, 104도의 독특한 부등간격 폭발이 되어 더욱 효과적인 트랙션 성능과 사운드, 고동감을 실현했다. 고성능이면서도 다루기가 편한 엔진 특성에 성공하고 있다.

V뱅크 76°/ 28° 위상 크랭크축을 채택해서 부등간격 폭발을 의도적으로 실현한 혼다 VFR1200F의 V4 엔진

스포츠 성능과 투어러에게 요구되는 쾌적성을 높은 차원에서 양립하고 있는 VFR1200F.

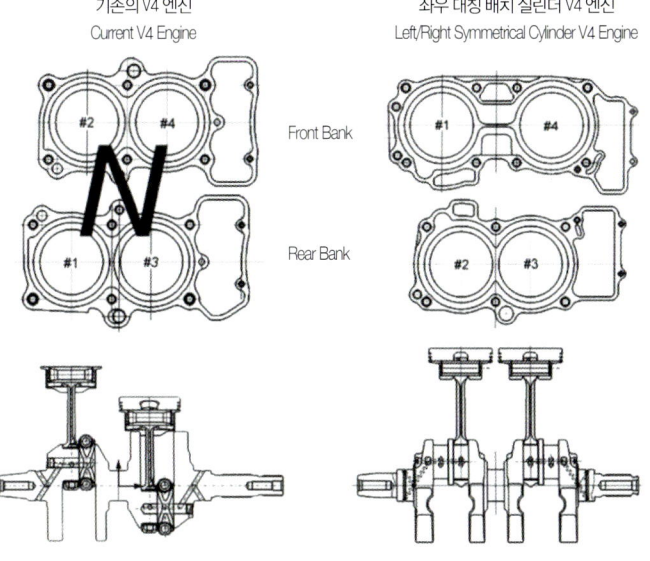

기존의 V4 엔진
Current V4 Engine

좌우 대칭 배치 실린더 V4 엔진
Left/Right Symmetrical Cylinder V4 Engine

크랭크축의 3D모델(VFR1200F)
3D Modes of VFR1200F Crankshaft

	76˚V4-360˚(VFR1200F)	Inline-4(CBR1100XX)	90˚V4-180˚(VFR)
실린더 배치 Cylinder Arrangement			
폭발간격 Firing Interval	256°→104°→256°→104°	180°→180°→180°→180°	180°→270°→180°→90°

⊙ 76도 V4 엔진을 개발

혼다의 VFR1200F의 V4엔진 개발진은 소형이고 가벼우며, 진동이 적고 주요부의 집중화를 위해서 V뱅크를 협각으로 하여 엔진의 길이를 짧게 하였다. 그러나 실린더의 V뱅크각을 협각으로 하면 엔진의 높이가 흡·배기장치의 위치도 높아지기 때문에 중심의 밸런스를 최적화할 수 없었다.

그러나 차체의 앞쪽에 모아서 탑재하기 쉬운 엔진의 길이와 흡·배기장치의 배치에 지장이 없는 엔진의 높이로 밸런스를 실현하는 76° V뱅크각을 채택하여 이론상 엔진의 왕복 운동에 의한 일차 진동을 없앴다.

⊙ 혼다 VFR(2002년)

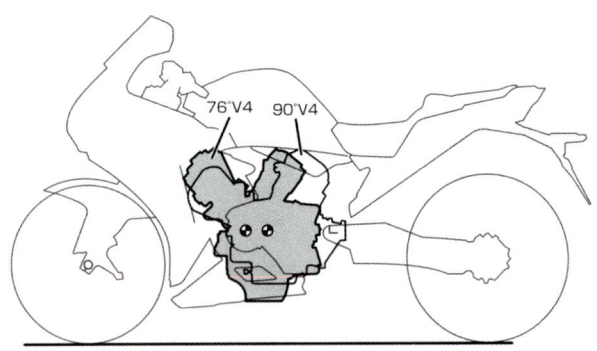

90도 V4엔진과 비교해서 차체의 앞쪽에 가깝게 탑재하기 쉬워진 76도 V4엔진. 그 위치의 차이는 보는 것과 같다.

V뱅크각 90도 V형 4기통 엔진

⊙ V4엔진 좌우 대칭배치 실린더

실린더를 엇갈리게 배치한 종전의 V4엔진은 앞뒤의 V뱅크가 좌우로 어긋나 있어 발생되는 좌우 방향의 일차 진동이 남게 된다. 또한 위상 크랭크축을 채택하기 위해서는 크랭크축 웨브가 필요하기 때문에 그만큼 엔진 폭이 넓어지는 단점이 있다.

뉴 V4에서는 실린더의 배치를 바꾸어 엔진을 전방에서 보았을 경우 앞 뱅크와 뒤 뱅크의 각 실린더를 좌우 대칭으로 하는 좌우 대칭배치 실린더 V4 엔진을 개발하였다. 실린더로부터 발생하는 좌우 대칭의 운동력에 의해서 진동을 상쇄하여 좌우 방향의 다음 진동도 이론상 없애는 것에 성공하였으며, 크랭크축의 강도를 높이면서 경량화를 실현하였다.

뒤 뱅크의 2개 실린더(2·3번)를 안쪽으로 배치하여 앞 뱅크보다 뒤 뱅크의 폭을 좁게 한 VFR1200F. 크랭크축 케이스 내의 오일과 가스를 펌프를 이용하여 배출시키는 밀폐식 저연비에도 동헌하는 엔진이다.

03 The Basic Structure of Bikes
캠축

크랭크축의 회전을 체인이나 기어를 통해 전달받는 캠축(Camshaft)은 크랭크축이 2회전할 때마다 1회전하도록 되어 있다. 캠축에는 캠이 설치되어 있어서 밸브 스프링의 힘으로 닫혀 있는 흡·배기 밸브를 눌러서 연다.

▶ DOHC는 2개, SOHC는 1개 있는 캠축

실린더 헤드에 캠축이 설치되어 있는 DOHC나 OHC의 경우는 크랭크축의 회전이 캠 체인이나 캠 기어 트레인 또는 베벨 기어 등으로 캠축에 전달된다. 캠축에는 여러 개의 캠이 설치되어 있어서 캠의 돌기부분이 흡·배기 밸브의 끝을 눌러서 밸브 개폐가 이루어진다. OHV는 크랭크축 바로 옆에 캠축이 있어, 푸시로드를 거쳐서 로커암, 밸브를 구동한다.

▶ 캠

캠은 달걀 모양을 하고 있으며 축의 중심부터 외주까지의 거리가 일정하지 않고 튀어나와 있는 부분(캠 노즈 또는 캠 탑이라고 부른다)이 있다. 캠축이 1회전하는 사이에 캠 노즈가 밸브 끝을 누르는 구간이 있는데, 그 구간에서는 밸브 스프링이 눌려서 연소실의 밸브가 열리는(밸브가 연소실로 밀려 나오는) 구조이다. 바꿔 말하면 캠의 형상(프로파일)이 어떻게 생겼느냐에 따라 밸브 개폐 타이밍이 결정된다. 캠 노즈가 크면 밸브가 연소실로 밀려 나오는 거리도 커지게 되어 흡배기 효율이 높아진다. 캠 노즈를 크게하여 이 효율을 극한까지 추구하는 캠축을 하이캠이라고 부르기도 한다. 캠이 밸브를 직접 누르는 직동식, 로커암을 거쳐서 누르는 로커암 식 등이 있다.

▶ 4사이클 직렬 4기통 DOHC 4밸브 엔진

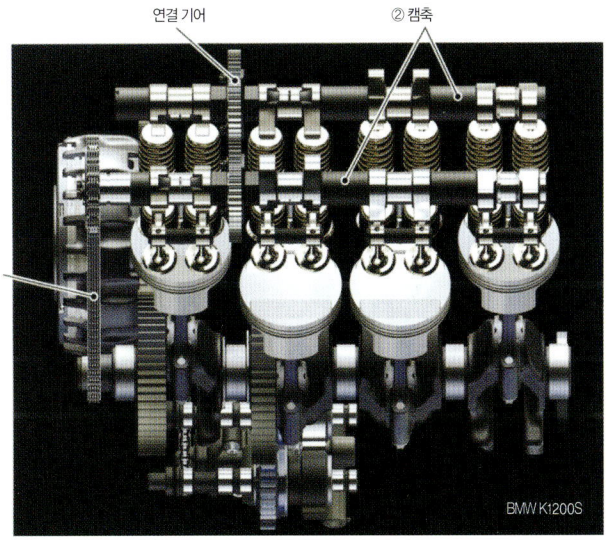

연결 기어   ② 캠축

① 사이드 캠 체인

BMW K1200S

① 크랭크축의 구동력을 전달하는 방식에는 캠 체인, 캠 기어 트레인, 코그드 벨트, 베벨 기어 등이 있다. 2번, 3번 실린더 사이를 지나는 센터 캠 체인 방식도 있다.
② DOHC에서는 흡기 밸브용, 배기 밸브용으로 각각 1개씩의 캠축이 있다. 이 두 개의 캠축을 기어로 연결해서 구동하는 방식도 있다.

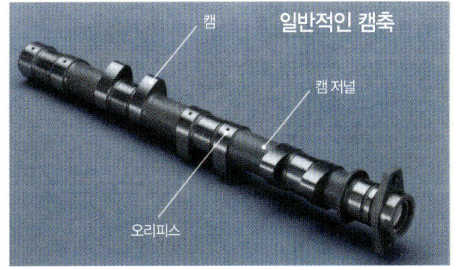

캠   일반적인 캠축

캠 저널

오리피스

캠축 내부를 엔진 오일이 지나면서 작은 구멍을 통해 캠 저널을 윤활한다.

● BMW F800S/ST

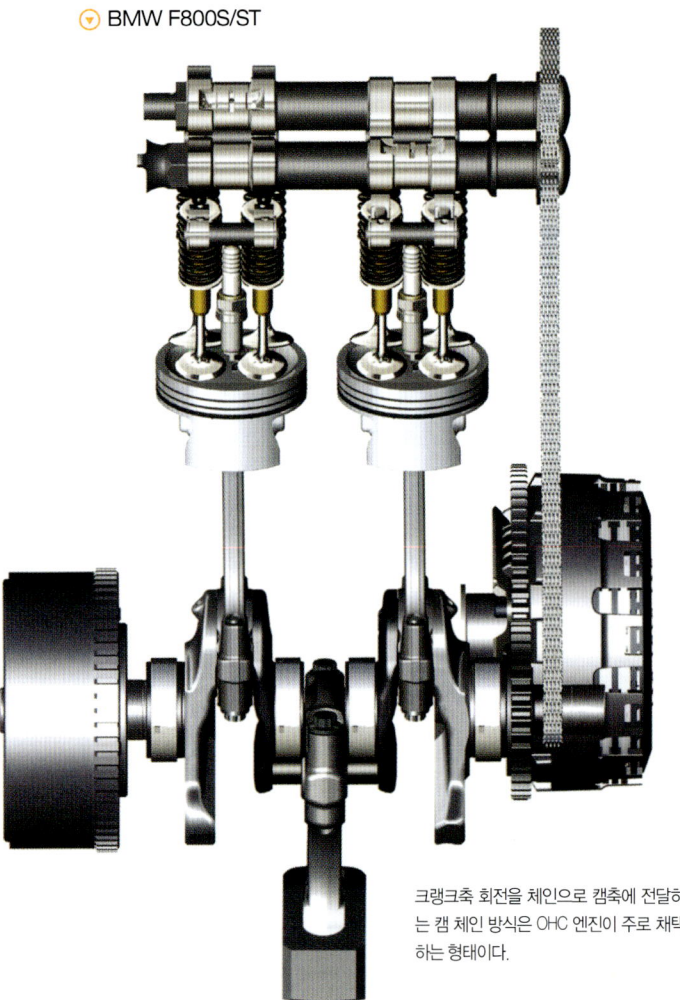

● 캠 기어 트레인

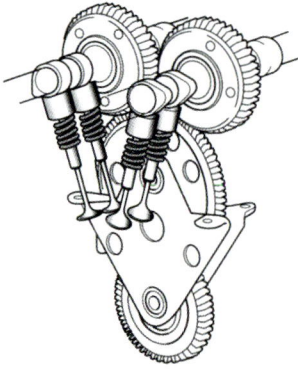

● 베벨 기어

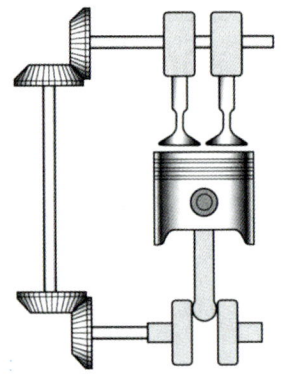

크랭크축 회전을 체인으로 캠축에 전달하는 캠 체인 방식은 OHC 엔진이 주로 채택하는 형태이다.

● 혼다 RVF/RC45(1994년)

● 가와사키 W650

캠축을 톱니바퀴로 구동하는 캠 기어 트레인을 채택한 수냉 4사이클 DOHC 4밸브 V형 4기통 엔진을 탑재하고 있다. 외발 스윙암, 최신 유체 공학이 적용된 카울을 장착하고 수많은 레이스에서 활약했다.

모든 회전 영역에서 확실한 밸브 구동을 실현한 하이포이드 베벨 기어. 직각으로 마주치는 두 개의 기어가 크랭크축 회전을 전달한다.

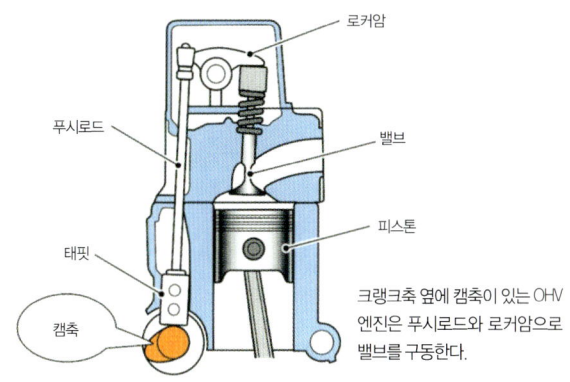

로커암

푸시로드

밸브

피스톤

태핏

캠축

크랭크축 옆에 캠축이 있는 OHV 엔진은 푸시로드와 로커암으로 밸브를 구동한다.

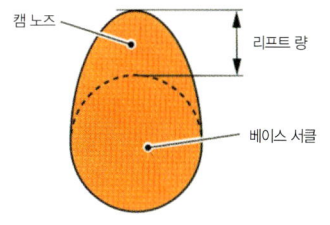

캠 노즈

리프트 량

베이스 서클

캠 노즈를 높여서 리프트 량을 늘이는 하이캠.

● 캠 체인은 왜 헐렁해지지 않을까?

크랭크축의 회전을 캠축으로 전달하는 캠 체인은 **텐셔너**라고 불리는 장력 조절 장치에 의해 자동으로 텐션이 유지된다. 엔진의 회전 변동에 따라 체인은 헐거워졌다가 팽팽해졌다가를 반복하는데, 이것을 그대로 두면 밸브 타이밍이나 점화시기가 틀려지게 된다. 그것을 방지하기 위해 체인을 스프링의 힘으로 눌러서 언제나 일정한 장력을 유지하도록 만드는 것이다.

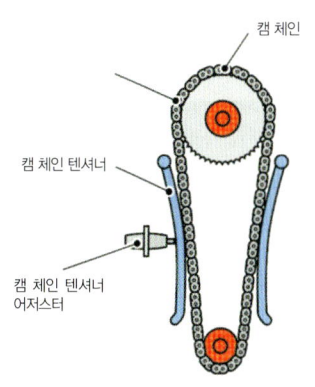

캠 체인

캠 체인 텐셔너

캠 체인 텐셔너 어저스터

● 유니 캠 밸브 트레인

하나의 캠축으로 4개의 밸브를 구동하는 것이 혼다의 **유니 캠 밸브 트레인 기구**이다. SOHC 구조로 흡기 밸브를 캠이 직접 누르고, 배기 밸브만 로커암으로 누른다. 혼다 CRF150R의 경우는 독립된 4개의 캠 플로어를 갖추고 중앙 2개의 캠 플로어가 리프터를 거쳐서 흡기 밸브를 직접 구동하고, 바깥쪽 2개가 각각 독립된 2개의 로커암을 거쳐서 배기 밸브를 구동한다. 이러한 독특한 구조로 밸브를 구동함으로써 21.5도의 협각 밸브 배치가 가능해졌으며, 아담하고도 전회전 영역에서 최적의 출력을 발휘하는 이상적인 연소실 형상을 실현하고 있다. 또한 배기 밸브를 구동하는 로커암을 밸브마다 1개씩 설치함으로써 우수한 출력특성을 발휘한다. 캠축을 지지하는 볼 베어링, 로커암과 캠 접촉부에 롤러를 채택해서 마찰 저항을 줄이는 등 세심한 부분까지 숙성된 기술을 투입하고 있다.

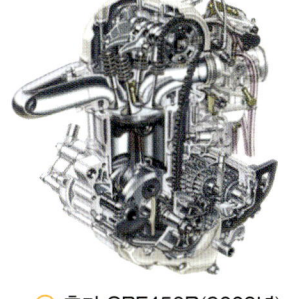

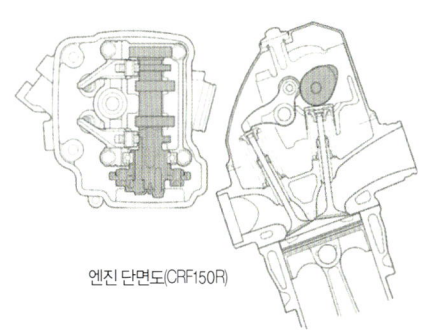

엔진 단면도(CRF150R)

● 혼다 CRF450R(2002년)

04 밸브

연소실에 뚫려있는 흡기구와 배기구를 여닫으면서 흡기와 배기의 흐름을 제어하는 것이 흡·배기 밸브이다.
실린더에 흡기 밸브 1개, 배기 밸브 1개가 갖춘 2밸브 방식이 기본이지만, 3밸브 이상의 엔진도 많이 있다.

◉ 흡·배기를 정확하게 제어하는 밸브

연소실 흡·배기구에 각각 설치되어 흡기 타이밍과 배기 타이밍을 컨트롤하는 것이 흡·배기 밸브이며, 실린더마다
흡·배기 밸브를 1개씩 갖춘 2밸브 방식이 기본이다. 흡·배기 밸브를 각각 2개씩 갖춘 4밸브 방식이나, 흡기 밸브 2개/
배기 밸브 1개의 3밸브 방식, 흡기 밸브 3개. 배기
밸브 2개의 5밸브 방식도 있다. 일반적으로 밸브
의 크기는 배기 쪽보다 흡기 쪽이 크다.

밸브는 원형으로 생긴 머리부와 **밸브 스템**이라
불리는 가는 막대로 구성되어 있으며, 밸브 끝(밸
브 스템 엔드)은 캠 또는 로커 암과 닿아 있다. 밸
브는 평상시에는 **밸브 스프링**의 힘으로 닫힌 상
태를 유지하고 있는데, 캠축이 회전함에 따라 캠
노즈에 눌러서 서서히 열린다. 밸브는 캠 노즈가
가장 길게 튀어나온 곳에서 최대로 열리며, 그 후
로는 스프링의 힘으로 서서히 닫힌다.

◉ **4사이클 DOHC 엔진의 실린더 헤드**

흡기 캠축 / 배기 캠축 / 로커 암 / 밸브 스프링 / 흡기 밸브 / 점화 플러그 / 배기 밸브

◉ 고속회전을 가능케 하는 티타늄 밸브

캠축은 크랭크축 2회전마다 1회전하므로 매우 빠른 속도로 회전하며, 흡·배기 밸브도 이에 따라 매우 빠른 속도로 개
폐를 반복한다. 밸브에 사용되는 소재는 일반적으로 내열강이 주류이지만, 경량화를 위해 티타늄 소재를 사용하는 고성
능 엔진도 많이 있다.

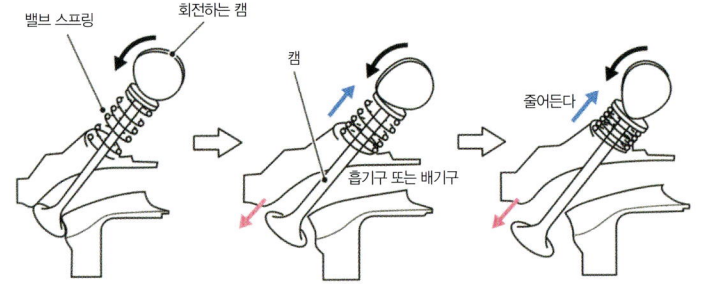

밸브 스프링 / 회전하는 캠 / 캠 / 흡기구 또는 배기구 / 줄어든다

◉ 밸브가 움직이는 원리

캠축이 회전하면서 캠 노즈가 밸브 엔드를 누르면 그에 따라
밸브가 연소실로 밀리면서 통로가 열린다. 캠의 형상(프로파
일)에 따라 밸브 개폐 타이밍이 결정되므로 캠은 엔진 특성을
결정짓는 중요한 파트 중의 하나이다. 캠 노즈가 정점을 지나
면 스프링이 제자리로 되돌아 가려는 힘으로 밸브가 서서히
닫히며, 캠의 프로파일을 따라 정확하게 밸브를 작동시키기
위해서는 밸브 스프링의 성능도 매우 중요하다.

멀티 밸브

엔진이 고속회전으로 회전할수록 밸브가 열려 있는 시간이 짧아지게 되어 흡기, 배기 효율의 한계가 다가온다. 더욱 많은 혼합기의 흡입, 배기가스의 배출을 위해서는 통로(밸브의 면적)를 크게하면 된다.

그래서 나온 것이 4밸브, 5밸브 등의 멀티 밸브 방식으로 흡배기구의 총면적을 늘일 수 있는데다가 밸브 자체를 작고 가볍게 만들 수 있어서 고속회전 고출력이 가능해진다. 점화 플러그를 연소실 중앙에 배치할 수 있는 장점도 있으며, DOHC 4밸브가 고성능 엔진의 주류를 이루는 이유가 여기에 있다.

▶ 밸브와 점화 플러그의 위치 관계

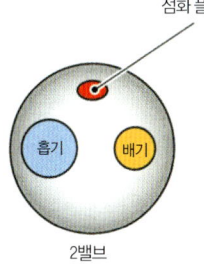

점화 플러그

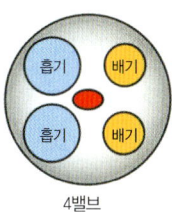

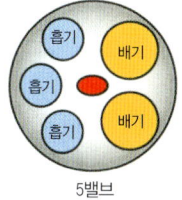

2밸브　　4밸브　　5밸브

일반적으로 흡기구 면적을 크게 잡는 것이 보통이지만, 5밸브 방식에서는 흡기 밸브 3개의 직경이 작다.

4밸브 엔진인 혼다 CRF450R. 연소실 중앙에 점화 플러그 구멍이 있다.

⊙ 5밸브 엔진

야마하 TDM900의 엔진

▶ 티타늄 밸브

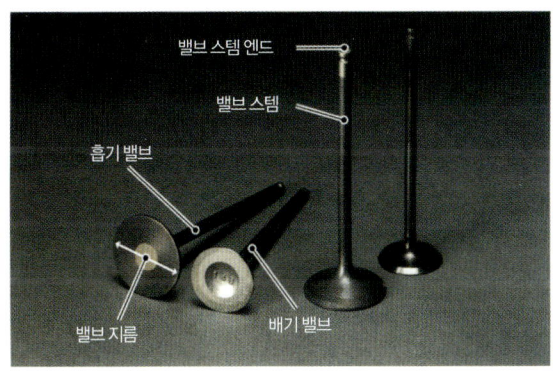

밸브 스템 엔드

밸브 스템

흡기 밸브

밸브 지름

배기 밸브

밸브는 가공 정밀도가 높은 진원이며 엔진 작동 중에는 항상 조금씩 회전하고 있다. 회전함으로써 이물질이 끼는 것을 방지하고, 원반의 가장자리를 연소실 통로로 밀착시킬 수 있기 때문이다.

05 The Basic Structure of Bikes
밸브 타이밍

흡배기 밸브를 언제 열고, 언제 닫는지의 기준이 되는 것이 피스톤과 크랭크축의 위치이다. 흡배기 밸브를 여닫는 시기를 밸브 타이밍이라고 하며, 이것이 엔진 출력 특성을 결정짓는 중요한 요인이 된다.

◉ 오버랩

4사이클 엔진의 작동 원리를 보면, 흡기 밸브는 피스톤이 상사점에 왔을 때에 열리기 시작해서 피스톤이 하사점에 왔을 때에 닫히고, 그 반대로 배기 밸브는 피스톤이 하사점에 왔을 때에 열리기 시작해서 피스톤이 상사점에 왔을 때에 닫힌다. 그러나 흡기 밸브가 열리는 순간에 연소실에 혼합기가 꽉 차는가 하면 그건 아니다.

흡기는 피스톤이 내려갈 때의 부압밖에 이용할 수 없는데, 아무리 가벼운 혼합기라 하더라도 질량이 존재하므로 연소실에 흘러들어 가기 위해서는 적잖이 시간이 걸리게 되어 있다. 게다가 밸브는 조금씩 열리기 때문에 활짝 열리기까지 시간이 걸린다. 그러한 시간차를 고려해서, 피스톤이 상사점에 도달하기 전부터 흡기 밸브를 열기 시작해서 하사점을 지난 후에 닫으면 혼합기의 흐름이 원활해진다. 배기의 경우는 연소할 때에 발생하는 압력이 있기 때문에 밸브를 여는 순간부터 배기가 시작되지만, 조금이라도 많이 배기 가스를 배출하려면 피스톤이 상사점에 도달하더라도 밸브를 열어 둘 필요가 있다.

흡기, 압축, 연소, 배기의 각 행정이 명확하게 나뉘어 있는 4사이클 엔진이라고는 해도, 실제로는 흡기 행정과 배기 행정이 약간 겹쳐서 진행되며, 흡기 밸브와 배기 밸브 둘 다 열려 있는 시기가 있는데 이것을 오버랩이라고 부른다.

◉ 캠과 크랭크의 관계

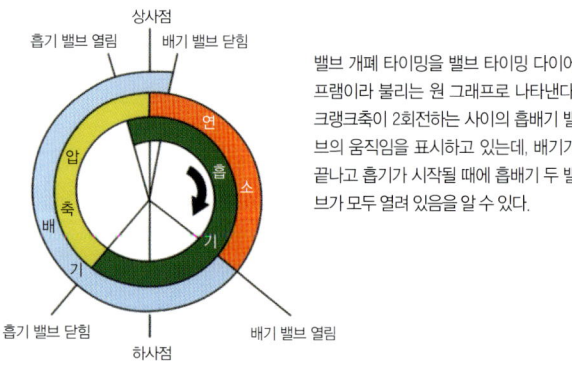

0°	0°→90°	90°→180°	180°→270°	270°→360°

캠은 1회전 (360° 회전)

크랭크축은 2회전 (720° 회전)

캠축

흡기 밸브 흡기측 캠

크랭크축

흡기 (배가→흡기) 0°

압축 (흡기→압축) 0°→180°

연소 (압축→연소) 180°→360°

배기 (폭발→배기) 360°→540°

흡기 (배가→흡기) 540°→720°

흡기측 캠과 흡기 밸브의 움직임에 주목해 보자. 크랭크축이 2회전(720°), 캠축이 1회전(360°)하면 4사이클 엔진은 1회 연소, 1사이클을 완료한다.

◉ 밸브 타이밍 다이어그램

상사점
흡기 밸브 열림   배기 밸브 닫힘

연소 흡기
압축 배기

흡기 밸브 닫힘   배기 밸브 열림
하사점

밸브 개폐 타이밍을 밸브 타이밍 다이어프램이라 불리는 원 그래프로 나타낸다. 크랭크축이 2회전하는 사이의 흡배기 밸브의 움직임을 표시하고 있는데, 배기가 끝나고 흡기가 시작될 때에 흡배기 두 밸브가 모두 열려 있음을 알 수 있다.

밸브의 개폐 시간

밸브는 조금씩 열리기 때문에 완전히 열릴 때까지 시간이 걸린다고 설명했는데, 그렇다면 흡배기 밸브가 여닫히는 시간은 어느 정도일까? 가령 3000rpm으로 회전하는 엔진은 피스톤이 3000번 왕복하고 있고, 흡배기 밸브는 각각 1/4회전만 열리는 상태이므로 15초간 열린 상태로 1500회 여닫히게 된다. 즉 1회 개폐 시간은 불과 0.1초 정도이며, 엔진 회전이 빨라질수록 개폐시간도 짧아지게 되고 눈에 보이지도 않을 정도의 빠른 속도로 움직이는 것이다.

06 The Basic Structure of Bikes
가변 밸브 시스템

스포츠 모델에게 요구되는 이상적인 출력 특성은 고속회전 영역에서의 최고 출력과 중저속 영역에서의 풍부한 토크를 양립시키는 것이다. 엔진 회전수에 따라 흡배기 밸브의 개폐 타이밍, 리프트 양을 변화시켜 모든 회전 영역에서 출력 향상, 다루기 쉬운 성격, 연비를 실현시키려는 것이 가변 밸브 시스템이다.

◉ 가변 밸브 시스템

흡기의 흡입효율과 배기의 개기효율은 엔진 출력 특성에 큰 영향을 미치며, 가령 고속회전형 고출력 엔진은 파워를 추구하기 위해 흡배기 오버랩을 크게 결정하는 것이 일반적인데, 아이들링이나 저부하 시에는 흡배기 밸브의 오버랩이 작은 편이 안정적인 연소(배기 가스가 흡기구로 되돌아가는 양이 줄고, 연비도 좋아짐)에 유리하다. 그래서 고안된 것이 엔진 회전수와 스로틀 개도, 기어 단수 등에 따라 밸브 개폐 타이밍이나 작동 상태를 변화시키는 시스템이다.

캠축의 캠을 엔진 회전수에 따라 바꿔 사용하는 방식, 캠을 구동하는 타이밍 기어 위치를 변화시키는 방식 등 다양한 방법이 있으며, 바이크에서는 혼다가 제일 먼저 이런 시스템을 시판차에 적용해 왔다.

◉ REV

◉ 혼다 CBR400F 엔듀런스 특별 버전 차량(1984년)

1983년에 발표된 회전수 응답형 밸브 휴지 시스템(REV, Revolution-modulated Valve control)은 운전 상황에 따라 2밸브↔4밸브로 자동으로 전환되는 가변 밸브 시스템이다. 지름이 큰 포트와 복수 흡배기 밸브는 고속회전 고출력을 발휘하기에는 효과적이지만, 안정된 공회전이나 중저속 회전을 저해한다는 것이 일반적 상식이다. 그래서 밸브 몇 개를 작동시키지 않은 상태로 실험을 해보았더니 아이들링 안정성과 중저속 토크가 크게 향상된다는 것을 확인할 수 있었다. 이것이 1983년의 혼다 CBR400F에 채택된 REV의 시초이다.

REV는 엔진 회전수에 따라 고속회전 영역에서는 4개의 밸브가 작동하고, 중저속회전 영역에서는 흡기, 배기 각각 1개씩이 작동을 멈추어 2밸브로 작동하는 시스템이다. 이것은 센서가 엔진 회전수를 감지해서 두 쪽으로 나뉜 로커암에 내장된 유압 피스톤을 이동시키면, 이것에 의해 로커암이 분할, 결합되면서 4밸브 작동과 2밸브 작동이 자동으로 이루어지는 것이다. 4밸브 작동 시에는 고속회전 영역에서 고출력을 발휘하고, 2밸브 작동 시에는 혼합기 누출 감소, 유속 증가로 와류 효과와 충진 효율을 향상시켜 중저속 회전 영역의 출력 향상을 실현했다. 이 기술은 그 후의 혼다 4륜차 엔진 기술의 핵심이 되는 가변 밸브 타이밍 시스템(VTEC, Variable Valve Timing & Lift Electronic Control System)으로 발전해 나아가게 되었다.

◉ 혼다 CBR400F(1983년)

엔진 회전수에 따라 고속회전에서는 4밸브, 중저속영역에서는 2밸브로 변환하는 획기적인 REV 시스템을 채택한 혼다 CBR400F. 1983년에 등장했다.

엔진 회전수에 따라 작동 밸브 수가 변화하는 회전수 응답형 밸브 휴지 시스템(REV)을 채택한 공랭 4사이클 DOHC 4밸브 직렬 4기통 엔진을 탑재. 사진은 풀 페어링을 장착한 특별 버전이다.

07 The **B**asic **S**tructure of **B**ikes
진화하는 가변 밸브 시스템

자동차에서는 상식처럼 되어 있는 가변 밸브 타이밍 시스템은 바이크에도 적용되어 진화하고 있으며, 1999년 혼다 CB400SF에 탑재된 HYPER VTEC은 그 후로도 단계적으로 개량을 받다가 2008년에 HYPER VTEC Revo로 거듭 태어나게 되었다.

▶ HYPER VTEC

바이크용 REV를 원점으로 하는 혼다 VTEC 엔진은 그 후에도 자동차 엔진에서 다양한 진화를 보였다. 바이크용으로 나온 것은 1999년 VB400SF로서, 밸브 로커암이 없는 직타식 밸브 휴지 시스템을 세계에서 최초로 실현한 HYPER VTEC이다. 4밸브 엔진용으로 개발된 HYPER VTEC은 흡기 2밸브/ 배기 2밸브 각각에 저속회전부터 고속회전까지 작동하는 **사용 밸브**와 중저속회전에서는 쉬다가 고속회전에서만 작동하는 **휴지 밸브**를 마련했다. 휴지 밸브의 밸브 리프터에 내장된 밸브 작동 전환 시스템과 유압회로를 포함한 유압 제어 시스템으로 구성되어 있으며, 밸브의 작동과 휴지를 제어하는 것은 밸브 리프터에 내장된 밸브 전환 핀(슬라이드 핀)의 위치로 결정된다.

▶ HYPER VTEC 구조도

HYPER VTEC 구조도(밸브 휴지 상태)

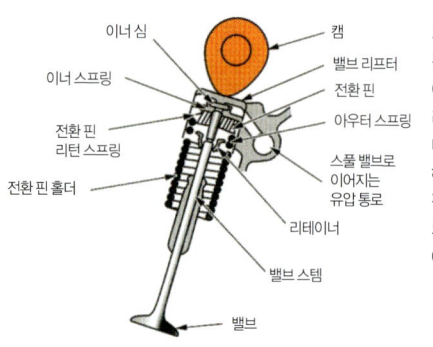

이너 심
이너 스프링
전환 핀 리턴 스프링
전환 핀 홀더

캠
밸브 리프터
전환 핀
아우터 스프링
스풀 밸브로 이어지는 유압 통로
리테이너
밸브 스템
밸브

저속회전 영역에서는 캠축이 회전하더라도 캠과 밸브 스템 사이에 마련된 핀 홀더에 스템이 가라앉아서 밸브가 작동하지 않는다. 고속회전이 되면 유압에 의해 캠과 밸브 스템 사이에 있는 핀 홀더에 키가 슬라이드해서 캠의 움직임이 밸브 스템에 전달되어 밸브가 여닫힌다.

▶ HYPER VTEC 작동 개념

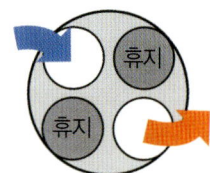

저중속회전 영역

2밸브(흡배기 밸브 하나씩)만 작동해서 저중속회전 영역에서의 효율적인 연소를 실현하며, 출발부터 가속, 정속 주행 시의 여유있는 토크를 발휘한다.

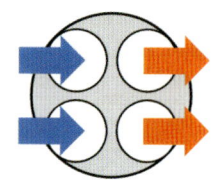

고속회전 영역

정해진 회전수에 도달하면 4개의 밸브가 모두 작동하여 고속회전 영역에 필요한 연소를 실현한다. 4밸브 엔진 특유의 매끄럽고 강력한 가속력의 출력 특성을 발휘한다.

▶ 직타식 밸브 제어 기구

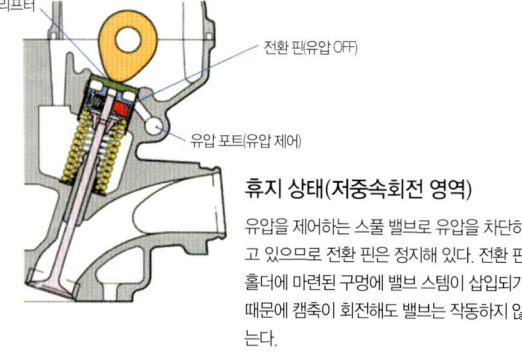

리프터
전환 핀(유압 OFF)
유압 포트(유압 제어)

휴지 상태(저중속회전 영역)

유압을 제어하는 스풀 밸브로 유압을 차단하고 있으므로 전환 핀은 정지해 있다. 전환 핀 홀더에 마련된 구멍에 밸브 스템이 삽입되기 때문에 캠축이 회전해도 밸브는 작동하지 않는다.

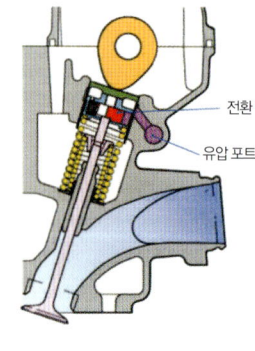

전환 핀(유압 ON)
유압 포트(유압 제어)

작동 상태(고속회전 영역)

설정된 회전에 도달하면 스풀 밸브가 열려서 유압이 유압 통로에 걸리게 되어 전환 핀이 슬라이드 한다. 밸브 스템은 전환 핀 구멍에 들어갈 수가 없게 되어 캠 축의 회전에 의해 밸브가 작동하게 된다.

⊙ HYPER VTEC Revo로 진화

1999년의 CB400SF에 처음 탑재된 HYPER-VTEC은 그 후 진화를 거치면서 2→4밸브 전환 타이밍이 개량되었다. 그리고 2008년에 HYPER VTEC Revo로 거듭 나게 되었다.

◀ 1999년 CB400SF HYPER VTEC

처음 등장했을 때에는 6750rpm에서 4밸브로 전환하게 되어 있었는데, 6750rpm 이하의 2밸브 영역으로도 일반 도로라면 부족함이 없어서 4밸브 영역의 감각을 즐길 기회가 적었다.

◀ 2002년 CB400SF HYPER VTEC II

2→4밸브 전환 타이밍을 6300rpm으로 낮춰 세팅해서 4밸브 영역을 넓혔다. 기존보다 한 단계 일찌감치 4밸브로 전환되면서 기분 좋은 가속감을 즐길 수 있게 되었다.

◀ 2004년 CB400SF HYPER VTEC III

엔진 회전수로만 제어하고 있던 2→4밸브 전환 타이밍을 기어 단수로도 제어하도록 개량되었다. 일반도로에서 자주 쓰는 1~5단은 6300rpm, 고속도로에서 잘 쓰는 6단은 6750rpm 이다.

◀ 2008년 CB400SF HYPER VTEC Revo

엔진 회전수와 기어 포지션으로 2→4밸브 전환 타이밍을 제어하던 것에 스로틀 개도를 포함시킨 것이 Revo이다. 정속 주행 등 스로틀 개도가 작을 때에는 1~5단에서 6300rpm을 넘더라도 연비가 좋은 2밸브를 유지하고, 가속 등 스로틀 개도가 클 때에는 6300rpm 이하라도 순식간에 4밸브로 전환된다. 이러한 제어가 가능하게 된 것은 2008년 모델부터 도입된 PGM-FI(ProGraMed-Fuel Injection)에 탑재되는 스로틀 포지션 센서 덕분이다.

⊙ 제어 맵 비교

기존 모델

〈1~5단〉

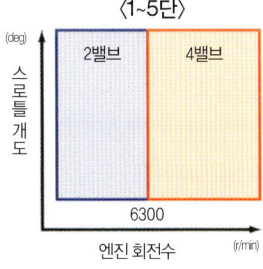

〈6단〉

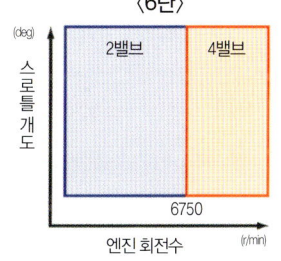

HYPER VTEC Revo

〈1~5단〉

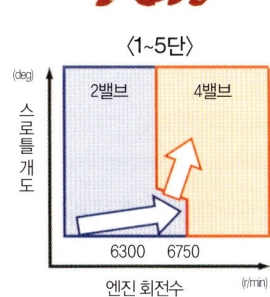

〈6단〉

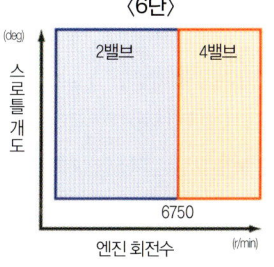

⊙ 가와사키 1400GTR의 가변 밸브 타이밍 기구

가와사키 1400GTR은 엔진 회전수와 스로틀 개도에 따라 캠축의 타이밍을 변화시키는 가변 밸브 타이밍 기구를 채택하였다. ECU로 제어하는 오일 컨트롤 밸브(OCV)가 흡기 캠축 끝에 설치된 액추에이터 챔버 유압을 변화시켜, 크랭크축 오일 구멍에서 액추에이터로 공급되는 오일을 제어한다. 오일 양의 변화에 따라 액추에이터가 작동해서 밸브 타이밍을 변화시킨다. 저속회전 영역에서는 흡기 타이밍을 늦춰서 밸브 오버랩을 줄여 보다 깨끗하고 효율적인 연소를 실현한다.

08 The Basic Structure of Bikes
고속회전형 엔진의 밸브 기구

흡기 밸브와 배기 밸브는 캠축 또는 로커암에 눌러서 열리고, 스피링의 힘으로 닫히는 것이 일반적이지만, 모토GP 머신에 채택되는 뉴매틱 밸브(에어 밸브)는 압축 공기의 힘으로 밸브를 제어한다.

⊙ 뉴매틱 밸브(Pneumatic Valve)

엔진이 고속회전으로 돌수록 밸브를 닫고 있는 스프링은 점프 현상이나 바운즈 현상을 일으켜 흡배기 밸브 움직임에 미처 추종하지 못하는 상태가 되며, 최악의 경우에는 밸브가 파손(밸브 서징)되는 경우도 발생한다. 강화 스프링으로 대처하는 방법이 있지만 밸브를 열 때의 동력 손실도 동시에 일어나므로 한계가 있다. 그래서 초고속회전형 F1 레이스 엔진에서 개발된 것이 뉴매틱 밸브(에어 밸브)이며, 금속제 스프링 대신에 컴프레서 등으로 압축한 공기로 밸브를 닫는다. 즉 캠으로 밸브를 열고, 공기의 힘으로 닫는 것이다. 이로써 2만 회전 이상으로 돌 수 있는 초고속회전형 엔진과 고출력을 실현했으며, 현 단계에서 시판차가 이 시스템을 채택하는 예는 아직 없다. 일반 도로에서 거기까지 고속회전으로 돌릴 일이 없다는 것과, 제작 단가를 생각하면 현실성이 없기 때문이다.

⊙ **혼다 RC212V**

초고속회전 엔진에서 보다 정밀하게 흡배기 밸브를 제어하기 위해 탄생한 뉴매틱 밸브는 원래 F1 엔진용으로 개발된 시스템으로 지금은 최신형 모토GP 머신이 채택하고 있다.

⊙ 데스모드로믹(Desmodromic)

밸브는 캠으로 열고 스프링으로 닫는 것이 일반적이지만, 이탈리아의 두카티가 채택하는 데스모드로믹(Desmodromic, 밸브 강제 개폐 기구)은 캠으로 열고 캠으로 닫는다. 하나의 밸브마다 두 개의 캠과 로커암이 밸브를 열고 닫는 일을 각각 분담하며, 스프링이 없고 기계적으로 밸브를 개폐한다. 밸브 개폐 타이밍을 치밀하게 관리할 수 있으며, 밸브를 열 때(스프링을 압축할 때)의 동력 손실과 섭동 저항을 억제할 수 있는 장점이 있다. 스프링이 차지하는 공간이 없으므로 밸브 스템을 짧게 만들 수 있어서 실린더 헤드를 아담하게 설계할 수 있으며, 고속회전에서 발생하는 밸브 서징의 우려가 없어서 고속회전 엔진에 유리한 시스템이다. 다만, 스프링 밸브 방식에 비해 구조가 복잡해지고 제작 단가도 비싸다는 단점이 있다. 또 빈번하게 밸브 클리어런스를 조정할 필요도 있다.

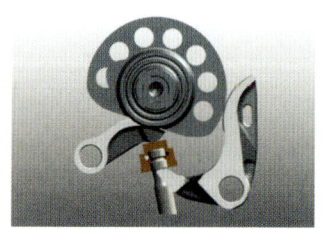

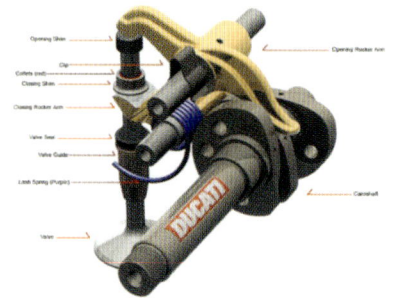

캠이 로커암으로 밸브를 밀어서 여는 것은 일반 엔진과 똑같지만, 데스모드로믹은 밸브를 닫기 위한 전용 캠이 마련되어 있으며, 이 캠이 로커암을 눌러서 캠을 밀어 닫는다. 두카티는 1955년에 데스모드로믹을 처음 채택한 이래로 1974년에 스프링 방식을 폐지했다. 그 후로는 일관되게 데스모드로믹 엔진만을 제작함으로써 두카티를 나타내는 상징적인 시스템이 되었다.

COLUMN

미숙한 실력을 모토크로스로 확인
언제까지나 계속하고픈 선데이 레이스

750cc 이상의 대형 면허를 현재와는 달리 교습소에서 취득하기 어려웠던 그 시절, 나는 18살 때부터 그 면허 시험에 도전해서 10번 만에 합격했다. 나이는 19살이 되었지만 상당히 젊은 나이에 합격한 나를 보고 주위 사람들은 모두 놀랐다.

그 후로 나의 애마는 당시의 동경의 대상이었던 리터급 바이크가 되었다. 강렬한 가속감, 호쾌한 코너링. 젊은 나이라면 누구나 그랬듯이 나도 스스로를 꽤나 실력 있는 라이더라고 우쭐해 있었다.

그러다가 TV에서 방송하는 수퍼크로스 경기를 보고 충격을 먹었다. 일렬횡대로 늘어선 채로 제1코너를 향해 뛰어드는 필사적인 출발, 바이크를 거의 수평으로 눕힌 채로 하늘 높이 점프하는 라이더. 그 바이크나 라이더의 웨어 등 모든 것이 너무나 멋있어서 나도 어느 샌가 모토크로스에 심취하게 되었다.

80cc 모터크로서와 그것을 운반할 중고 1톤 트럭을 구입해서 강가의 비포장 길에 간 나는 스스로의 어설픈 실력에 좌절해 버리고 말았다. 겨우 80cc 밖에 안 되는 바이크를 조종하기가 너무나 어려워서 여기서 넘어지고 저기서 자빠지고 할 뿐이었다. 아무리 애를 써도 이제 막 중학생 밖에 안 된 꼬마 라이더들이 내 머리 위를 붕붕 점프하고 있었다. 나는 나의 미숙한 실력을 통감하고, 그와 동시에 바이크의 심오한 매력을 깨달았다.

그 후로도 라이딩 테크닉의 향상은 그다지 진전을 보이고 있지 않지만, 문득 정신을 차려 보니 나는 벌써 15년 이상을 모토크로스에 빠져 지냈다. 빠져 있다고는 해도 1년에 5~6회 정도 아마추어 레이스에 참가할 뿐이지, 결코 프로 선수가 되기 위한 본격적인 참전은 아니다. 연습 부족으로 성적은 여전히 하위를 맴돌지만, 나는 두 달에 한 번 정도는 내가 가지고 있는 모든 기량과 체력으로 라이벌들과 겨루고, 나의 미숙한 라이딩 테크닉과 체력 부족을 옛날 강가에서 처음으로 모토크로스를 했을 때처럼 맛보고 싶을 뿐이다.

일반 도로를 달리다 보면 자신도 모르는 사이에 스스로의 실력을 과신해 버린다. 모토크로스가 아니더라도 서킷 주행이나 트라이얼, 짐카너라도 좋다. 모터 스포츠는 그런 근거 없는 자신감을 제거해 준다. 다치지 않을 정도로, 그리고 이기는 것만을 목표로 하지 말고 나는 언제까지나 모토크로스를 계속하려고 한다. 스스로의 허접한 실력을 뼈저리게 실감하면서….

내가 출전하고 있는 모토크로스 레이스의 한 장면. 3번 바이크를 몰고 있는 것이 필자다. 자신의 모든 힘을 모두 발휘해야 하는 레이스는 매우 힘들지만 최고로 즐겁다. 레이스에 집중함으로써 일반 도로에서의 안전 의식도 높아진다.

COLUMN

로드레이스의 최고봉, 모토GP

46번은 피아트 야마하 팀의 발렌티노 롯시 선수. 머신은 YZR-M1.

1949년, FIM(국제 모터사이클리스트 연맹)이 경기 규칙을 통일해서 유럽을 중심으로 개시한 로드레이스 세계 선수권 대회. 그 최고봉 클래스는 배기량 500cc가 상한선이었지만, 2002년에 2사이클 500cc, 4사이클 900cc 머신이 동시에 출전하게 되면서 모토GP라는 새로운 이름으로 바뀌었다. 2004년에는 4사이클 머신만으로 제한되었고, 2007년부터는 배기량이 800cc 이하가 되었다.

바이크는 모토GP 전용으로 개발된 레이싱 머신이며, 세부적인 경기 규칙은 매년마다 바뀌곤 한다. 전자제어 기술 등 최첨단 기술이 집결하는 모토GP 머신은 약 150kg의 경량 차체에 최고 출력 200마력 이상, 최고속도 320km/h를 넘는다.

PART 05

엔진 냉각장치와 주변기기

왕복 내연 기관이 혼합기를 연소시켜 발생하는 에너지 중에서
실제로 동력으로 사용할 수 있는 것은 30%에도 미치지 못한다고 한다.
엔진은 열을 받아 고온이 되고, 이것을 식히지 않으면 혼합기가 이상 연소를 일으키거나,
실린더와 피스톤이 눌어붙는 등 중대한 문제가 발생한다.
그런 사태를 방지하기 위해 엔진에는 온도를 낮추는 장치나 구조물이 반드시 마련되어 있다.

01

공랭 엔진

엔진이 발생한 열을 그대로 대기에 방출하는 것이 공랭이다. 실린더 표면에 냉각핀을 설치하고 주행풍을 그 틈 새로 통과시켜 엔진의 열을 빼앗는 구조이다. 구조가 단순하고 정비성도 좋다. 그 아름다운 겉모습도 큰 매력 이다.

▶ 실린더 표면에 냉각핀

실린더 헤드와 실린더 표면에 냉각핀을 설치해서 엔진의 표면적을 늘 이고 있는 것이 공랭 엔진이다. 주행할 때에 엔진에 부딪히는 바람(공기) 이 냉각핀 사이를 거치면서 엔진의 열을 빼앗아 식히는 참으로 단순한 구 조이며, 공랭 엔진은 냉각핀이 달려 있을 뿐이고, 수냉 엔진과는 달리 엔 진 내부에 수로를 설치할 필요가 없으므로 그 구조가 매우 단순하다.

▶ 공랭식의 장점

제조 단가를 낮출 수 있고, 정비성이 좋으며, 가볍게 만들 수 있다는 장 점이 있다. 다만 엔진이 고성능을 추구할수록 발열량도 많아지게 되어 공랭만으로 열을 식히는 데에는 한계가 있으며, 소음도 커진다. 음량 규 제나 배기가스 규제에 대처하기도 어려워서, 자동차에서는 공랭을 채택 하고 있는 예가 자취를 감추고 말았다. 바이크도 환경 규제에 대처하기 편한 수냉 엔진을 채택하는 예가 점차 늘고 있다. 그러나 엔진 자체가 지 니고 있는 존재감, 아름다운 겉모습은 수많은 팬들에게 지지받고 있으 며, 공랭 엔진을 채택하는 모델은 아직도 건재하다.

▶ 강제 공랭식

공랭식에는 주행풍으로 냉각하는 **자연 공랭** 말고도, 냉각팬으로 바람 을 일으켜 냉각하는 **강제 공랭** 방식도 있다. 스쿠터처럼 엔진에 바람이 닿기 어려운 구조의 바이크가 즐겨 채택하다.

▶ 스즈키 어드레스 V125/G

강제 공랭식 4사이클 단기통 엔진을 탑재하고 있다.

▶ 공랭식 엔진의 아름다운 외관

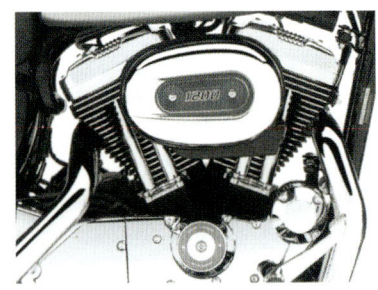

할리데이비슨 스포스터 1200C의 공랭 엔진

야마하 XJR1300. 네이키드 바이크는 엔진의 조형미를 크 게 강조한다.

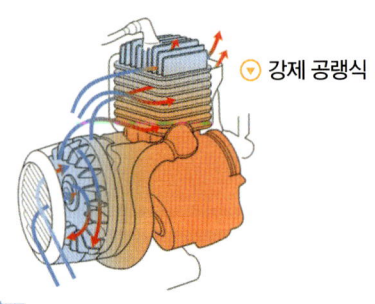

▼ 강제 공랭식

크랭크축에 설치한 팬의 바람으로 엔진을 식히는 강제 공랭식

냉각핀

주행풍

실린더에 수많은 냉각핀을 설치해서 표면적을 늘리고, 그 틈새에 주행풍을 통과시켜서 대기 중에 열을 방출한다.

02 수냉 엔진

The **B**asic **S**tructure of **B**ikes

엔진의 열을 효과적으로 식히기 위해서 엔진 내부에 냉각수가 흐르는 통로를 마련한 것이 수냉 엔진이다. 엔진의 열을 일단 물(쿨런트)에 옮기고, 뜨거워진 물을 라디에이터에 보내서 방열시키며, 차가워진 물은 다시 엔진으로 되돌아가서 순환한다.

▶ 냉각수를 순환시키는 수냉 엔진

출력이 클수록 엔진의 열도 많이 발생하며, 제대로 식혀 주지 않으면 과열 현상으로 엔진이 망가질 수가 있다. 외기 온도의 영향을 받지 않고 안정적인 냉각을 위해 실린더와 실린더 헤드에 냉각수(쿨런트)를 순환시켜 냉각을 하는 것이 수냉 엔진이다. 냉각수는 워터펌프에 의해 실린더 헤드와 실린더 블록에 마련된 워터재킷이라 불리는 통로를 지나면서 엔진의 열을 전달받아 라디에이터까지 운반하며, 라디에이터에서 열을 대기에 방출한 다음에는 다시 엔진으로 되돌아간다.

네이키드나 아메리칸 바이크는 엔진의 생김새도 큰 매력이다. 수냉 엔진이면서도 공랭 엔진처럼 보이도록 아름다운 냉각핀을 갖춘 모델도 많다. 사진은 가와사키 VN2000의 V트윈 엔진이다.

언뜻 보기엔 공랭처럼 보이지만 알고 보면 수냉 엔진

▶ 냉각수의 순환

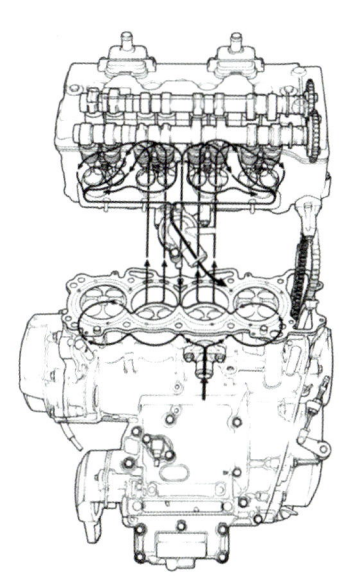

실린더 둘레를 감싸듯이 뚫려 있는 워터 재킷. 냉각수가 지나는 통로이다. 사진은 야마하 YZF-R1의 실린더이다.

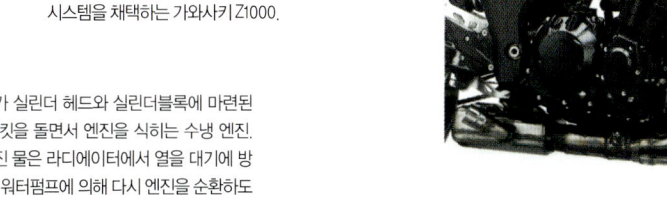

공랭 엔진과는 달리 냉각핀이 없고, 라디에이터를 엔진 앞에 장착하는 수냉 엔진. 사진은 차체 양쪽에 뚫려 있는 에어 인테이크 덕트(공기 흡입 통로)를 통해 공기를 유입하는 쿨 에어 시스템을 채택하는 가와사키 Z1000.

냉각수가 실린더 헤드와 실린더블록에 마련된 워터 재킷을 돌면서 엔진을 식히는 수냉 엔진. 뜨거워진 물은 라디에이터에서 열을 대기에 방출하고, 워터펌프에 의해 다시 엔진을 순환하도록 되어 있다.

03 The Basic Structure of Bikes
라디에이터

라디에이터는 우리말로 방열기라고도 부르며, 이름 그대로 열을 방출하는 장치이다. 상부 탱크, 하부 탱크, 라디에이터 코어로 구성되어 있다. 뜨거워진 냉각수는 상부 탱크에 압송되고, 라디에이터 코어를 지나는 동안에 냉각되어 하부 탱크에 다시 모인다.

▶ 냉각수의 열을 대기에 방출하는 라디에이터

엔진의 열을 받아 뜨거워진 냉각수를 식히는 것이 라디에이터의 역할이다. 알루미늄 또는 수지로 제작한 가는 용기가 가로 또는 세로로 배열되어 있고 그 사이에 알루미늄 합금으로 만든 **라디에이터 코어**가 마련되어 있다. 일반적으로 엔진의 열로 뜨거워진 냉각수를 받아들이는 용기를 **상부 탱크**라고 부르며, 라디에이터 코어로 냉각된 냉각수가 모이는 용기를 **하부 탱크**라고 부른다. 두 개의 탱크가 위아래로 있는 것, 즉 위에서 아래로 냉각수가 흐르는 것을 **다운 플로** 또는 **버티컬** 타입이라고 부르고, 탱크가 좌우로 있는 것을 **사이드 탱크** 또는 **크로스 플로** 타입이라고 부른다.

코어를 구성하는 수많은 파이프를 워터 튜브라고 부르며, 그 단면은 납작하게 찌부러져 있으며, 튜브를 납작하게 함으로써 표면적을 늘이고, 그 만큼 공기와의 접촉 면적이 크므로 방열 효과가 높아진다. 또한, 튜브 사이를 얇은 금속판으로 만들어진 냉각핀으로 연결하고 있다. 금속판은 물결 모양으로 굽이치게 만들어져 있어서 공기가 지나가기 쉽고, 그만큼 방열 면적도 크게 할 수 있다. 라디에이터 코어는 **싱글 코어**라 불리는 1단짜리가 일반적이지만, 냉각 효과를 높이기 위한 2단짜리 **더블 코어**, 3단짜리 **트리플 코**어 등도 있다.

주행풍이 잘 닿도록 엔진 앞에 장착되는 라디에이터. 사진은 가와사키 Ninja ZX-6R, 600cc의 배기량으로 램에어 과급 시에는 134마력의 고출력을 발휘하는 수냉 4사이클 직렬 4기통 엔진을 탑재하고 있다.

① 라디에이터 캡
냉각수 탱크를 봉인하는 단순한 뚜껑이 아니고 일정 이상의 압력이 걸리면 압력 밸브가 열려서 냉각수를 보조 탱크로 흘려보내는 중요한 역할을 담당한다.

② 상부 탱크
엔진의 열을 받아 뜨거워진 냉각수(쿨런트)가 유입되는 탱크. 다운 플로 타입에서는 라디에이터 상부에 설치되지만 사이드 탱크 방식에서는 좌우 어느 한쪽에 설치되어 있다.

③ 하부 탱크
냉각된 냉각수가 모이는 곳이 하부 탱크이며, 냉각된 냉각수는 다시 엔진으로 되돌아간다. 냉각수를 교환할 때의 물을 빼는 드레인 볼트도 이곳에 달려 있다.

④ 라디에이터 코어
수많은 워터 튜브와 냉각핀으로 구성되어 있으며 핀에 통과하는 바람으로 냉각수를 식히는 역할을 담당한다.

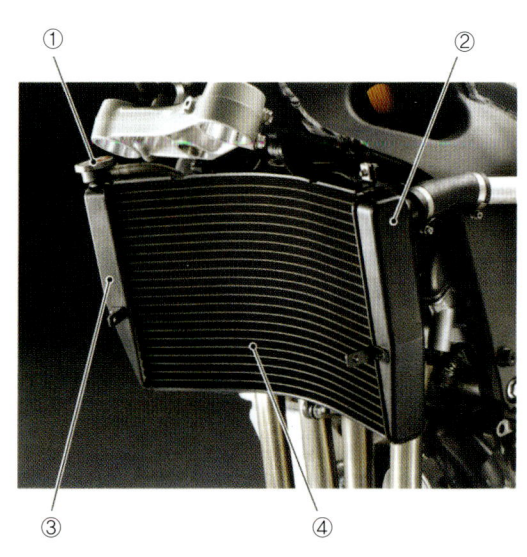

▶ 다운 플로 타입과 크로스 플로 타입

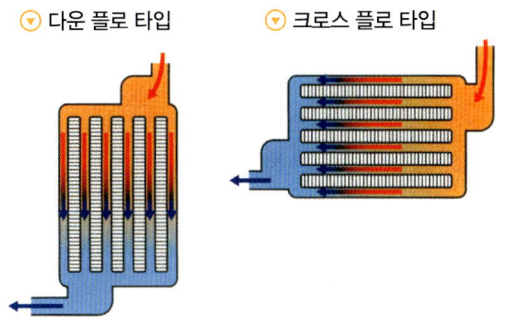

▽ 다운 플로 타입 ▽ 크로스 플로 타입

▶ 라디에이터 코어

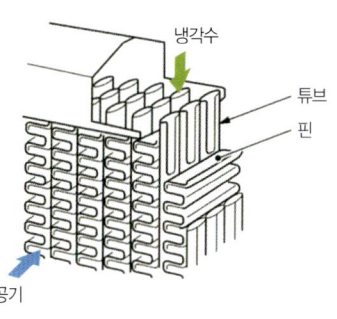

냉각수가 지나는 통로가 워터 튜브이다.
그 사이를 물결 모양의 핀이 감싸서 방열
성을 높이고 있다.

공기

냉각수

튜브

핀

▽ 싱글 코어

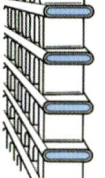

▽ 더블 코어

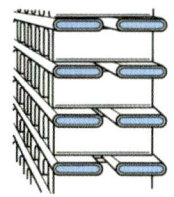

● 라디에이터 코어

라디에이터의 냉각수(쿨런트)를 식히는 부분이 **라디에이터 코어(Radiator Core)**이다. 냉각수가 지나는 납작한 파이프인 **워터 튜브** 둘레에는 물결 모양으로 구부러진 얇은 금속판인 **냉각핀**이 설치되어 있어서, 주행풍이 닿는 표면적을 늘려 공기와의 열 교환을 돕고 있다. 소재는 열 전도가 우수한 알루미늄이나 구리, 놋쇠 등을 사용하는 것이 일반적이다. 냉각 효율을 높이기 위해 코어를 2단으로 겹친 것을 더블 코어라고 부른다.

대형 라디에이터를 장착할 공간이 부족할 경우에는 튜브로 연결된 두 개의 라디에이터를 채택하는 경우도 있다. 모토크로스 경기용 바이크는 이것이 주류이다. 사진은 혼다 CRF450R의 다운 플로 라디에이터이다.

V형 엔진을 탑재하는 모델은 실린더 헤드나 배기관 때문에 엔진 앞에 라디에이터를 장착할 공간이 부족한 경우가 있다. 그래서 혼다 VFR100SP2는 라디에이터를 차체 옆에 배치하고 카울 형상으로 주행풍을 유도하고 있다.

▽ 냉각수의 순환 경로

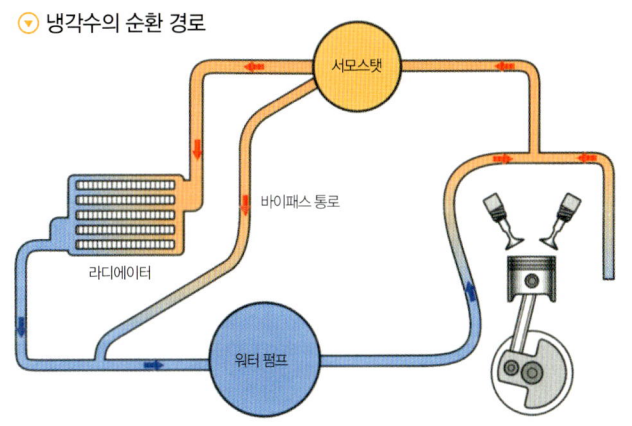

서모스탯

바이패스 통로

라디에이터

워터 펌프

수냉 엔진은 냉매인 물(쿨런트)를 워퍼 펌프로 순환시켜서, 열원인 실린더 헤드나 실린더의 워터 재킷에 압송한다. 뜨거워진 물은 라디에이터로 식히는데, 냉간 시에는 바이패스 통로를 지나게 하는 등 그 순환 경로를 제어하는 것이 서모스탯이다.

서모스탯이
닫혀 있다

바이패스 파이프

통과하는 냉각수의 양을 결정해서 냉각수를 적정
온도로 유지하는 것이 서모스탯이다. 엔진이 열을
받기 전에는 닫혀 있어서 냉각수를 엔진 내부에서
만 순환시킨다. 서모스탯 덕분에 웜 업을 일찍 끝낼
수 있으며, 한겨울의 오버 쿨을 방지한다.

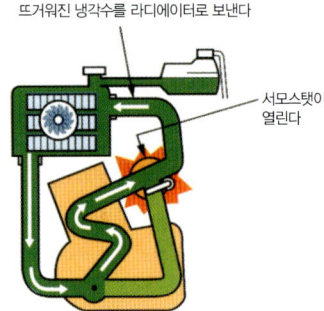

뜨거워진 냉각수를 라디에이터로 보낸다

서모스탯이
열린다

엔진이 열을 받아서 냉각수도 뜨거워지면 서모스탯
이 열려서 라디에이터로 냉각수를 보낸다. 실제로
는 낮은 온도 때부터 서서히 열리다가 80℃ 정도가
되면 완전히 열린다. 가령, 60℃에서 10%, 70℃에서
80%, 80℃에서 100% 라는 식으로 라디에이터에 보
내는 양을 상황에 맞춰 섬세하게 조절하는 기능이
있다.

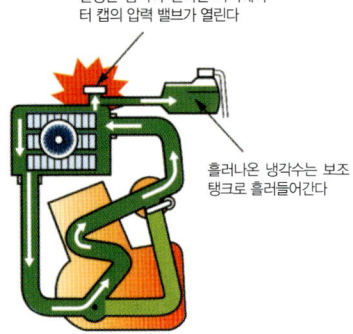

일정한 압력이 걸리면 라디에이
터 캡의 압력 밸브가 열린다

흘러나온 냉각수는 보조
탱크로 흘러들어간다

냉각수가 더욱 뜨거워져서 냉각계통의 압력이 일
정 이상이 되면 라디에이터 캡의 밸브가 열려서
냉각수가 보조 탱크로 흘러나오게 된다. 온도가 낮
아지면 부압으로 다시 라디에이터로 빨려 들어간
다. 보조 탱크에는 예비 냉각수가 비축되어 있어서
라디에이터에 언제나 냉각수를 가득 채워 놓을 수
가 있다.

◉ 냉각 팬의 역할

라디에이터는 주행풍이 잘 닿도록 엔진 앞쪽, 앞바퀴 근처에 설치되어 있는데, 정차 중에는 주행풍이 오지 않는다. 교
통 체증에 걸리면 방열 능력이 떨어진다. 그래서 냉각 팬을 라디에이터 뒷면에 장착하여 강제적으로 바람을 일으켜서
냉각하는 모델도 있다. 냉각 팬은 전동식이 일반적이며, 배터리의 전력으로 팬을 회전시킨다.

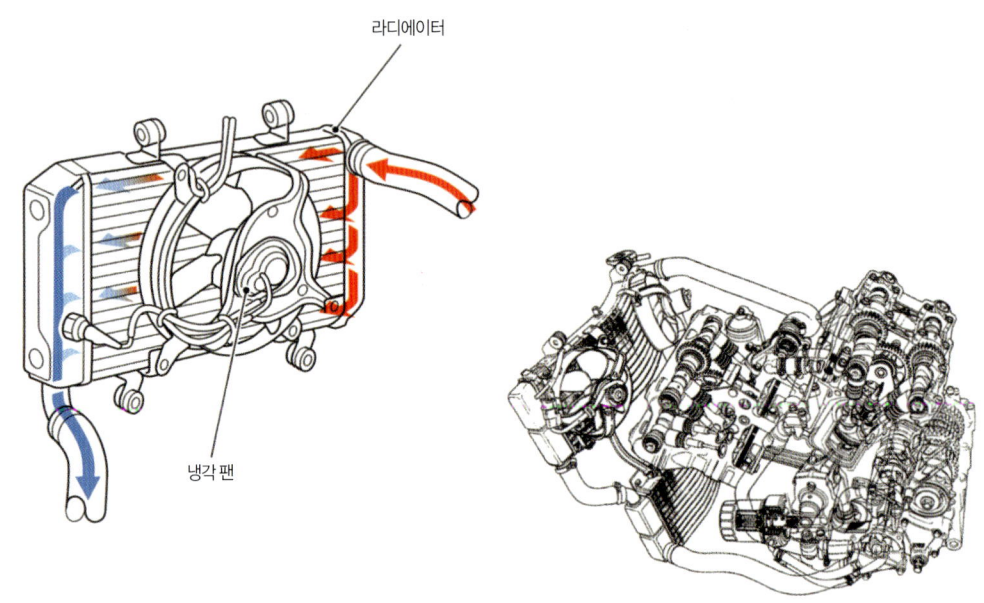

라디에이터

냉각 팬

라디에이터 뒷면에 냉각 팬을 설치하여 수온이 일정 이상으
로 상승하면 전기 모터로 팬을 회전시켜 강제적으로 바람을
일으켜 냉각한다.

04 The Basic Structure of Bikes
라디에이터 구성품

냉각수를 매개체로 사용해서 엔진의 열을 라디에이터로 운반하고, 라디에이터에서 식은 냉각수를 다시 엔진으로 되돌리는 수냉 엔진의 냉각 시스템. 이것을 구성하고 있는 것은 압력으로 밸브가 여닫히는 라디에이터 캡, 냉각수 온도로 여닫히는 서모스탯 등 다양한 부품들이다.

◉ 라디에이터 캡

냉각수 순환 계통은 밀폐 구조이므로 수온이 올라가면 압력도 같이 올라가서 100℃를 넘어도 끓지 않는다. 그러나 압력이 지나치게 높아지면 라디에이터 본체나 호스 등이 견뎌내지 못하고 손상되

⊙ 라디에이터 캡의 움직임

라디에이터 캡은 단순한 뚜껑이 아니며, 냉각계통 내부의 압력을 조절하는 중요한 기능을 갖고 있다. 일정 이상의 압력이 걸리면 압력 밸브가 열려 냉각수 배출과 함께 압력을 낮추고, 수온이 낮아지면 감압 밸브가 열려 보조 탱크의 냉각수를 라디에이터에 채워 넣는다.

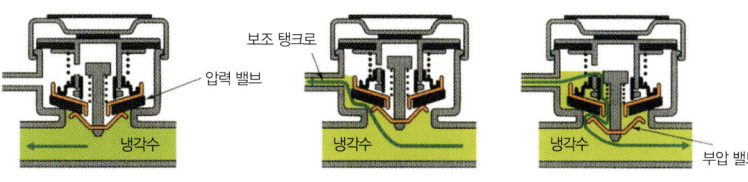

기 때문에 이것을 방지하기 위한 것이 **라디에이터 캡**이다. 라디에이터 캡 내부에는 압력 밸브와 부압 밸브가 있어서, 냉각계통의 압력이 일정 이상이 되면 압력 밸브가 열려 냉각수를 보조 탱크로 흘려보내고, 엔진이 식어서 라디에이터 압력이 대기압보다 낮아지면 부압 밸브가 열려서 보조 탱크의 냉각수가 라디에이터로 되돌아간다.

◉ 서모스탯

냉각수 온도가 낮을 때에는 라디에이터로 통하는 통로를 닫아서 수온을 올리고, 냉각수 온도가 올라감에 따라 라디에이터로 통하는 통로를 열어서 순환시키는 것이 **서모스탯**이다. 실린더에서 라디에이터로 흐르는 냉각수 양을 제어함으로써 냉각수 온도를 적정치로 유지한다.

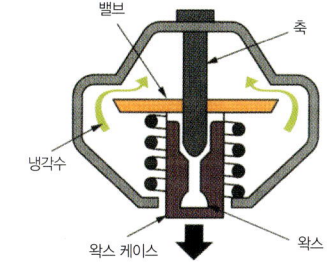

냉각수 온도가 낮을 때에는 밸브가 닫혀 라디에이터로 가는 통로를 막고, 수온이 오르면 밸브가 열려 라디에이터로 냉각수를 보낸다. 동절기의 오버쿨(과랭 현상)을 방지하는 역할도 담당한다.

◉ 워터 펌프

냉각수를 압력 차를 이용해서 강제적으로 순환시키는 것이 **워터 펌프**이다. 바람개비처럼 생긴 **임펠러**라 불리는 회전 날개로 원심력을 일으켜 냉각수를 압송하며, 순한 경로나 워터 펌프 위치 등은 각 엔진마다 효율성을 추구한 아이디어가 활용되어 있다.

◉ 롱 라이프 쿨런트

엔진을 냉각하는 냉각수는 일반적인 물이면 충분하지만 겨울에는 얼어 버린다. 그래서 얼지 않도록 화학 처리를 한 **롱 라이프 쿨런트**를 사용하며 부동 효과는 기본이고, 방청 첨가제 등이 들어 있어서 냉각수 순환계통의 부식을 방지한다. 물론 그냥 물을 사용해도 냉각 성능에는 문제없지만 장기간 사용하면 엔진 내부에 녹이 발생하거나 동절기 영하의 기온에 방치해 두면 라디에이터나 호스 등 순환계통이 동파될 위험이 있으므로 주의가 필요하다.

05 엔진 오일의 역할

엔진 내부를 윤활하면서 냉각, 밀봉, 세정, 방청 등 다양한 임무를 수행하는 것이 엔진 오일이며, 마치 인간의 혈액과도 같은 존재이다. 더러워진 상태로 방치하거나 양이 부족해지면 엔진이 손상된다. 엔진 오일은 사용할수록 열화(산화)하기 때문에 정기적으로 교환할 필요가 있다.

▶ 엔진 오일의 역할은 윤활만이 아니다

금속 부품의 집합체인 엔진은 그 내부에서 수많은 부품들이 고속으로 움직이면서 회전운전, 왕복운동 등을 반복한다. 이들 부품이 만약 금속 표면끼리 맞닿아서 움직인다면 마찰 때문에 원활하게 움직이지 못할뿐더러, 마찰에 의한 에너지 손실, 부품의 마모가 발생하고, 심하면 과열 현상을 일으켜 금속이 녹아 붙는 중대한 트러블이 발생한다. 이것을 방지하기 위해 금속과 금속 사이에 오일을 공급하여 금속 표면에 **유막**을 끊임없이 만들어주어야 한다. 이렇듯 엔진 내부의 각 파트들을 윤활하고 있는 것이 엔진 오일이다.

4사이클 엔진의 엔진 오일은 **오일 펌프**에 의해 엔진 각 부에 압송되어 마찰 저감, 마모 경감 등의 역할을 수행하는데, 이런 **윤활**만이 아니라 **냉각**, **밀봉**, **세정**, **방청** 등 다양한 임무를 수행하고 있다.

▶ 오일이 하는 일

- **윤활** : 금속 부품끼리 서로 마찰하거나 눌어붙지 않도록 접촉면 사이에 얇은 유막을 만들어서 각 부품의 마모, 저항 손실 등을 억제한다. 이것이 윤활유인 엔진 오일의 대표적인 역할이다.

- **냉각** : 오일 펌프로 엔진 내부를 순환하는 엔진 오일은 고온으로 달구어진 엔진의 열을 식히는 냉각 효과가 있다. 피스톤이나 크랭크축 저널 등 외기나 냉각수가 직접 닿지 않는 부분은 엔진 오일의 냉각 성능에 크게 의존한다.

- **밀봉, 완충** : 오일은 유막 점도(끈끈힘)로 밀봉(실링) 효과도 있다. 피스톤과 실린더 사이로 혼합기나 연소가스가 새어나가지 않도록 피스톤 링을 도와주고 있다. 또한, 각 부품 사이에 오일이 차있으면 충격을 덜어주는 완충 작용도 기대할 수 있다.

- **세정** : 금속 부품들이 작동을 하면 반드시 마모가 진행되어 금속 가루 등이 발생한다. 또, 혼합기의 미연소 물질 등도 발생한다. 이런 오염 물질을 씻어내고 오일 필터까지 운반하는 세정 작용도 엔진 오일의 역할이다.

- **방청** : 녹이 발생하기 마련인 금속 표면을 유막으로 감싸서 녹의 원인인 산소나 수분을 차단한다. 방청 효과도 엔진 오일의 중요한 역할 중의 하나이다.

06

엔진 오일의 종류

엔진 오일은 주성분인 베이스 오일과 첨가제로 만들어지며, 베이스 오일로 사용되는 원료에 따라 광물유, 화학합성유, 부분 화학합성유, 식물유 등으로 구분된다. 엔진 내부의 윤활뿐만 아니라 냉각이나 세정 등의 성능도 중요하다.

◉ 원료에 따른 오일 분류

일반적으로 4사이클 엔진에 사용하는 엔진 오일은 **광물유** 또는 **화학합성유**이며, 광물유는 가솔린이나 등유 등의 기본이 되는 원유로 만드는 오일로서 저렴한 가격의 제품부터 레이싱 오일까지 폭넓은 종류가 있다. 화학합성유는 화학적으로 합성해서 만드는 오일로서 안정된 분자 성분, 높은 침투성 등으로 광물유보다 월등한 성능을 갖고 있다. 다만 가격이 비싸다는 것이 일반적이다. 광물유와 화학합성유를 섞어서 만든 **부분 화학합성유**도 있다. 식물에서 추출한 오일을 베이스로 하는 **식물유**는 우수한 윤활 성능으로 주로 레이싱 오일로 사용된다. 다만, 외기에 닿으면 산화되기 쉬워서 일반적으로는 애로 사항이 있다.

◉ 점도 표기

엔진 오일의 끈끈함, 즉 점도는 SAE(미국자동차기술협회) 규격이 일반적으로 통용되며, 10W-40 등으로 표기된다. 숫자가 클수록 점도가 높은 된 오일이며, 작을수록 점도가 낮은 묽은 오일이다. W(윈터) 앞의 숫자는 한랭 시의 점도를 나타내며 작을수록 저온에서도 사용할 수 있고, 뒤의 두 자리 숫자는 고온 시의 점도이며 이것이 클수록 고온에서도 사용할 수 있다. 이처럼 저온 시와 고온 시의 점도를 표시한 것을 **멀티 그레이드**라고 부르며, 멀티 그레이드의 경우 앞뒤의 숫자 폭이 클수록 다양한 온도 조건에서 사용할 수 있다는 뜻이 된다.

▶ 엔진 오일의 점도 표기 ────────●　　▶ 화학합성유와 광물유 ────────●

10W ─ 40

저온 시의 점도	고온 시의 점도
이 숫자가 작을수록 추위에 강하다	이 숫자가 클수록 더위에 강하다
⬇	⬇
엔진 시동성이 좋다	엔진 보호 성능이 좋다
연비가 좋다	엔진 소리가 조용해진다

화학합성유 > 광물유

저온 유동성
증발성
산화 안정성
온도 점도 특성

화학합성유 < 광물유

경제성

SAE 규격

점도란 엔진 오일의 끈끈한 정도를 의미하며, SAE 규격으로 분류 표시된다. 10W-40의 경우 10W는 저온 시의 점도, 40은 고온 시의 점도를 나타낸다.

⊙ API(미국석유협회) 규격

오일 규격으로 대표적인 표기는 점도를 나타내는 **SAE 규격** 외에도 등급을 나타내는 **API(미국석유협회) 규격**이 있다. API 규격은 연비, 내열성, 내마모성 등 엔진 오일에 필요한 성능을 설정한 것으로 SA부터 SM까지 11단계의 등급을 설정하고 있으며, 새로운 등급일수록 엄격한 품질을 보장하고 있다.

- **SA** : 운전 조건이 엄하지 않은 엔진에 사용 가능. 첨가제를 포함하지 않은 오일(베이스 오일).
- **SB** : 최소한의 첨가제를 배합한 오일. 눌어붙기 방지, 산화 안정성 기능이 개선되어 있다.
- **SC** : 1964~67년형 가솔린 엔진에 맞춰 사용할 수 있는 품질을 갖추고 있으며, 퇴적물 방지성, 마모 방지성, 녹 방지성, 부식 방지성 등을 갖추고 있다.
- **SD** : 1968~71년형 가솔린 엔진에 맞춰 사용할 수 있는 품질을 갖추고 있으며, SC보다 높은 수준의 품질을 갖고 있다.
- **SE** : 1972~79년형 가솔린 엔진에 맞춰 사용할 수 있는 품질을 갖추고 있으며, SD보다 높은 수준의 품질을 갖고 있다.
- **SF** : 1980년 이후에 제작된 엔진에 적응. 산화, 고온 퇴적물, 저온 퇴적물, 녹, 부식에 대한 우수한 방지 성능을 발휘.
- **SG** : 1989년 이후에 제작된 엔진에 적응. SF 품질을 기본으로 구동계통의 내마모성과 산화 안정성을 갖추고 있으며, 엔진 본체의 수명 연장을 돕는 성능이 있다.
- **SH** : 1993년 이후에 제작된 엔진에 적응. SG 품질을 기본으로 슬러지 방지성, 고온 세정성이 우수하다.
- **SJ** : 1996년 이후에 제작된 엔진에 적응. SH 품질이 더욱 향상되었다. 여기에 증발성, 유막 유지성이 향상되었다.
- **SL** : 2001년에 제정. SJ에 비해 연비 향상(CO_2 저감), 배기가스 정화(CO, HC, NOx 배출 저감), 오일 열화 방지 성능 향상(폐유 저감, 자연 보호)이 특징.
- **SM** : 2004년에 제정. SL에 비해 정화 성능, 내구 성능, 내열성, 내마모성이 향상되었다.

⊙ JASO 규격

미국석유협회가 정한 API(American Petroleum Iustitute) 규격은 자동차 엔진에게 요구되는 성능에 맞춰 등급이 결정되며, 최근의 엔진 오일은 연비를 중요시해서 마찰 저감제가 대량으로 첨가되어 있다. 그러나 바이크용 엔진은 습식 클러치를 채택하는 경우가 대부분이라 마찰 저감제는 클러치 미끄러짐 현상을 유발할 수가 있다. 그래서 일본은 독자적으로 일본자동차규격회의를 통해 바이크용 엔진 오일의 등급을 설정했는데 바로 JASO 규격이다. 유막의 형성력이 우수한 **MA**와 마찰성이 낮은 **MB** 두 가지가 있다. 2사이클 엔진용으로는 **FA, FB, FC**의 3단계가 있으며, **FC**가 최상급이다.

⊙ 혼다 ULTRA OIL

4사이클 엔진 오일 혼다 ULTRA OIL은 모두 4종류. 울트라 광물유인 G1은 가격 대비 성능이 우수한 연비 중시형 베이직 오일. G2는 스트리트부터 스포츠 주행까지 커버하는 부분 화학합성유. G3는 스포츠 모델을 위한 고품질 화학합성유. 그리고 슈퍼 스포츠 등에 사용하는 슈퍼 로 프릭션 최고급 오일이 G4이다.

2사이클 엔진 오일은 가솔린에 섞어서 연소시키기 때문에 부족하면 계속 보충해야 한다. 오일 탱크의 엔진 오일을 엔진 회전수 등에 맞춰 오일 펌프가 자동으로 공급하는 것을 분리 급유식이라 부르고, 처음부터 오일과 가솔린을 정해진 비율로 섞어서 연료 탱크에 넣고 사용하는 것을 혼합 급유식이라고 한다.

07 웨트 섬프

The **B**asic **S**tructure of **B**ikes

엔진 오일은 엔진 내부를 언제나 순환하고 있으며, 순환 시스템은 크게 웨트 섬프와 드라이 섬프로 구분된다. 엔진 본체 가장 낮은 곳에 오일을 담아 두고 거기에 고인 오일을 펌프로 빨아올려 엔진 각 부로 압송하는 것이 웨트 섬프이다.

◉ 웨트 섬프

인간의 혈액에 해당하는 것이 오일이라면, 혈관을 **오일 라인**, 그 기점인 심장을 **오일 펌프**라고 할 수 있다. **웨트 섬프**는 엔진 아래에 **오일 팬**이라 불리는 용기를 갖추어 놓고 그곳에 고인 오일을 오일 펌프로 빨아올려서 크랭크축이나 실린더 등에 뚫어놓은 **오일 갤러리**라 불리는 통로를 통해 각 부에 오일을 압송한다. 엔진 내부를 순환한 오일은 중력의 힘으로 오일 팬으로 흘러들어 오고 다시 오일 펌프로 엔진 각 부에 보내진다.

◉ 변속기와 클러치를 일체화한 합리적인 시스템

웨트 섬프는 엔진 자체가 오일 탱크인 셈이며, 크랭크축이 절반 정도 잠길 정도의 오일이 언제나 오일 팬에 고여 있다. 뜨거운 엔진 안에 오일이 고여 있으므로 냉각 작용은 그다지 기대할 수 없고, 엔진 아래에 오일 팬이 있기 때문에 엔진의 높이도 필요하다.

그러나 구조가 단순하고 제작 단가도 비교적 싸며, 구조적으로도 합리성이 높은 순환 시스템이므로 바이크용 엔진에서는 주류를 이루고 있다. 엔진 내부에 오일을 담아 두고 있으므로 그 엔진 오일로 옆에 있는 변속기나 클러치 등도 윤활할 수 있다. 웨트 섬프를 채택하는 대부분의 바이크용 엔진이 변속기와 일체식인 것도 이런 이유에서 나온 거라고 할 수 있다.

◉ BMW F800S/ST

◉ 엔진 오일의 순환 경로

엔진 오일 통로는 실린더 블록이나 실린더 헤드, 크랭크축, 캠축 속에도 뚫려 있어서 각 부를 윤활, 냉각하고 있다. 피스톤 아래쪽에는 **오일 젯**이라 불리는 분사구가 뚫려 있어서 크랭크축의 스몰 엔드와 실린더 벽면에 오일을 분사한다. 크랭크축에는 크랭크축 저널과 크랭크축 핀에 **오리피스**라는 작은 구멍이 있어서 이곳을 통해 오일이 흘러들어가 크랭크축 둘레를 윤활한다.

엔진 내부를 순환하는 엔진 오일

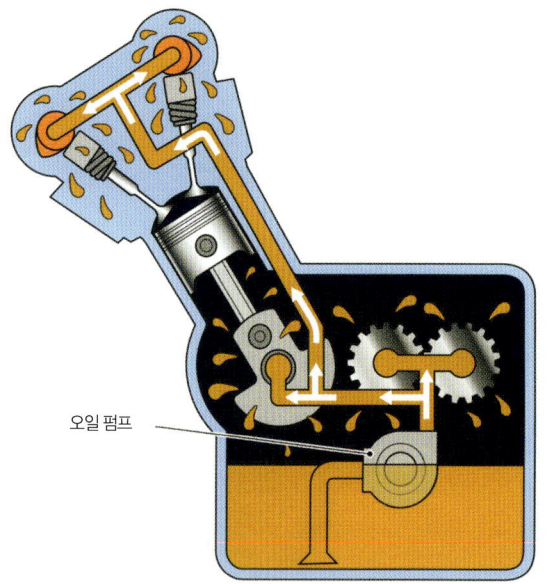

오일 팬을 엔진의 가장 밑에 마련해 놓고, 여기에 고여 있는 오일을 펌프로 빨아올려 각 부에 공급하는 것이 웨트 섬프이다. 오일 팬의 가장 낮은 곳에 뚫려 있는 드레인 홀(오일 배출구)을 막고 있는 것이 드레인 볼트이다. 엔진 오일을 교환할 때에는 이 볼트를 풀어서 오일을 배출 시킨다. 사진은 가와사키 ZRX1200 DAEG의 수냉 엔진이다.

오일 펌프

엔진 아래의 오일 팬에 고인 엔진 오일을 오일 펌프로 빨아올려 블록이나 실린더 헤드, 크랭크축, 캠축 등 엔진 각 부에 공급한다. 엔진 내부를 순환하며 윤활, 냉각 등의 역할을 끝낸 오일은 중력의 힘으로 오일 팬으로 흘러들어 오고 다시 오일 펌프로 엔진 각 부에 공급된다.

⊙ BMW S1000RR

BMW의 슈퍼 스포츠 S1000RR의 수냉 4밸브 DOHC 엔진. 마그네슘으로 제작된 오일 팬에서 공급되는 엔진 오일은 기계 구동식 10장짜리 습식다판 클러치, 풀 인테그럴 상시 치합식 트윈 샤프트 6단 변속기에도 공급된다.

웨트 섬프 방식 엔진은 변속기나 클러치도 엔진 오일로 윤활, 냉각, 세정하는 것이 일반적이다.

08 The Basic Structure of Bikes
드라이 섬프

웨트 섬프와는 달리 엔진 오일을 엔진과는 별도의 전용 탱크에 담아두는 것이 드라이 섬프이다. 중력의 힘으로 자연 낙하된 오일은 공급용과는 별도의 오일 펌프(스캐빈징 펌프)로 빨아올려 오일 탱크에 저장한다.

◉ 드라이 섬프

엔진 본체와는 별도로 오일을 담아 두는 오일 탱크를 갖추고 있는 것이 **드라이 섬프**이다. 오일 탱크에 모인 오일은 **피드 펌프**라고 불리는 공급용 펌프로 엔진 각 구로 압송되며, 윤활을 마치고 밑으로 흘러 내려온 오일을 **스캐빈징 펌프**라고 불리는 또 하나의 펌프로 빨아올려 오일 탱크에 보낸다.

오일 탱크가 별도로 마련되어 있으므로 엔진 안에 오일을 담아두는 웨트 섬프에 비해 유온을 낮게 유지할 수 있으며, 오일 팬을 생략할 수 있으므로 엔진 높이를 낮출 수 있고 결과적으로 작게 만들 수 있다. 다만 펌프 두 대와 오일 탱크를 갖추어야 하므로 제작 단가는 비싸진다.

◉ 드라이 섬프와 웨트 섬프의 오일 교환

엔진 오일은 일정 거리 또는 일장 시간을 사용하면 새 것으로 교환해야 하며, 엔진 밑에 오일 팬이 있는 웨트 섬프는 오일 팬의 드레인 볼트를 풀어서 오일을 빼낸다. 드라이 섬프는 그 구조상 오일 탱크에서 교환하도록 되어 있는 것이 많다. 만약 엔진 쪽에서 오일을 빼게 되면 오일 라인에 에어가 들어갈 우려가 있다. 에어를 빼면서 오일을 교환하기란 시간과 노력이 필요하기 때문에 오일 탱크에서 교환하는 것이 일반적이다.

◉ 드라이 섬프

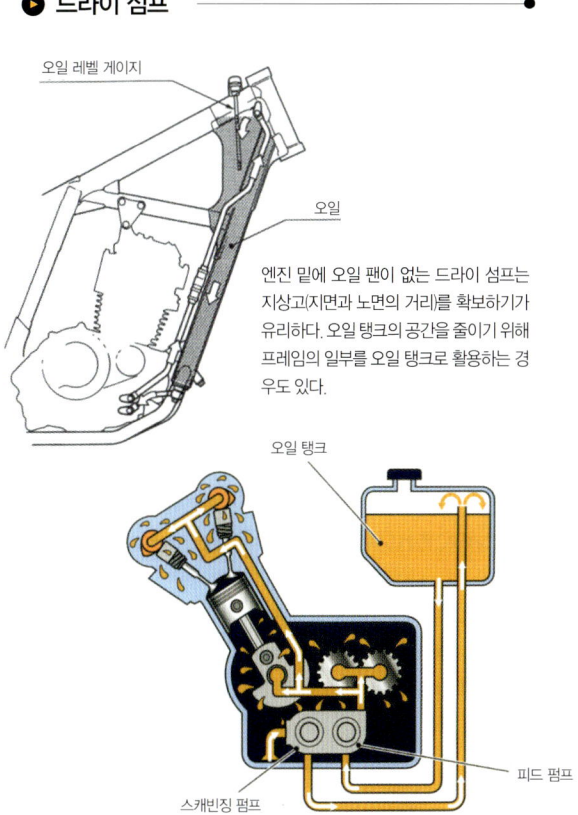

오일 레벨 게이지

오일

엔진 밑에 오일 팬이 없는 드라이 섬프는 지상고(지면과 노면의 거리)를 확보하기가 유리하다. 오일 탱크의 공간을 줄이기 위해 프레임의 일부를 오일 탱크로 활용하는 경우도 있다.

오일 탱크

스캐빈징 펌프

피드 펌프

피드 펌프로 각 부에 공급되어 순환을 마치고 흘러내려온 오일을 스캐빈징 펌프로 다시 오일 탱크로 되돌린다. 별도의 오일 탱크를 갖추고 있기 때문에 엔진을 아담하게 제작할 수 있다는 것이 드라이 섬프의 장점이다.

오일 탱크가 시트 아래에 달려 있는 할리데이비슨 공랭 V트윈 트윈캠 96 1584cc 엔진. 오일 교환은 탱크에서 실시한다.

09

오일 필터

엔진 내부를 순환하면서 각 부를 윤활하는 엔진 오일은 오일 필터라고 불리는 여과 장치를 거쳐 금속 가루 등의 이물질을 제거한다. 오일 필터는 소모품으로 정기적인 교환이 필요하며, 카트리지 방식과 이너 방식이 있다.

◉ 오일 필터의 역할

엔진 오일은 사용 시간이 지나면서 마모된 금속 가루나 공기 중의 먼지, 카본 등으로 더러워지며, 특히 신차의 경우에는 금속 부품에 길들이기가 진행되면서 금속 가루가 많이 나온다. 엔진 오일에 섞인 이런 이물질은 오일이 지나는 좁은 통로를 막히게 할 가능성이 있으며, 심하면 과열현상이나 윤활 부족으로 인해 엔진이 눌어붙을 수도 있다. 그것을 방지하기 위해 오일 라인 도중에 **오일 필터**를 설치해서 불순물을 제거한 깨끗한 오일이 순환하도록 하는 것이다. 입구로 들어온 오염된 엔진 오일은 **필터 엘러먼트(여과지)**를 지나면서 이물질이 제거되고 깨끗한 오일이 되어 출구를 통해 나간다. 미세한 불순물을 제거할 수 있도록 여과지는 매우 촘촘한 섬유 재질로 제작되어 있다.

◉ **이너 방식 오일 필터**
엘러먼트만 교환하는 이너 방식은 가격이 저렴하다.

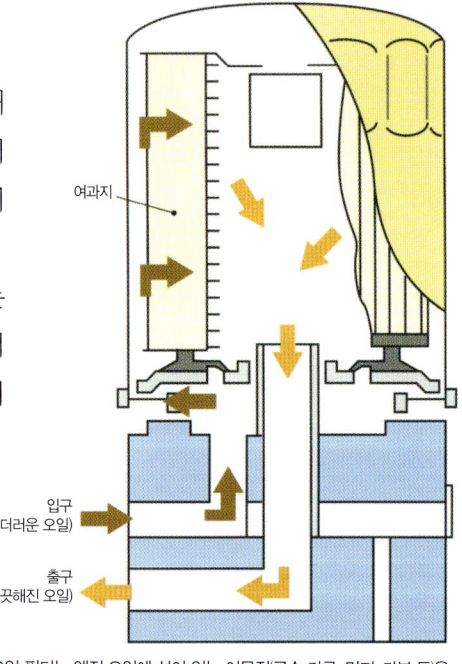

◉ **카트리지 방식 오일 필터**

여과지

입구
(더러운 오일)

출구
(깨끗해진 오일)

◉ 카트리지 방식과 이너 방식

엘러먼트(여과지)를 교환하는 이너 방식은 엔진 쪽의 뚜껑을 열고 내부에 삽입하는 방식이다. 교환 부품의 가격이 저렴하다는 장점이 있지만, 엘러먼트 본체와 패킹, 스프링 등을 확실하게 조립해야 하는 등 정비에 소요되는 시간이 많이 든다.

케이스와 엘러먼트가 일체식으로 되어 있는 **카트리지 방식**이 현재는 주류를 이루고 있다. 이너 방식에 비해 교환 작업이 간단하고 정비 트러블이 발생할 가능성이 매우 낮다는 것이 장점인데 상대적으로 가격이 비싸고 교환하려면 전용 공구가 필요하다.

케이스와 엘러먼트가 일체식으로 되어 있는
카트리지 방식 오일 필터.

오일 필터는 엔진 오일에 섞여 있는 이물질(금속 가루, 먼지, 카본 등)을
제거한다. 여과지를 거치면서 이물질을 걸러낸다.

⦿ 오일 필터는 소모품

오일 필터는 이물질을 오일에서 제거는 할 수 있어도 스스로 그것을 외부에 버리는 기능은 없다. 카트리지 방식, 이너 방식 모두 소모품이며, 오일 교환 2회에 1회 꼴로 교환해야 한다. 교환하지 않고 계속 사용하면 엘러먼트가 막히게 되고 엔진 오일의 공급이 끊어져서 엔진에 큰 손상을 준다. 이런 최악의 사태를 방지하기 위해서 필터가 막혔을 때에는 바이 패스 밸브가 열려 오일의 통로를 확보하게 되어 있지만 더러운 오일이 그대로 엔진 각 부에 공급되게 된다는 점을 잊어 서는 안 된다.

▶ 오일 필터와 오일 팬

오일 점검창

오일 팬

드레인 볼트

오일 필터

수냉식 오일 쿨러

카트리지 방식 오일 필터를 교환하는 전용 공구

10 The Basic Structure of Bikes
오일 쿨러

뜨거워진 엔진 오일을 냉각하는 장치가 오일 쿨러이며, 주행풍이 냉각 핀을 식히면 오일 파이프를 지나는 오일 도 냉각된다. 주행풍이 닿기 쉬운 곳에 설치되어 있으며, 그 구조는 라디에이터와 매우 닮았다.

⦿ 오일 쿨러의 역할

엔진을 윤활하고 거기서 발생한 열을 빼앗아 냉각하는 엔진 오일이 지나치게 뜨거워진다면 냉각 효과가 떨어지고 오 일 점도가 낮아져 윤활유로서의 기능도 저하된다. 그래서 오일 순환 경로에 엔진 오일을 냉각하는 장치가 마련되어 있 는데 이것이 오일 쿨러이다.

⦿ 공랭식과 수냉식

오일 쿨러에는 **공랭식 오일 쿨러**와 수냉 엔진을 위한 **수냉식 오일 쿨러**가 있다. 공랭식 오일 쿨러는 수냉 엔진의 냉각

장치인 라디에이터와 비슷한 구조이다. 주행풍이 냉각 핀을 냉각시키기 때문에 표면적을 늘이기 위해 납작하게 생긴 오일 파이프를 지나는 엔진 오일을 냉각시킨다. 주행풍이 잘 닿도록 엔진과 프런트 포크 사이에 설치되어 있는 것이 일반적이며, 라디에이터와 마찬가지로 다운 플로 타입과 크로스 플로 타입이 있다.

한편, 수냉식 오일 쿨러에도 수많은 오일 통로가 마련되어 있는데 공랭식과는 달리 라디에이터로 식힌 냉각수(쿨런트)를 순환시켜 냉각한다. 오일은 냉각수보다 낮은 온도로 떨어지지 않으므로 서모스탯이 없더라도 유온을 일정하게 유지하는 효과도 있다. 주행풍이 잘 닿도록 크랭크축 케이스의 진행 방향(전면부)에 장착되어 있는 것이 대부분이다.

▶ 공랭식 오일 쿨러

ⓥ 할리데이비슨 XR1200

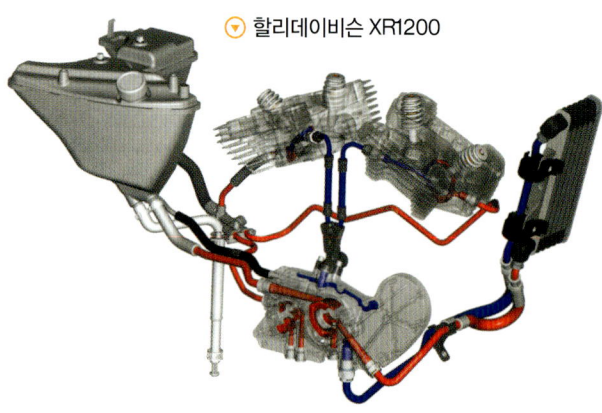

드라이 섬프 방식 공랭 V트윈 엔진을 탑재하는 할리데이비슨 XR1200은 오일 쿨러를 장착해서 실린더 헤드 둘레를 냉각하고 있다.

공간에 맞춰 세로로 장착된 6단 코어 오일 쿨러. 오일 라인은 XR1200 전용 설계로 캠기어로 구동되는 2개의 오일 펌프를 갖추고 있다. 열이 많이 발생하는 실린더 헤드의 배기 밸브 둘레를 집중적으로 냉각한다.

대형 냉각 핀이 주행풍을 받아들여 효과적으로 냉각되도록 고려된 가와사키 제퍼의 대형 오일 쿨러. 각 실린더 사이로도 주행풍이 지나도록 냉각 통로가 마련되어 있으며 실린더 헤드 상부에는 주행풍을 유도하는 유도판도 설치되어 있다. 주행풍을 집중시켜 가장 뜨거워지는 점화 플러그 둘레를 적극적으로 냉각한다.

혼다 CBR1100XX(2001년식)은 라디에이터 위에 오일 쿨러를 장착하고 있다. 설치 위치와 용량이 잘 고려되어 있어서 주행 상태를 불문하고 우수한 냉각 효과를 발휘한다.

▶ 수냉식 오일 쿨러

수냉 엔진의 라디에이터와 동일한 원리로 주행풍으로 냉각 핀을 냉각시켜서 오일 파이프를 지나는 뜨거운 엔진 오일을 냉각한다.

냉각 핀

오일 파이프

주행풍

수냉식 오일 쿨러

라디에이터의 냉각수를 이용해서 오일을 냉각시키는 수냉식 오일 쿨러는 크랭크축 케이스 앞에 설치되는 경우가 많다.

11

2사이클 엔진의 윤활

2사이클 엔진은 오일이 연료와 함께 연소하면서 배기구로 배출된다. 오일 탱크의 오일을 엔진의 운전 상태에 맞춰 펌프로 공급하는 분리 급유식이 일반적이다. 오일은 전용 2사이클 엔진 오일을 사용한다.

◉ 2사이클 엔진 오일

밀폐된 크랭크축 케이스 안에서 피스톤의 움직임에 따라 발생하는 부압으로 혼합기를 빨아들이는 2사이클 엔진은, 4사이클 엔진과는 달리 엔진 오일을 담아 두고 사용할 수가 없으므로 오일을 가솔린과 섞은 상태로 크랭크축 케이스에 공급하면 실린더나 크랭크축 베어링 등을 윤활하면서 가솔린과 함께 연소되어 배출된다.

◉ 혼합 급유식과 분리 급유식

2사이클 엔진에서 엔진 오일을 공급하는 방법에는 **혼합 급유식**과 **분리 급유식**이 있으며, 혼합 급유식이란 가솔린과 오일을 일정 비율로 미리 섞어 놓은 혼합연료를 연료 탱크에 주입하고, 그것을 카브레터에 공급한다. 별다른 장치가 불필요하므로 구조가 간단하고 가볍게 만들 수 있고 오일 펌프가 고장 나는 등의 트러블도 없다. 레이싱 머신은 이 방식이다. 다만, 가솔린과 오일의 혼합비가 언제나 일정하기 때문에 엔진 운전 상황에 맞춰 윤활 상태를 제어하기가 어렵고 가솔린을 주입할 때마다 오일과 섞는 일도 번거롭다. 시판차가 이 방식을 채택하는 예는 이제는 거의 사라졌다. 분리 급유식은 독립된 오일 탱크가 있어서 여기에 오일을 담아두고 크랭크축과 연동으로 작동하는 **플런저 펌프**로 엔진 회전 상태에 맞는 양의 오일을 카브레터로 공급하며, 시판차는 이 방식이 일반적이다.

● 혼합 급유식

가솔린과 오일을 20~50대 1 정도의 비율로 이미 섞어 놓은 연료를 사용하는 혼합 급유식. 저속회전부터 고속회전까지 오일 비율이 일정하지만, 오일 부족으로 윤활 불량을 일으킬 우려가 없는 단순한 시스템이다. 레이싱 머신이 많이 채택한다.

2사이클 엔진 오일
가솔린
연료 탱크
카브레터
변속기 케이스

● 분리 급유식

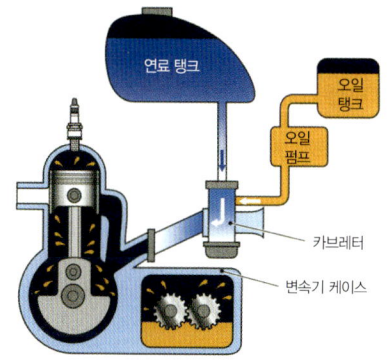

엔진과는 별로로 마련한 오일 탱크의 오일을 플런저 펌프로 필요한 양만큼 공급하는 분리 급유식. 엔진 회전수에 맞는 최적의 오일 공급량을 관리할 수 있으며, 시판차는 이 방식이 일반적이다.

연료 탱크
오일 탱크
오일 펌프
카브레터
변속기 케이스

> **변속기 케이스의 윤활은?**
> 크랭크축 케이스와 분리되어 있는 변속기 케이스는 전용 기어 오일을 케이스에 담아 두고 변속기가 회전하는 여세로 오일을 퍼 올려 각 부분을 윤활한다. 기어 오일은 4사이클의 엔진 오일처럼 정기적인 교환이 필요하다.

COLUMN

드림 바이크 3

1981년 스즈키 GSX1100S 카타나

1070년대 GS 시리즈로 4사이클 노선에 합류한 스즈키는 1080년 독일 쾰른 모터쇼에 한 대의 프로토타입을 전시하였다. 독일인 디자이너 한스 무트가 담당한 GSX1100S KATANA이다. 카타나, 즉 일본의 칼을 형상화한 참신한 디자인은 순식간에 전 세계 바이크 팬들을 매료시켰다. 노즈부터 연료 탱크를 일체식으로 디자인하고, 차체와 일체감 있는 시트도 기존의 개념을 깨는 새로운 시도였다. 고속 주행에서 큰 효과를 발휘하는 미니 카울은 풍동 실험으로 개발하는 등 모든 것이 새로운 감각으로 만들어져 있었다. 이듬해, 배기량 1100cc의 판매가 개시되었고, 일본 시장에는 1982년에 750cc GSX750S가 등장하게 되었다. 당신의 일본 법규에 따라 세퍼레이트 핸들은 채택이 허용되지 않았다. 1994년부터는 팬의 요청에 따라 GSX1100S 카타나가 다시 등장했고, 2000년의 파이널 에디션을 마지막으로 일선에서 물러났다.

엔진의 흡기/ 배기 기구

가솔린이 연소하기 위해서는 공기가 반드시 필요하다.
연소실에 알맞은 일정한 양을 공급해서 가솔린과 공기를 섞어 혼합기를 만들어내는 것이
카브레터 또는 퓨얼 인젝션의 일이다.
그리고 혼합기가 연소하면서 생기는 배기가스를 엔진 밖으로 배출하는 장치가 머플러이다.
시끄러운 소음을 없애고, 배기가스를 깨끗하게 거르며,
엔진 출력을 향상시키는 효과도 겸비하고 있다.

01

카브레터

엔진을 회전시키기 위해서는 가솔린과 공기를 연소실에 공급해야 한다. 그 일을 담당하는 것이 카브레터이며, VM 카브레터는 스로틀 와이어로 직접 스로틀 밸브를 조작해서 메인 보어를 여닫음으로써 공기 양을 조절한다.

▶ 카브레터의 구조

카브레터(Carburetor)는 분무기 원리를 이용해서 가솔린과 공기를 섞어서 연소실로 보낸다. 우리말로는 **기화**기라고도 하는데 엄밀하게는 가솔린이 기화하는 것은 실린더 안이고, 카브레터는 가솔린을 **무(안개)화**시켜서 연소실로 보낸다.

연료 탱크에서 흘러온 가솔린을 우선 **플로트 챔버**라고 불리는 작은 방에 모아둔다. 엔진이 회전하면 실린더 안의 피스톤이 내려가면서 부압이 발생하고, 흡기 포트를 통해 다량의 공기가 빨려 들어간다. 이 공기의 흐름이 **메인 보어** 또는 **벤투리**라고 불리는 흡기 통로의 기압을 낮추게 되고, 이에 따라 플로트 챔버 안에 고여 있던 가솔린이 가는 관을 타고 빨려 올라온다. 메인 보어에 흘러나온 가솔린은 공기와 섞이면서 무화 상태가 되어 연소실로 빨려 들어간다.

가솔린의 양이나 공기의 흐름은 라이더가 손으로 조작하는 **스로틀 밸브(벤투리 피스톤, 피스톤 밸브라고도 불린다)**에 의해 세밀하게 제어된다. 스로틀 밸브가 움직이면서 메인 보어를 여닫게 되어 연소실로 공급하는 혼합기의 양을 조절하는 것이다.

무화 상태의 가솔린과 공기를 **혼합기**라고 하며, 카브레터와 연결된 **인테이크 매니폴드**를 거쳐 연소실로 공급된다. 공기가 들어가는 입구에는 **에어 클리너**를 장착해서 먼지나 이물질이 카브레터 안으로 빨려 들어가는 것을 방지한다.

▶ 분무기 원리

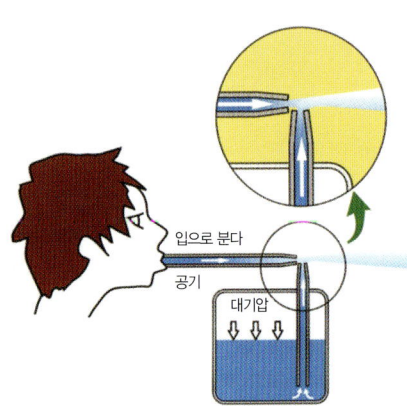

분무기는 가는 관에 공기를 불어 넣어 공기의 유속을 높여서 관 안의 기압과 용기 안의 압력 차이를 이용해서 물을 빨아올림과 동시에 물을 안개 형상으로 만든다. 카브레터에서는 엔진의 피스톤이 내려갈 때의 부압으로 공기를 빨아들인다. 분무기의 가는 관에 해당하는 부분이 메인 보어, 가솔린을 담아 두는 용기를 플로트 챔버라고 한다.

▶ 카브레터의 기본 구성(VM형)

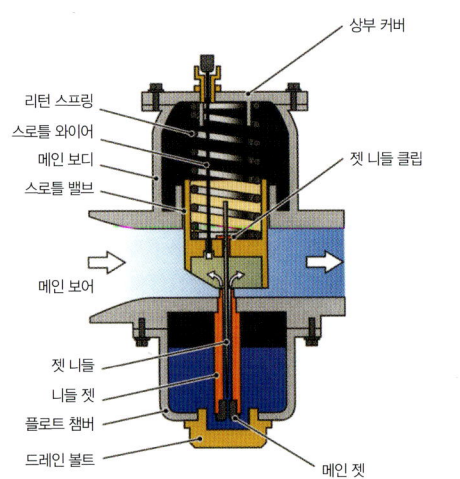

상부 커버
리턴 스프링
스로틀 와이어
메인 보디
스로틀 밸브
젯 니들 클립
메인 보어
젯 니들
니들 젯
플로트 챔버
드레인 볼트
메인 젯

VM카브레터의 기본 구성은 그림과 같다. 플로트 챔버 안의 가솔린을 빨아올리는 관 끝에는 구멍이 뚫린 부품이 장착되어 있고, 그 구멍의 크기에 따라 가솔린을 빨아올리는 양을 조절하고 있다. 그 구멍이 뚫린 부분을 메인 젯이라고 한다.

02 The Basic Structure of Bikes
카브레터의 작동 1

카브레터에는 메인 젯이나 젯 니들 등 공연비를 제어하는 다양한 부품이 갖추어져 있는데, 그 각각의 부품은 스로틀 개도에 따라 담당하는 범위가 정해져 있다. 우선은 스로틀 밸브가 1/3 이상 열렸을 때, 그리고 100% 열려 있는 상태부터 설명하도록 하겠다.

▶ 메인 젯과 젯 니들, 그리고 니들 젯

플로트 챔버 안의 가솔린을 빨아올리는 가는 관(니들 젯) 끝에는 구멍이 뚫린 부품이 장착되어 있고 그 구멍의 크기에 따라 가솔린을 빨아올리는 양을 조절하고 있다. 그 구멍이 뚫린 부분을 **메인 젯**이라고 하며, 고속회전 영역의 스로틀 개도 1/2~전개 부근의 혼합기 농도(가솔린의 비율이 높으면 짙다 또는 **리치**, 낮으면 **엷다** 또는 **린**이라고 표현한다)를 조정할 수 있다.

니들 젯 안에 바늘처럼 생긴 막대를 꽂아서 그 틈새로 가솔린의 양을 조절하는 것이 **젯 니들**이다. 젯 니들은 끝이 뾰족하게 생겨서 스로틀 밸브가 많이 열리면(고속회전 시) 가솔린 양을 증가시킬 수 있다. 젯 니들의 중간 부위는 아이들링(공회전)부근부터 스로틀 개도 1/2 부근의 혼합비에 영향을 미친다.

젯 니들의 위치를 정하는 **젯 니들 클립**은 일반적으로 3~7단계의 위치를 선택할 수 있으며, 단수가 높을수록 엷어지고(린), 낮추면 짙어진다(리치). 이것이 영향을 미치는 것은 스로틀 개도 1/8~3/4 정도 범위이다. 스로틀 와이어로 당겨서 스로틀 밸브를 여닫으면, 그에 맞춰 니들 젯 속의 젯 니들이 아래위로 움직이면서 가솔린이 흐르는 양을 제어한다.

연료 탱크에서 흘러나온 가솔린은 일단 플로트 챔버에 고이고 거기에서 니들 젯(가솔린 흡입관)을 지나 메인 보어로 간다. 플로트 챔버에 고이는 가솔린의 양은 유면 위에 떠있는 플로트가 아래위로 움직이면서 밸브를 여닫기 때문에 언제나 일정한 양을 유지한다. 플로트는 수세식 화장실의 물탱크와 같은 원리이다.

▶ 스로틀 밸브가 1/3 정도 열렸을 때

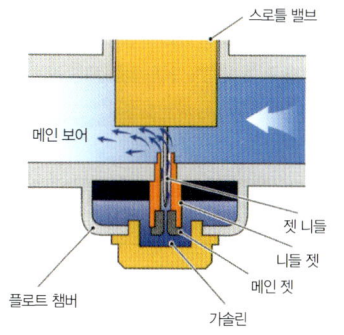

니들 젯 속에는 슬로틀 밸브에 장착된 젯 니들이 삽입되어 있다. 메인 젯을 지나온 가솔린은 니들 젯에 들어가서 젯 니들의 틈새를 통해 메인 보어로 흘러들어갑니다.

▶ 스로틀 밸브가 3/4~ 100% 열렸을 때

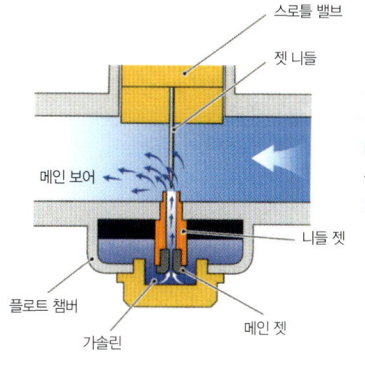

라이더가 스로틀을 크게 비틀어서 스로틀 밸브가 활짝 열리면, 젯 니들은 거의 니들 젯에서 빠져나온 위치에 있게 되고, 가솔린 공급량을 결정하는 것은 메인 젯이 하게 된다.

▶ 젯 니들의 클립 단수

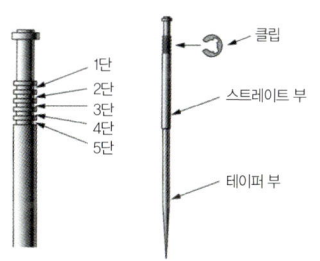

1단	클립
2단	스트레이트 부
3단	
4단	
5단	테이퍼 부

▶ 메인 젯

▶ 젯 니들
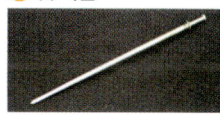

젯 니들의 클립 위치를 바꿈으로써 스로틀 밸브와 젯 니들의 장착 위치가 바뀌고 연료 분출량도 변화된다. 스로틀 개도 1/8~3/4 부근에서의 연료 공급량에 영향을 미친다.

03 The **B**asic **S**tructure of **B**ikes
카브레터의 작동 2

카브레터는 스로틀 개도에 맞춰 공기와 가솔린을 필요한 만큼만 엔진에 공급한다. 그렇다면 스로틀 개도 0%,
즉 스로틀을 완전히 닫고 있을 때에는 어떨까? 슬로 포트라고 불리는 별도의 통로를 통해 혼합기가 공급되며,
이것이 슬로 계통이다.

◉ 슬로 포트, 아이들 포트

스로틀 전폐(아이들링 상태)의 경우 가솔린은 메인 계통
(니들 젯)과는 별도의 통로를 통해 공급된다. 엔진의 흡입
력이 작을(부압이 작을) 때에도 미량의 가솔린이 확실하게
공급되도록 전용 통로가 마련되어 있는 것이다. 이 통로를
슬로 포트 또는 **아이들 포트**라고 부르며, 가솔린의 양을 **슬
로 젯(파일럿 젯)**, 공기의 양을 **슬로 에어 젯**, 혼합기(공기와
가솔린이 섞인 것)의 양을 **파일럿 스크루**로 조정할 수 있다.

◉ 초크

엔진이 차가울 때에도 시동이 잘 걸리도록 짙은 혼합기
를 만들어내는 장치가 **초크**이다. 카브레터 입구 근처에 공
기 흡입구를 차단하는 초크 밸브를 설치해서 이것을 닫으
면 공기가 줄어들어 그만큼 짙은 혼합기가 엔진으로 공급
된다. 또는 초크 밸브 대신에 시동 걸 때에만 작동하는 전용
통로를 설치하는 방법이나 시동 걸 때에만 가솔린이 짙어
지게 하는 방법도 있다.

◉ 가속 펌프

너무 급격하게 스로틀을 열면 공기만 왕창 들어가서 가
솔린이 미처 빨려 올라오지 못한다. 스로틀과 연동으로 작
동하는 **가속 펌프**는 이럴 때에 가솔린을 플로트 챔버에서
퍼 올려서 메인 보어에 설치된 전용 분사구로 발사한다. 부
족한 가솔린을 보충해 주는 장치이다.

◉ 슬로 계

◉ 에어 스크루 방식

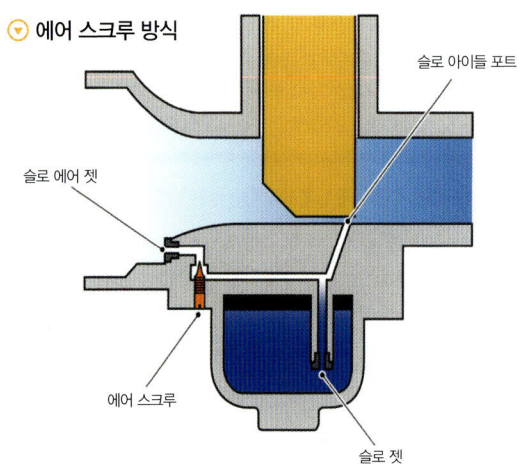

스로틀 밸브가 완전히 닫혔을 때 즉 아이들링 시에는 공기와 가솔린을 전용 통로
인 슬로 포트를 통해 메인 보어에 공급한다. 공기로 공연비를 조정하는 것이 에어
스크루이다.

◉ 파일럿 스크루 방식

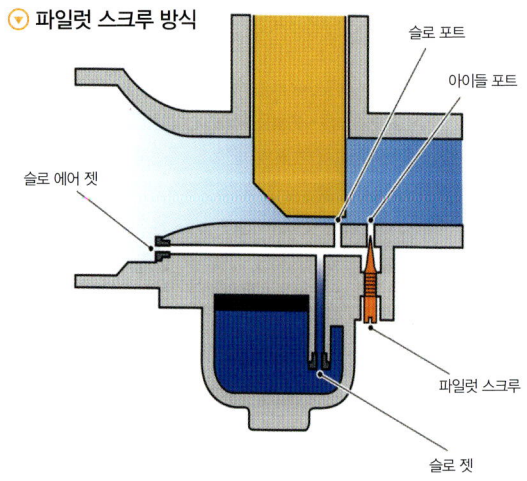

슬로 포트 외에도 아이들 포트를 별도로 설치해서 공기와 가솔린의 양을 조정하
는 것이 파일럿 스크루이다.

04 The Basic Structure of Bikes
카브레터(부압 작동형)

VM 카브레터는 스로틀 밸브를 라이더의 스로틀 조작으로 직접 여닫지만, CV 카브레터는 버터플라이 밸브로 석션 챔버의 부압을 조정해서 벤투리 피스톤을 움직인다.

▶ CV 카브레터의 작동 원리

스로틀 와이어로 벤투리 피스톤을 직접 상하(개폐)로 이동시키는 VM 카브레터와는 달리, CV 카브레터는 별도로 마련된 **버터플라이 밸브(CV에서는 이것을 스로틀 밸브라고 부른다)**를 스로틀 와이어로 여닫아서 **석션 챔버**에서 발생하는 부압으로 벤투리 피스톤을 움직인다. 벤투리 피스톤 위에는 스로틀을 열었을 때에 부압이 생기는 공기실이 마련되어 있는데 이것이 **석션 챔버**이다. 버터플라이 밸브가 닫혀 있을 때(감속)에는 메인 보어를 지나는 공기가 적기 때문에 거기서 발생하는 부압이 작아 벤투리 피스톤은 스프링의 힘으로 닫혀 있게 된다. 그러나 버터플라이 밸브가 열리면(가속) 메인 보어를 지나는 공기가 증가해서 벤투리 피스톤을 누르고 있는 스프링 힘보다 석션 챔버의 부압이 강해지므로 피스톤이 열리게 된다. 즉, 벤투리 피스톤의 개도는 부압과 스프링의 세기로 결정되는 구조이고, 피스톤은 엔진의 회전 상황에 걸맞은 만큼만 열리기 때문에 부드럽고 안정된 엔진 특성이 특징이다.

다루기가 쉬운 CV 카브레터는 엔진 흡입력이 크고 배기량이 큰 4사이클 엔진에 적합하고 응답성이 예민한 VM 카브레터는 레이싱 머신이나 2사이클 엔진과 잘 맞는다고 알려져 있다.

▶ CV 카브레터의 구조

▽ 공회전 시

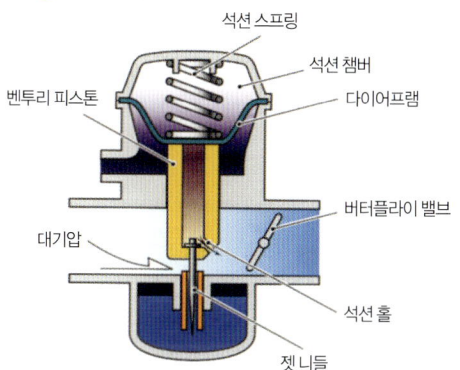

석션 스프링
석션 챔버
다이어프램
벤투리 피스톤
대기압
버터플라이 밸브
석션 홀
젯 니들

▽ 스로틀을 열었을 때

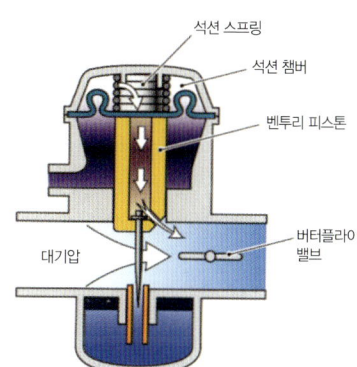

석션 스프링
석션 챔버
벤투리 피스톤
대기압
버터플라이 밸브

- **석션 챔버** : 버터플라이 밸브가 열리면 공기의 유속, 유량이 올라가서 챔버 안의 부압이 커진다.
- **석션 스프링** : 스프링의 힘보다 부압의 힘이 세지면 스프링이 압축되면서 피스톤이 올라온다.
- **벤투리 피스톤** : 부압과 스피링 힘이 균형을 이루는 곳까지 벤투리 피스톤이 올라온다.
- **버터플라이 밸브** : 버터플라이 밸브가 열려서 공기량, 유속이 향상. 석션 챔버 안의 부압도 커진다.

- **석션 챔버** : 스로틀 개방 0%에서는 메인 보어 부압이 작고 챔버 안의 부압도 작다.
- **석션 스프링** : 부압에 영향을 받지 않고 벤투리 피스톤을 아래로 밀어 붙이는 상태를 유지한다.
- **벤투리 피스톤** : 석션 스프링에 눌려서 벤투리 피스톤은 아래로 내려가 있다.
- **버터플라이 밸브** : 스로틀 와이어로 라이더의 스로틀 조작과 연동한다. 공회전 시에는 닫혀 있다.
- **다이어프램** : 탄력성 있는 얇은 고무막이며, 석션 챔버의 부압실을 형성한다.

벤투리 피스톤을 스로틀 와이어로 직접 조작하는 VM(Variable Manifold) 카브레터와는 달리, CV(Constant Vacuum) 카브레터는 스로틀 와이어로 연동하는 버터플라이 밸브를 별도로 마련해 놓고 있다. 벤투리 피스톤 위에는 석션 챔버가 있어서 거기서 발생하는 부압으로 피스톤을 움직이다. 공회전 시에는 스프링이 피스톤을 누르고 있지만, 스로틀을 열면 부압이 발생해서 벤투리 피스톤을 누르고 있는 스프링 힘보다 석션 챔버의 부압이 강해지므로 피스톤이 열리게 된다.

05 The Basic Structure of Bikes
퓨얼 인젝션

엔진이 필요로 하는 가솔린의 양을 전기적으로 제어해서 연소실로 공급하는 것이 퓨얼 인젝션(전자제어 연료 분사 장치)이다. 현재 생산되는 대부분의 바이크가 기존의 카브레터 모델을 대체해서 주류를 이루고 있다.

◉ 퓨얼 인젝션이 하는 일

엔진이 빨아들인 공기와 가솔린을 혼합하는 자체는 카브레터와 똑같지만, 흡입 부압을 이용해서 분무기의 원리로 혼합기를 만드는 카브레터와는 달리 전동 펌프의 압력으로 **인젝터**의 노즐에서 가솔린을 분사하는 것이 **퓨얼 인젝션**이다. **ECU**라고 불리는 컴퓨터가 차체 각 부에 장착된 센서들로부터 정보를 수집 분석해서 각각의 상황에 맞는 최적의 연료 분사량, 분사 타이밍, 점화시기 등을 결정하고, ECU의 신호를 받은 인젝터가 메인 보어를 향해 가솔린을 분사한다. 인젝터는 ECU의 지령에 따라 노즐을 여닫아 가솔린의 분사량을 조절해서 연료 공급량이나 타이밍 등을 제어한다.

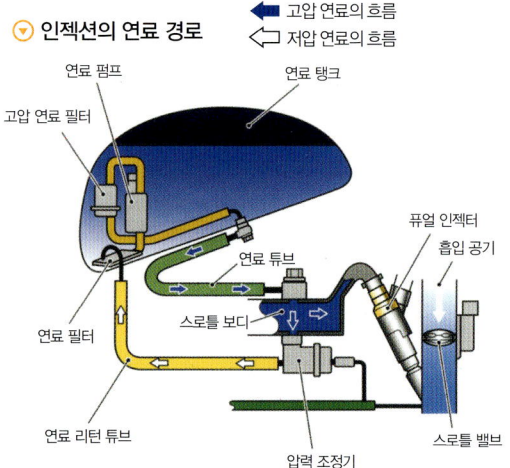

◉ **인젝션의 연료 경로**

▇ 고압 연료의 흐름
▷ 저압 연료의 흐름

연료 펌프 / 연료 탱크 / 고압 연료 필터 / 퓨얼 인젝터 / 흡입 공기 / 연료 튜브 / 스로틀 보디 / 연료 필터 / 연료 리턴 튜브 / 압력 조정기 / 스로틀 밸브

◉ 차세대 연료 공급 장치

퓨얼 인젝션은 자동차에서는 이미 1960년대부터 채택되기 시작했지만, 바이크는 1980년대부터이다. 당시에는 시스템이 복잡하고 크기나 무게 면에서 불리하고 제작 단가도 비싸다는 등이 문제였지만 컴퓨터 기술이 발전함에 따라 카브레터를 대체하는 연료 공급 장치로 점차 인정받으면서 이제는 완전히 일반화되었다. 고압으로 연료를 분사하기 때문에 무화시키기가 수월하고 전자제어로 상황에 맞는 가솔린 공급량을 조절할 수 있는 등 카브레터보다 효율성이 좋아서 연비 향상이나 출력 증강, 배기가스 청정화 등 다양한 의미의 성능이 크게 개선되었다. 최근에 들어 더욱 엄격해진 선진국들의 배기가스 규제가 인젝션 채택을 촉진시킨 것도 큰 이유 중의 하나이다.

◉ 명칭은 제조사마다 다르다

퓨얼 인젝션 시스템(FI)은 제조사마다 다양한 이름으로 불리고 있다. 혼다는 PGM-FI(Programmed Fuel Injection), 야마하는 EFI(Electronic Fuel Injection), 스즈키는 EPI(Electronic Petrol Injection), 가와사키는 DFI(Digital Fuel Injection)이라고 부른다.

인젝터

가와사키 ZRX1200DAEG의 인젝션 시스템

06

FI 각 부의 작동

여기서는 인젝션 시스템을 구성하고 있는 각 부의 역할을 설명한다. 시스템의 중심이 되는 것은 ECU라고 불리는 컴퓨터이며, 차체 각 부에 장착된 센서들로부터 수집한 정보를 토대로 인젝터의 연료 분사량을 결정한다.

⊙ ECU

시스템의 두뇌 역할을 하는 ECU(Engine Control Unit)는 시트 밑이나 시트레일 구석에 탑재되어 있으며, 내부의 기판을 수지 등으로 굳혀서 바이크의 진동이나 수분의 침입에 대처하고 있다. 더욱 빠른 정보 처리 능력을 추구해서 고성능화가 이루어지고 있으며, 컴퓨터 안에서 연산을 실시하는 CPU는 처음에는 8비트였던 것이 16비트가 되었다가 지금의 고성능 모델에서는 32비트까지 진화했다.

오른쪽 그림은 혼다 VFR의 PGM-FI 시스템이다. 시트 밑이나 시트레일 구석에 탑재되어 있는 ECU로 차체 각 부로부터 정보가 모이고 이것을 ECU가 보유하고 있는 데이터를 토대로 분석하여 그 상황에 가장 잘 맞는 연료 분사량을 인젝터에 지시하고 점화시기나 에어 흡입량도 제어한다.

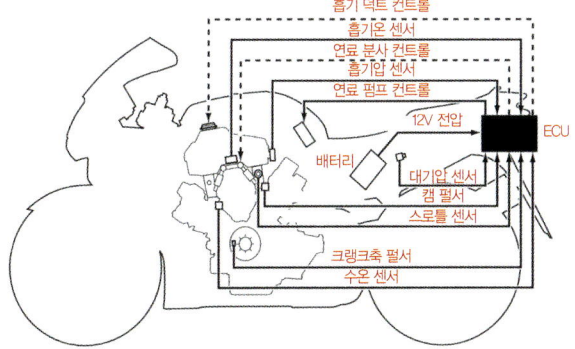

흡기 덕트 컨트롤
흡기온 센서
연료 분사 컨트롤
흡기압 센서
연료 펌프 컨트롤
12V 전압
ECU
배터리
대기압 센서
캠 펄서
스로틀 센서
크랭크축 펄서
수온 센서

크랭크축과 캠, 스로틀 등 차체 각 부에 설치된 센서로부터 정보를 수집해서 ECU가 연산 처리한다. 입력된 정보(회전수, 기어 포지션, 스로틀 개도 등)에 대응하는 맵(Map)을 토대로 점화시기나 연료 분사량이 결정된다.

⊙ 혼다 VFR의 PGM-FI 시스템

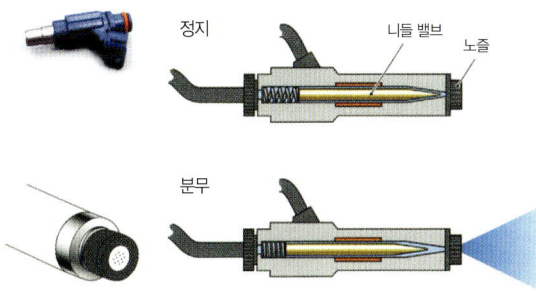

정지
니들 밸브
노즐

분무

인젝터 내부의 니들 밸브가 움직이면 노즐의 구멍이 여닫히면서 연료 분사량이 제어된다. 분사공은 4~12개 정도가 일반적이다.

⊙ 인젝터

ECU의 신호를 받아서 엔진이 필요로 하는 연료를 분사하는 것이 **인젝터**이다. 연료 탱크 안에 있는 연료 펌프에 의해 $2.55kgf/cm^2$~$3.5kgf/cm^2$의 압력으로 압송된 연료는 인젝터 끝의 노즐이 열려 있는 동안만 분사된다. 노즐 구멍을 개폐하는 것은 인젝터 안에 내장된 니들 밸브이며, 노즐 구멍은 4~12개 정도이다. 크기는 불과 100미크론으로 매우 작다. 인젝터는 메인 보어를 향해 비스듬하게 꽂혀 있으며, 그 장착 각도는 가솔린을 어떤 방향으로 분사하는가에 따라 기종마다 천차만별이다. 각 기통마다 하나씩 달려 있는데, 레이싱 머신이나 고성능 모델은 기통당 두 개씩을 갖추고 있는 것도 있다. 하나는 통상적인 위치에 설치된 **프라이머리 인젝터**이고, **세컨더리 인젝터**를 에어 클리너 박스 쪽에 설치해서 고속회전 시 등에 가솔린 분사량을 증가시킨다.

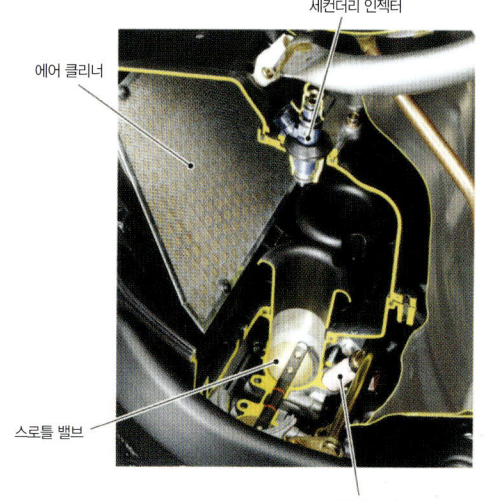

세컨더리 인젝터

에어 클리너

스로틀 밸브

프라이머리 인젝터

고속회전 영역에서 부족한 연료 분사를 보충하기 위해 인젝터를 하나 더 추가해서 기통당 2개의 인젝터를 갖춘 모델도 있다. 사진은 혼다 CBR600RR이다.

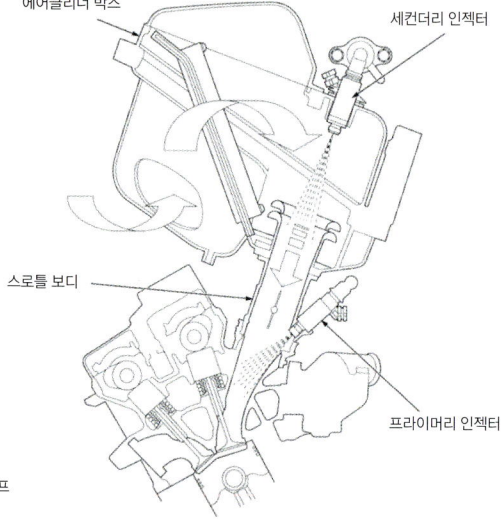

에어클리너 박스

세컨더리 인젝터

스로틀 보디

프라이머리 인젝터

엔진 고속회전, 스로틀 개도가 클 때에 연료를 분사하는 제2의 인젝터를 세컨더리 인젝터, 통상적인 위치에서 모든 영역을 담당하는 것을 프라이머리 인젝터라고 부른다.

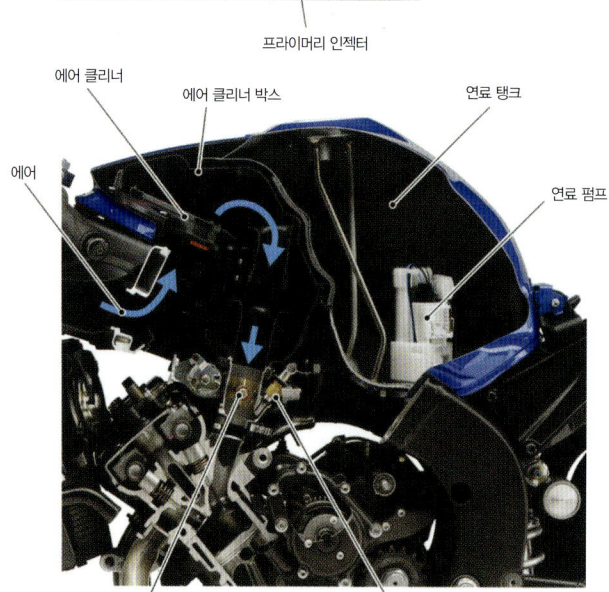

에어 클리너

에어 클리너 박스

연료 탱크

에어

연료 펌프

스로틀 밸브

인젝터

⊙ 연료 펌프

인젝션 바이크를 탔을 때에 점화을 켜면 들리는 위잉~ 거리는 기계음은 연료 펌프가 회전는 소리이다. 연료 탱크 안에 전동식 연료 펌프가 들어 있어서 가솔린에 압력을 가해 인젝터로 보낸다. 매우 정밀한 장치인 인젝터는 이물질이 섞이면 안되기 때문에 가솔린은 연료 펌프로 들어가기 전에 불순물을 제거하는 필터를 거치고, 인젝터로 가는 연료 튜브에 들어가기 전에도 **고압 연료 필터**를 거치게 된다. 또한 인젝터 입구에도 필터가 있어서 이중 삼중으로 불순물을 철저하게 걸러 낸다.

흙먼지가 심한 모토크로스 경주에도 사용할 수 있도록 방진성까지 고려된 YZ 파워 튜너.

◉ 스로틀 밸브(버터플라이 밸브)

카브레터와는 달리 분무기 원리를 이용하지 않으므로 메인 보어는 벤투리 형상이 아니라 단순히 테이퍼 형상을 하고 있다. 거기에 스로틀 그립 조작과 연동하는 모터 구동 스로틀 밸브(버터플라이 밸브)가 있어서 메인 보어의 단면적을 변화시켜 공기의 유속을 제어한다.

◉ 프레셔 레귤레이터(압력 조정기)

인젝터로 공급되는 가솔린은 연료 펌프에 의해 고압으로 압송되며, 인젝터가 분사하는 가솔린의 양은 엔진 회전수나 스로틀 개도에 따라 쉴 새 없이 변화된다. 분사량에 증감이 발생하면 내압이 불안정해져서, 너무 높으면 장치가 망가지거나 연료 통로가 터지고, 너무 낮으면 가솔린을 분사하기조차 힘들어진다. 이것을 방지하기 위해 **프레셔 레귤레이터(압력 조정기)**가 설치되어 있다. 내부의 다이어프램 밸브를 여닫아서 압력을 제어하며, 압력이 너무 높아지면 밸브가 열려서 리턴 연료 튜브를 통해 가솔린을 연료 탱크로 되돌려 보내서 압력을 일정하게 유지한다. 한편, 리턴 연료 튜브를 생략하고 레귤레이터를 연료 펌프에 장착하고 있는 경우도 있다. 펌프가 자체적으로 압력을 일정하게 유지하는 방식이다.

◉ YZ 파워 튜너(YZ Power Tuner)

야마하 YZ450F의 인젝션 시스템도 주행환경에 맞는 연료 분사량과 진각 특성을 ECU가 결정한다. 그 기본이 되는 **연료 분사량 맵**과 **진각 특성(점화시기) 맵** 두 종류의 3차원 맵을 노면 상황이나 취향에 맞춰 임의 세팅할 수 있는 것이 YZ450F에 표준 장비되어 있는 **YZ 파워 튜너**이다.

연료 분사량의 조정 폭은 9개의 각 포인트를 마이너스 7단부터 플러스 7단까지 15단계로 변경할 수 있으며, 1단계는 기준치 연료 분사량에 대해 3%이며, 조정의 최대 폭은 ±21%이다. 진각 특성도 마찬가지로 9개의 포인트를 14단계로 변경할 수 있다. 즉, 연료 분사를 9×15, 점화를 9×14로 조합할 수 있으며, 실질적으로는 거의 무한대로 세팅을 바꿀 수 있다.

설정을 마친 후의 데이터는 파워 튜너 본체에 보존하며, 입력은 엔진이 정지된 상태에서 전용 커넥터를 접속해서 실시한다. 전용 공구나 컴퓨터가 불필요하고, 설정을 마친 후에는 즉시 주행이 가능하다. 모니터 기능도 있어서 엔진 운전 시간 등을 확인할 수 있고 정비시기 등의 판단 자료로 활용할 수도 있다.

07

가솔린 공급

엔진을 회전시키기 위해 필요한 연료는 연료 탱크에 저장되어 있고 전동 펌프 또는 중력에 의한 자연 낙하를 이용해서 퓨얼 인젝션 또는 카브레터로 공급된다. 카브레터 바이크의 탱크에는 연료 콕이 갖추어져 있어서 연료의 흐름을 제어한다.

◉ 연료 탱크(가솔린 탱크)

연료 탱크의 용량이나 형상은 기종에 따라 제각각이며, 용량이 클수록 장거리를 달릴 수 있고, 작으면 그만큼 차량 무게를 줄일 수 있다. 투어링 모델은 30리터 이상의 대형 탱크를 갖추고 있는 것도 있고, 트라이얼 머신은 2리터 미만의 매우 아담한 연료 탱크를 채택하는 경우도 있다. 일반 도로를 달리도록 만들어진 시판차는 안전성이 높은 금속제 탱크일 경우가 많고, 레이싱 머신은 보다 가벼운 플라스틱제를 채택하고 있다. 프레임의 일부를 연료 탱크로 활용하는 모델도 있다.

◉ 카브레터 엔진의 연료 공급

연료 탱크에 저장된 가솔린을 전동 펌프로 인젝터에 압송하는 FI와는 달리 카브레터에서는 중력에 의한 자연 낙하 또는 부압으로 연료를 공급하는 것이 일반적이다. 연료 탱크 아래에는 **연료 콕(가솔린 콕)**이 마련되어 있어서 레버 조작으로 ON, OFF, RES를 바꾸어서 상황에 따라 가솔린의 공급 여하를 선택할 수 있게 되어 있다. **ON**에서는 가솔린이 공급되고, **OFF**에서는 차단, 그리고 **RES**는 예비 탱크로서 가솔린 잔량이 적어지면 선택하는 위치이다. 부압식 콕일 경우는 **PRI(Primary)**라는 위치가 있는데 엔진이 정지 중인 상태에서도 가솔린이 공급되는 구조로 되어 있다. 연료 콕 입구에는 철제 그물로 제작된 연료 필터가 있어서 카브레터로 흘러들어가는 가솔린을 여과해서 불순물을 제거한다.

◉ 카브레터 엔진의 연료 공급

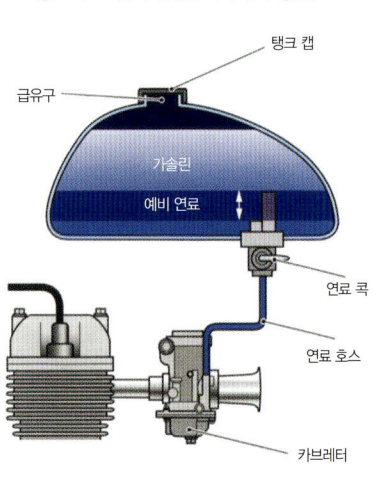

카브레터에는 플로트 밸브가 내장되어 있지만, 엔진을 정지한 상태로 장시간 세워두면 플로트 챔버에서 가솔린이 넘치게 된다. 연료 콕은 카브레터로 흐르는 가솔린의 통로를 임의로 차단할 수 있는 구조로 되어 있다. RES는 예비 연료가 별도로 있는 것이 아니라, 가솔린 잔량을 남김없이 사용할 수 있도록 연료 출구를 바꾸는 것이다.

탱크 캡
급유구
가솔린
예비 연료
연료 콕
연료 호스
카브레터

연료 탱크

연료 탱크는 바이크 위에 있다는 것이 오랜 동안의 일반적인 상식이었지만 최근의 바이크는 저중심화와 질량 집중화 등을 꾀하기 위해 프레임 내부를 가솔린 탱크로 활용하는 경우가 있다. 뷰엘이 그 대표적인 예로써 원래 연료 탱크가 있어야 할 자리에 대형 에어 클리너 박스를 설치하는 등 장점을 살리고 있다.

08

The Basic Structure of Bikes

에어 공급

엔진을 회전시키면 가솔린 말고도 공기가 필요하다. 공기가 들어오는 입구에는 에어 클리너를 설치해서 먼지나 모래 등을 제거한다. 에어 클리너에는 건식과 습식이 있는데 최근의 로드 스포츠 모델은 건식, 비포장길을 달리는 오프로드 모델은 습식을 주로 사용한다.

◉ 건식 에어 필터와 습식 에어 필터

공기가 들어오는 입구에는 에어 클리너가 있어서 공기 중의 먼지나 모래 등을 여과한다. 눈이 촘촘한 여과지를 접어서 원통 형상으로 만든 **건식 에어 필터**와 스펀지에 전용 오일을 발라서 사용하는 **습식 에어 필터** 두 가지가 있다. 건식 에어 필터는 1회용 소모품, 습식 에어 필터는 세척해서 반복 사용할 수 있다.

◉ 에어 클리너 박스

에어 클리너가 들어 있는 상자를 **에어 클리너 박스**라고 하며, 스로틀을 크게 열었을 때에 엔진에 공급되는 공기는 에어 클리너 박스 안의 공기가 대부분이다. 따라서 이 상자 안의 공기량이 많을수록 에어 공급이 수월해져서 엔진 출력도 크게 낼 수 있다. 최근의 바이크는 에어 클리너 박스 용량이 더욱 커지는 추세이며, 그 내부 구조를 개선해서 소음의 원인이 되는 흡기음을 억제하고 있다.

◉ 에어 공급로

빗물 등이 직접 들이치지 않도록 시트 아래의 틈새 등으로부터 에어를 끌어들이는 것이 일반적인 방법이다. 그러나 특히 뜨거운 엔진 둘레를 거쳐 지나온 공기는 열 때문에 팽창하여 밀도가 낮아서 연소 효율이 떨어진다. 보다 신선하고 차가운 공기를 다량으로 도입하기 위해 고성능 로드 스포츠 모델은 차체 앞면에 에어 덕트를 설치해서 주행풍을 적극적으로 끌어들이는 방법을 취하고 있다.

건식 에어 필터

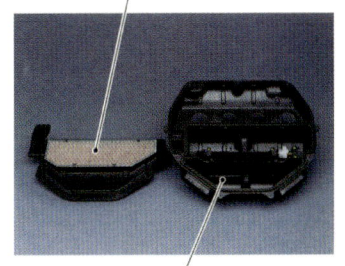

에어 클리너 박스

◉ 건식 에어 필터

건식 에어 필터와 그것을 수납하는 에어 클리너 박스. 엔진에 보다 많은 공기를 공급하기 위해서는 에어 클리너 박스 용량이 큰 편이 유리하다.

습식 에어 필터

◉ 습식 에어 필터

스펀지 형태의 폴리우레탄 폼을 사용하는 습식 에어 필터. 전용 오일을 전체적으로 골고루 발라서 먼지나 모래 등을 흡착시킨다. 더러워지면 전용 세척액으로 세척해서 반복 사용할 수 있다.

◉ 에어 공급로

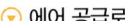

에어 덕트

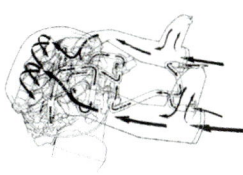

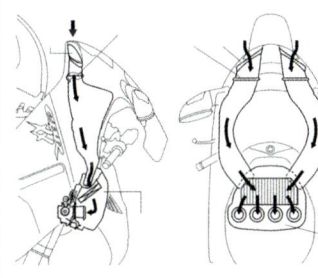

고성능 로드 스포츠 모델은 보다 신선하고 차가운 공기를 다량으로 도입하기 위해 에어 덕트를 차체 앞면에 설치하고 있다. 주행풍을 효과적으로 엔진에 끌어들여서 냉각 효과도 향상시키고 있다.

09 The Basic Structure of Bikes
배기 시스템

엔진의 연소실에서 연소를 마친 배기가스를 대기 중에 방출하는 장치를 배기 시스템이라고 한다. 사일런서(소음기)를 장착해서 배기음을 억제하고, 배기 파이프 도중에 촉매를 설치해서 배기가스를 정화한다. 엔진 출력 특성에도 큰 영향을 미치는 중요한 장치이다.

◉ 머플러(배기관과 소음기)

엔진 연소실에서 발생하는 고온 고압의 배기가스를 그대로 대기 중에 방출하면 매우 위험하고 배출과 동시에 팽창해서 지나치게 큰 소음을 유발한다. 이것을 방지하기 위해 배기가스의 온도와 압력을 낮추는 것이 **머플러**이다. 엔진 배기 포트에서 나오는 관을 **배기관(배기 파이프)**라고 하며, 길이와 굵기, 구부러진 정도나 집합 방식 등에 따라 출력 특성에 큰 영향을 미친다. 소재로는 스테인리스나 철, 가볍고 강성이 좋은 티타늄 등이 쓰이며, 배기관 끝에는 **사일런서(소음기)**가 설치되어 있어 소음을 억제한다. 소재로는 스테인리스나 알루미늄, 티타늄, 카본 등이 있다.

◉ 머플러 내부

소리는 일종의 에너지인데, 에너지란 물체에 부딪히고 반사되고 하면 약해지는 성질이 있기 때문에 소음기 안에는 일반적으로 흡음재로서 그라스 울이 들어 있다. 매우 촘촘하고 표면적이 넓어서 소리를 흡수하는 재료로 최적이기 때문이다. 또한 머플러 내부는 여러 개의 방으로 나뉘어져 있으며, 배기가스가 소음실에 들어갈 때마다 조금씩 팽창해서 에너지를 발산한다. 여러 개의 소음실을 통과하면서 서서히 소리 에너지를 약화시키는 것이며, 그와 동시에 압력파인 소리를 서로 부딪치게 해서 공명, 상쇄 작용을 응용하여 배기음을 음량 규제치까지 낮춘다.

◉ 진화를 계속하는 배기 시스템

직렬 4기통 엔진의 배기 시스템

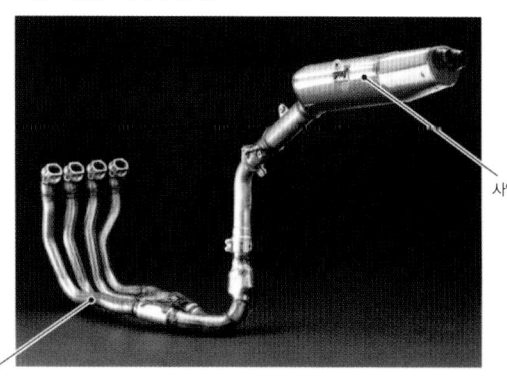

사일런서

배기관

V형 4기통 엔진의 배기 시스템

사일런서 내부를 여러 개의 방으로 나누어서 배기가스가 소음실에 들어갈 때마다 조금씩 팽창시켜 소리 에너지를 약화시키는 소음 시스템이다.

배기 경로 도중에 설치한 밸브를 개폐시켜서 단면적을 변화시킴으로써 배기관 안의 압력파 상태를 최적화시킬 수 있는 시스템도 도입되고 있다.

10 The Basic Structure of Bikes
촉매장치

배기가스 안에는 불완전 연소 시에 발생하는 일산화탄소(CO), 타다 남은 가솔린이 기화한 탄화수소(HC), 고온의 연소실 속에서 공기 중의 질소와 산소가 결합한 질소산화물(NOx) 등의 대기 오염 물질이 포함되어 있다. 이런 유해 물질을 화학 반응을 통해 깨끗이 정화하는 것이 촉매이다.

◉ 촉매의 역할

바이크의 배기가스 규제는 1998년부터 실시되어 2006년에 더욱 강화되었다. 그래서 바이크의 배기 시스템에는 배기가스에 함유된 유해 물질의 확산을 방지하는 **촉매장치**가 장착되어 있다. 촉매는 일반적으로 **허니콤 구조**라고 불리는 벌집 모양의 원통 형상을 하고 있으며, 그 안에 백금이나 로듐, 팔라듐 등의 촉매 기능을 지닌 귀금속을 부착하고 있다. 촉매 장치를 배기가스가 지나게 되면 유해 성분인 일산화탄소(CO), 탄화수소(HC), 질소산화물(NOx)이 화학 반응을 일으켜 무해한 이산화탄소(CO_2), 물(H_2O), 질소(N_2)로 바뀐다. 세 가지 화학 물질을 반응시킨다고 해서 **삼원 촉매**라고도 불리며, 모델에 따라서는 배기 시스템 안에 2~3곳에 장착되어 있는 경우도 있다.

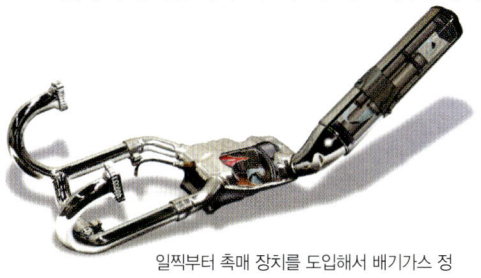

일찍부터 촉매 장치를 도입해서 배기가스 정화를 이룩한 BMW의 배기 시스템.

허니콤 구조 라고 불리는 벌집 모양의 촉매. 백금, 로듐, 팔라듐 등의 촉매 기능을 지닌 귀금속을 부착해서 배기가스의 유해 성분을 화학 반응시킨다.

$$CO + HC + NOx$$

$$\downarrow$$

$$CO_2, H_2O, N_2$$

◉ 환경 대책

날로 엄격해지는 배기가스 규제에 대처하기 위해서 촉매 장치 말고도 **2차 공기 도입 시스템(에어 인젝션 시스템)**이나 O_2 **피드백 시스템** 등을 조합하는 경우도 있다. 2차 공기 도입 시스템이란 에어 클리너로부터 공기를 배기 포트에 압송해서 배기가스의 산화(미연소 CO나 HC를 재연소 시킴)를 촉진하는 기술이다. 보다 완전한 연소를 통해 유해 성분인 일산화탄소(CO), 탄화수소(HC) 배출량 저하를 도모하는 4사이클 엔진 배기가스 재연소 시스템이다. O_2 피드백 시스템은 머

배기가스 정화 작용을 높이기 위해 공기를 배기 포트에 압송하는 2차 공기 도입 시스템. 유해 물질인 일산화탄소(CO), 탄화수소(HC)의 산화 반응을 촉진해서 유해 가스 배출을 낮춘다.

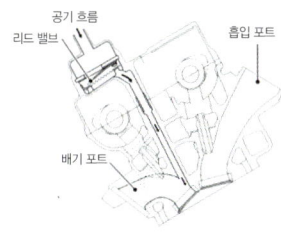

공기 흐름
리드 밸브
흡입 포트
배기 포트

플러에 장착한 O_2 **센서**로 배기가스 중의 산소 농도를 검출해서 ECU에 보내면 그에 맞춰 공연비를 최적화하는 기술이다.

또한 **블로우바이 가스 환원 장치**라는 기술도 정착되어 있다. 블로우바이 가스란 피스톤과 실린더 틈새를 통해 크랭크축 케이스로 빠져 나가는 미연소 가스를 가리키는데, 예전에는 이것이 그대로 대기 중에 방출되도록 방치하고 있었다. 블로우바이 가스 환원 장치는 별도의 파이프를 에어 클리너 박스에 연결해서 블로우바이 가스를 엔진에 다시 흡입시킨다.

11

익스팬션 챔버

2사이클 엔진의 머플러는 익스팬션 챔버라고 불리는 독특한 형상을 하고 있다. 연소 가스의 압력파를 팽창실 (익스팬션 챔버)에서 증폭시키고 반사시켜서 연소실의 충전 효율을 극대화하는 역할을 한다. 2사이클 엔진의 출력 특성을 좌우하는 매우 중요한 부품이다.

◉ 익스팬션 챔버의 역할

2사이클 엔진의 머플러는 입구(배기 포트와 닿아 있는 부분)와 출구(배기구)가 가늘게 만들어져 있고 그 중간 부분이 크게 부풀어 있는 독특한 형상을 하고 있다. 그 부분이 팽창실(Expansion Chamber) 역할을 한다고 해서 **익스팬션 챔버**, 또는 단순히 **챔버**라고도 하며, 4사이클 엔진과는 달리 흡배기를 기계적으로 제어하는 밸브가 없는 2사이클 엔진은 실린더에 빨려 들어간 혼합기가 연소가 끝난 가스를 밀어내면서 배기가 이루어지는데 배기 포트를 통해 연소실 밖으로 배출된 배기가스 안에는 신선한 혼합기도 많이 섞이게 된다. 익스팬션 챔버는 연소가 끝난 가스를 효율적으로 배출시킴과 동시에, 연소실 밖으로 흘러나온 혼합기를 다시 연소실로 되돌리는 구조로 제작되어 있다.

◉ 맥동 효과

연소실에서 폭발적인 연소를 일으키며 배기관으로 터져 나온 연소 가스는 배기관 안에서 압력파를 일으키며, 이 충격파는 정압파(+)가 되었다가 부압파(-)가 되었다가를 반복한다. 이것을 **맥동 효과**라고 부르는데 이 효과를 활용하면 연소 가스를 적극적으로 빨아내거나 새어나온 혼합기를 연소실로 되돌리거나 할 수 있다. 익스팬션 챔버는 엔진의 일부라고도 할 수 있을 정도로 출력 특성에 영향을 미치므로 그 형상이나 길이, 굵기, 벤딩 각, 테이퍼 각 등이 철저하게 추구되어 있다. 소재로는 스테인리스나 알루미늄, 티타늄 등이 쓰이며, 챔버 출구에는 소음기가 장착되어 있다.

◉ 맥동 효과로 충전 효율을 향상

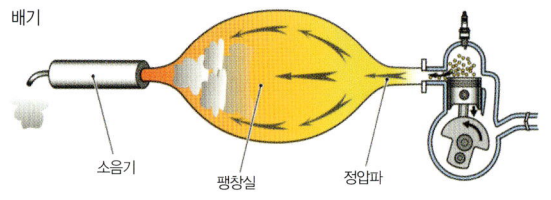

배기 / 소음기 / 팽창실 / 정압파

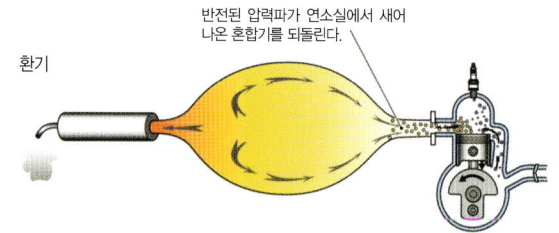

환기 / 반전된 압력파가 연소실에서 새어 나온 혼합기를 되돌린다.

실린더 안에 있던 연소 가스는 배기 포트가 열림과 동시에 챔버 안으로 배출되면서 음속의 정압파가 되어 팽창실로 간다. 넓은 팽창실에 도달하면 부압이 발생해서 실린더 안의 배기 가스를 빨아 당기면서 연소실에는 새로운 혼합기를 불러들인다. 연소실로 세차게 흘러들어온 혼합기 중의 일부는 배기 포트를 통해 새어나가기도 하는데 이번에는 팽창실에서 되돌아온 반전파(정압파)가 이것을 다시 연소실로 밀어 넣어서 충전 효율을 높인다. 흡배기 포트의 개폐 시기와 반사파가 도달하는 타이밍을 맞추면 효율은 더욱 향상된다. 그 결정타가 되는 것이 챔버의 형상이나 길이, 굵기 등이며, **서브 챔버**나 **배기 디바이스**를 병용하는 경우도 많다.

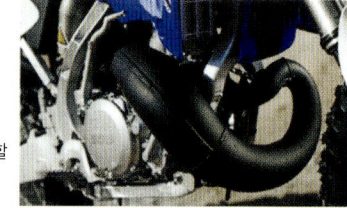

2사이클 엔진에 있어서 익스팬션 챔버는 엔진의 일부라고도 할 수 있을 정도로 출력 특성에 큰 영향을 미친다.

12 The Basic Structure of Bikes 전자제어 스로틀

센서로 감지한 라이더의 스로틀 그립 조작을 ECU로 처리해서 모터를 구동시켜 스로틀 개도를 적절하게 컨트롤하는 것이 전자제어 스로틀이다. 스로틀 조작을 급격하게 실시하더라도 스로틀 밸브가 급격하게 여닫히지 않도록 제어해서 가속이나 엔진 브레이크 특성을 향상시킨다.

▶ YCC-T(야마하 전자제어 스로틀)

야마하의 전자제어 스로틀 YCC-T(Yamaha Chip Controlled Throttle)은 라이더의 스로틀 그립 조작을 센서로 읽어서 ECU(Electronic Control Unit)로 연산한 결과에 따라 스로틀 밸브를 모터로 구동하는 시스템이다. 기존의 기계식 와이어 케이블 방식 스로틀에서는 라이더의 손목 조작과 스로틀 밸브 개도가 거의 1대 1로 이루어졌지만, 전자제어 스로틀에서는 각종 센서가 보내오는 정보를 토대로 스로틀 밸브 개폐를 섬세하게 제어할 수 있게 되었다. 가령 스로틀 그립을 거칠게 조작했을 때에 발생하기 쉬운 울컥거림 등을 해소해서 스로틀 반응성을 향상시킬 수 있고, 스로틀을 급격하게 닫을 때에 발생하는 과도한 엔진 브레이크도 부드러운 특성으로 다듬을 수 있게 되었다. 결과적으로 모든 회전 영역에서 최적의 트랙션 특성을 얻을 수 있다.

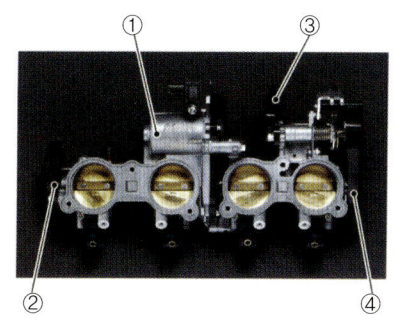

① 스로틀 밸브 구동 모터
② 스로틀 포지션 센서
③ 액셀 포지션 센서
④ 메카니컬 가드 기능성 풀리

④는 만약의 경우에 라이더의 의지에 의해서 리턴 스프링으로 스로틀을 강제적으로 되돌릴 수 있는 장치. 연료와 점화가 차단된다.

▽ 기존의 스로틀(기계식)

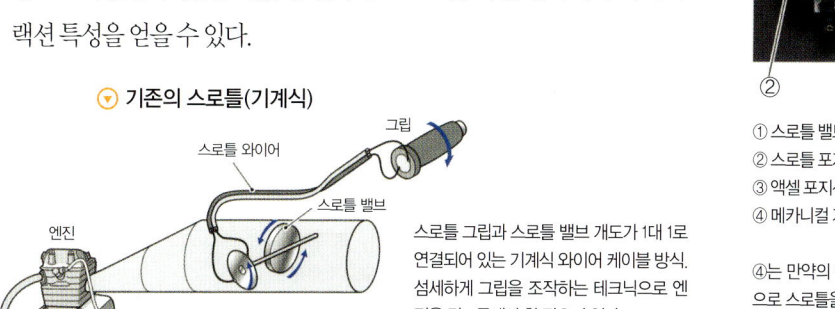

그립
스로틀 와이어
스로틀 밸브
엔진
머플러

스로틀 그립과 스로틀 밸브 개도가 1대 1로 연결되어 있는 기계식 와이어 케이블 방식. 섬세하게 그립을 조작하는 테크닉으로 엔진을 컨트롤해야 할 필요가 있다.

▽ 전자제어 스로틀

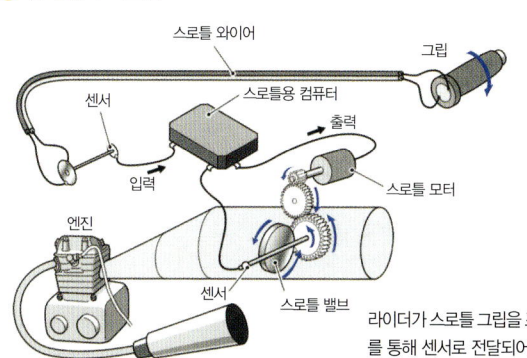

스로틀 와이어
그립
센서
스로틀용 컴퓨터
출력
입력
스로틀 모터
엔진
센서
스로틀 밸브
머플러

전자제어 스로틀과 연동해서 엔진 특성을 라이더의 취향이나 상황에 맞춰 임의로 선택할 수 있는 야마하 D-MODE라는 시스템도 있다. A는 서킷이나 와인딩 등을 달릴 때에 날렵한 엔진 반응을 즐길 수 있고, 스로틀 조작에 대해 부드러운 반응으로 젖은 노면 등을 달릴 때에 유리한 B, 그리고 전천후로 사용할 수 있는 스탠더드의 3가지 모드가 있다.

라이더가 스로틀 그립을 조작하면 그 움직임이 와이어를 통해 센서로 전달되어 전기 신호로 ECU가 받아들인다. ECU가 연산한 결과에 따라 모터로 4개의 스로틀 밸브를 움직인다.

13 The Basic Structure of Bikes
전자제어 인테이크

에어 퍼널을 상하 분할식으로 제작해서 평소에는 연결된 상태로 공기를 도입하다가 엔진 회전수나 스로틀 개도가 일정영역을 넘어서면 전자제어로 분리시켜 퍼널 길이를 짧게 하는 기술이 전자제어 인테이크이다. 즉 에어 퍼널의 길이를 바꿈으로써 엔진이 필요로 하는 최적의 공기량을 공급한다.

▶ YCC-I(야마하 전자제어 인테이크)

YCC-I(야마하 전자제어 인테이크 = Yamaha Chip Controlled Intake)란 에어 퍼널의 길이를 전자제어로 바꾸어서 흡입 효율을 컨트롤한다. 흡기용 덕트(에어 퍼널)를 분할식으로 만들어 놓고 평상 시에는 연결된 상태인 140mm로 공기를 도입하다가 설정된 회전수(2010 야마하 YZF-R1의 경우는 9400rpm)를 넘어서면 전자제어로 퍼널 상부가 분리되어 하부 65mm만 남는다. 쇼트 퍼널은 고속회전에서의 흡기 효율이 향상되기 때문에 중저속과 고속 성능의 양립을 실현할 수 있게 되었다.

▶ 에어 퍼널

퍼널이란 우리말로 깔때기라는 뜻으로서 엔진이 필요로 하는 가솔린과 공기의 혼합기를 연소실로 유도하는 흡기 파이프를 에어 퍼널이라고 부른다. 엔진의 회전수가 올라가면 에어를 흡입하는 속도도 빨라지는데 어느 일정 속도부터는 퍼널 자체가 흡기를 방해하는 저항이 된다. 즉 퍼널의 알맞은 길이는 엔진 회전수에 따라 다르기 때문에 고안된 것이 가변 퍼널(전자제어 인테이크)이다. 중저속에서는 길게, 고속회전에서는 짧게 변한다.

▼ 중저속회전

일정 화전수를 넘어서면……

▼ 고속회전

상하 분할식 에어 퍼널은 중저속회전 시에는 상하가 연결된 상태의 긴 퍼널 형상을 하고 있다

엔진이 고속회전이 도면 에어 흡입 속도가 빨라져서 긴 퍼널로는 저항이 된다. 그래서 일정 회전 영역부터는 상부를 분리해서 퍼널 길이를 짧게 한다. 이것이 가변 퍼널(전자제어 인테이크)이다.

YCC-I, YCC-T 등 전자제어 장비를 적극적으로 채택하는 야마하의 슈퍼 스포츠 YZF-R1.

14

The **B**asic **S**tructure of **B**ikes

선진적인 에어 인테이크

바이크의 에어 덕트(공기 흡입구)는 시트 아래나 연료 탱크 밑에 있는 것이 일반적이었다. 그러나 지금은 효과적으로 공기를 도입하기 위해 에어 클리너 박스로부터 덕트를 길게 뽑아서 엔진의 열을 받지 않는 차가운 공기를 끌어들이는 방식이 주류를 이루고 있다.

◉ 램 에어 흡기 시스템

엔진 열의 영향을 받지 않는 신선한 공기를 차체 앞면으로 적극적으로 받아들이는 방식을 각 제조사에서 모두 채택하고 있다. 가와사키는 항공기를 만드는 회사답게 주행 풍압을 효과적로 활용하고 있다.

자동차나 제트 엔진의 터보차저는 흡입한 공기를 기계로 압축해서 엔진에 강제적으로 보내지만, 주행 풍압으로 램 과급을 실시하는 **램 에어 과급 시스템**에서는 기계적인 압축 대신에 주행으로 발생하는 공기 저항 압력(램 에어)으로 엔진에 공기를 보낸다. 주행풍의 압력을 활용하는 것이므로 속도가 빠를수록 램압이 향상되어 더욱 효과를 발휘한다.

⊙ 가와사키 Ninja ZX-6R

에어

램 가압 시에는 200마력 이상의 파워를 발휘하는 가와사키의 슈퍼 스포츠 Ninja ZX-10R. 선진적인 유체 공학을 도입하고 있다.

램에어 흡기 시스템을 채택하는 가와사키 Ninja ZX-6R. 프런트 카울에 마련된 센터 덕트를 통해 주행풍을 적극적으로 도입해서 에어 클리너로 보낸다.

야마하 YZF-R1은 에어 인테이크가 헤드라이트 케이스와 일체식으로 된 참신한 디자인을 채택하고 있다.

가와사키 외에도 각 제조사들이 에어 인테이크를 일찌감치 부터 도입하고 있다.

PART 07

전기 장비

바이크에 탑재되는 가솔린 엔진은 아무리 단순한 구조라 해도
점화 플러그에 전기를 공급해서 불꽃을 발생시키지 않으면 혼합기를 연소시킬 수 없다.
최근 주류를 이루는 배터리 점화 방식의 경우는 바이크에 필요한 전력을
엔진 회전을 이용해서 발전시킨 것을 끊임없이 배터리에 저장하면서 엔진과 전기 장치 등에 공급한다.
전기를 소모하면서도 엔진으로 만들어낸 전기를 충전하면서 바이크는 달리게 되는 거다.

01

전기계통의 기본 사이클

엔진을 움직이는 데에 필요한 전력은 엔진 출력으로 만들어낸 전기를 배터리에 저장해 두었다가, 엔진 점화, 연료 분사 장치와 각 센서 류, 라이트, 계기반 등으로 나누어 공급하게 된다.

▶ 발전 충전 계통

바이크에는 다양한 전기 장치가 있는데 그 전력을 만들어내는 것은 엔진이다. 점화 플러그와 시동 모터 등의 점화 시스템, 연료 분사 장치와 각 센서 류, 라이트, 계기반 등 차체 각부에서 소비되는 전력은 엔진 회전력으로 **AC 제너레이터(ACG)** 또는 **알터네이터**라고 불리는 교류 발전기로 만들어지며, 이것을 **배터리**에 저장하면서 소비하는 과정을 반복한다. 엔진 시동을 비롯해서 공회전 등 저속회전시의 전력 보충 등 모든 경우에 배터리 전력이 필요한데, 충전 시스템을 스스로 갖춤으로써 배터리에 전기를 저장해 둘 수 있는 것이다.

▶ 발전부터 충전까지

AC 제너레이터(ACG)라고 불리는 발전기가 엔진(크랭크축)의 회전과 전자석을 이용해서 교류 전기를 발생시키면 **레귤레이터(정압기)**로 전압을 제어하고, 교류 전기를 직류 12볼트로 변환해서 배터리에 공급한다. 일반적으로 주행 중인 바이크가 사용하는 전기는 엔진이 회전하고 있다면 발전기의 발전량으로 충당이 된다. 경량화를 추구하는 레이싱 머신 중에는 배터리마저 생략한 모델도 있는데 이 경우에는 엔진 시동을 **킥 스타터**나 **밀어걸기**로 실시하거나 시동 시에만 배터리를 연결하거나 한다.

스테이터 코일

플라이 휠

▶ AC 제너레이터

크랭크축의 회전과 전자석을 이용해서 교류 전기를 발생시키는 AC 제너레이터. 스테이터 코일과 안쪽에 자석을 장착한 플라이 휠을 세트로 해서 회전시키면 전자 유도에 의해서 전기가 발생한다.

● 엔진의 발전 · 충전에서부터 소비까지

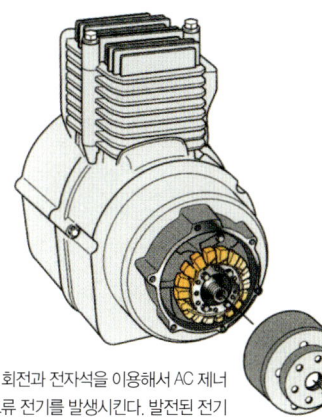

발 전

크랭크축의 회전과 전자석을 이용해서 AC 제너
레이터가 교류 전기를 발생시킨다. 발전된 전기
는 전압이 불안정한 상태이다.

교류 →

정류 · 변환

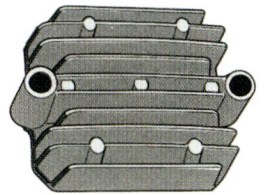

불안정한 전압을 정압기가 정류하면서 교
류를 직류로 변환한다.

직류 12V

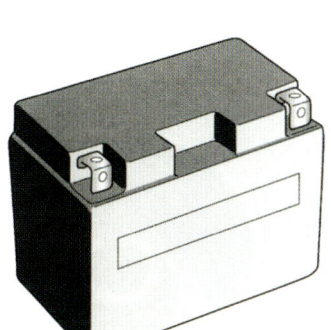

충 전

12V 직류전기가 배터리를 충전한다. 엔진
이 회전하는 한 충전도 계속된다.

소 비

▼ 엔진 시동 시스템

배터리의 전력으로 시동모터로 크랭크축을 돌
린다. 정지해 있던 엔진의 시동을 건다.

▲ 등화류

도로를 달리기 위해서는 헤드라이트와 방
향지시등을 켜야 한다. 경음기를 울리기
위해서도 전력이 필요하다.

▲ 점화 시스템

배터리의 전력을 점화 코일로 증폭시킨다. 점화 플
러그가 연소실의 혼합기에 불을 붙인다.

CDI

▲ ECU, CDI

최근의 바이크는 연료 분사 장치를 비롯해
서 ABS나 각종 센서, 전동 펌프 등 전력 소
비가 많다.

02 The **B**asic **S**tructure of **B**ikes
발전에서 충전까지

발전기가 크랭크축의 회전과 전자석의 힘을 이용해서 교류 전기를 발전하고, 정류기가 불안정한 전기를 12볼트 직류로 변환한다. 이처럼 엔진이 회전하고 있을 때에는(일정 회전 이상) 배터리를 충전할 수 있으므로 전력을 소비하면서도 바이크는 계속 달릴 수 있는 것이다.

▶ AC 제너레이터(ACG)와 정압 정류기

스테이터 코일이라 불리는 발전 코일 둘레를 크랭크축의 회전력을 이용한 플라이 휠이 고속으로 회전하며, 플라이 휠 안쪽에는 N극과 S극을 가진 자석이 서로 교대로 배치되어 있어서 엔진이 회전하며 배터리 전기가 공급되어 N극과 S극이 전자석이 되어 자계를 형성한다.

스테이터 코일 바깥쪽을 N극과 S극의 전자석이 교대로 통과함으로써 전기가 유발되어 교류전기가 발생한다(회전 자계의 원리). 이것이 AC 제너레이터(ACG)의 기본적인 작동 구조이다.

일반적으로 AC 제너레이터의 플라이 휠은 크랭크축 끝이나 엔진 뒤에 설치되어 있다. 크랭크축에 장착되어 있지 않을 경우에는 플라이 휠을 구동시킬 기구가 필요하므로 무게나 마력 손실이 다소 발생하지만 엔진 폭을 좁혀서 뱅크 각을 크게 할 수 있는 장점이 있다.

AC 제너레이터로 발전한 전압은 엔진이 고속회전으로 될수록 고압이 되는데 배터리 전압은 12볼트이므로 그 이상으로 전압이 높으면 배터리나 전기 장비가 손상된다. 또한 교류 전기는 주기적으로 크기와 방향이 바뀌므로 그대로는 사용할 수 없다.

그래서 전압과 전류를 일정하게 유지하도록 제어하는 **정압기**와 교류 전기를 직류로 변환하는 **정류기**를 일체화시킨 **정압 정류기**로 전압을 제어해서 배터리로 공급하는 것이다.

▶ DC 다이나모

가정용 전기처럼 아무 방향으로나 콘센트를 꽂아도 작동하는 전기를 교류라고 하며, 건전지처럼 플러스/ 마이너스가 구분되는 전기를 직류라고 한다. 예전에는 DC 다이나모라고 불리는 직류 발전기를 사용했었지만 교류 발전기가 작고 가벼우며 고속 회전시의 내구성, 저속 회전시의 발전량 등의 장점이 많아서 지금의 바이크에서는 사용하지 않는다.

▶ AC 제너레이터

플라이 휠

⊙ 스테이터 코일

플라이 휠 안쪽에는 N극과 S극이 교대로 배치되어 있어서, 크랭크축에 장착된 전기 코일(스테이터 코일) 둘레를 고속으로 회전한다. 여기에 전기를 공급하면 N극과 S극이 전자석이 되어 전자 코일 둘레를 고속으로 회전하면서 전력이 발생한다. 이 전압은 교류이며, 엔진이 고속회전이 될수록 전압도 상승한다.

▶ 정압 정류기

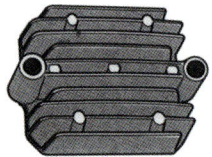

AC 제너레이터로 발전한 불안정한 전압의 교류 전기를 배터리에 맞춰 12볼트 직류로 변환하는 것이 정압 정류기의 역할이다. 열이 발생하므로 냉각핀을 갖추고 있으며, 주행풍이 잘 닿는 곳에 설치되어 있다.

03 배터리

The **B**asic **S**tructure of **B**ikes

AC 제너레이터가 발전한 교류 전기는 정압 정류기를 거쳐 직류 12볼트로 변환되어 배터리로 공급된다. 엔진의 시동을 걸거나 전기 장치에 필요한 전력을 저장해 놓은 중요한 역할을 담당한다. 최근에는 밀폐형 배터리라고도 불리는 MF 배터리가 주류를 이루고 있다.

◉ 배터리의 역할

엔진이 일정 이상의 회전으로 돌고 있는 중에는 점화 플러그나 헤드라이트, 인젝션 시스템을 작동시킬 전력을 AC 제너레이터가 공급해 준다. 그러나 엔진의 시동을 걸 때에 사용하는 **시동 모터**나 엔진이 정지해 있을 때의 전기 장치는 **배터리**의 전기가 필요하다. 배터리는 충전을 해서 반복 사용할 수 있는 전지이며, 전압은 자동차와 마찬가지로 12볼트가 주류이다. 다만, 일부 오래된 바이크나 배기량이 적은 모델은 6볼트를 사용하기도 한다.

◉ 배터리의 구조

바이크용 배터리는 양전극에 납을 사용하는 **납 축전지**이며, 플러스 극판은 과산화납, 마이너스 극판에 해면상납 그리고 전해액(배터리액)에 묽은황산을 사용해서 납과 묽은황산의 화학반응으로 전기를 저장한다.

12볼트의 경우는 배터리 내부가 6개의 **셀**로 구분되어 있으며, 하나의 셀이 약 2.1볼트이다. 셀 안에는 플러스 극판과 마이너스 극판이 3~5장씩 서로 겹쳐 있으며, 두 끝은 마이너스 극판이 된다. 전극 사이에는 접촉을 방지하기 위한 특수 소재가 들어있고, 각각의 셀에는 전해액이 들어 있다. 배터리는 방전과 충전을 반복함으로써 내부가 활성화되어 전기를 저장할 수 있는데 장기간 엔진을 방치하면 충전이 이루어지지 않으므로 **배터리 방전**이 발생하기도 한다.

◉ 밀폐형 배터리의 구조

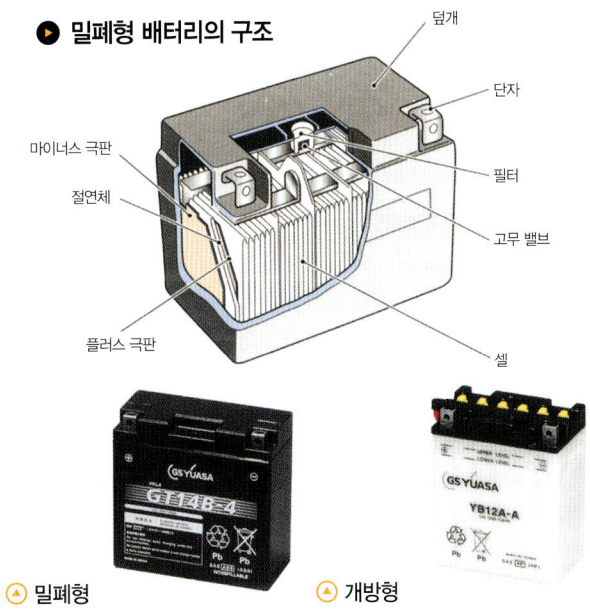

덮개
단자
마이너스 극판
절연체
필터
고무 밸브
플러스 극판
셀

◉ 밀폐형

내부에서 발생한 가스를 화학반응으로 다시 전해액으로 흡수하도록 되어 있다. 절연체가 전해액을 함유하도록 해서 액을 보충할 필요가 없다.

◉ 개방형

화학반응에 의해 발생한 산소가스와 수소가스를 외부로 배출하도록 되어 있다. 전해액을 주기적으로 보충해야할 필요가 있다.

◉ 개방형과 밀폐형

배터리 종류에는 **개방형**과 **밀폐형**이 있으며, 현재의 주류는 밀폐형이다. 개방형은 충전과 방전 시의 화학반응에 의해 발생한 가스를 외부로 배출하도록 되어 있기 때문에 전해액을 주기적으로 보충해야 한다. 그러나 밀폐형은 내부에서 발생한 가스를 화학반응으로 다시 전해액으로 흡수한다. 절연체가 전해액을 함유하고 있으므로 전해액을 보충할 필요가 없고, 샐 우려도 없다. 밀폐형 배터리를 **MF(메인터넌스 프리) 배터리**라고도 부른다.

04 The Basic Structure of Bikes
점화 플러그

실린더 헤드의 연소실에 불꽃을 튀겨 혼합기에 불을 붙이는 것이 점화 플러그이다. 점화 코일로 승압한 2만 볼트의 고압 전류를 전극 사이에서 방전시킴으로써 불꽃을 만들어 낸다.

◉ 점화 플러그의 역할

연소실에 불꽃을 튀겨 혼합기에 불을 붙이는 것이 **점화 플러그**의 역할이며, 끝부분에는 **중심전극**과 **접지전극**이 있고 그 간격을 **플러그 갭**이라고 한다. **점화 코일**에 의해 2만 볼트의 고전압으로 승압된 전기를 플러그 갭에서 방전시키면 불꽃이 발생한다. 방전은 1000분의 1초에 이루어지며, 연소실 안의 혼합기에 불을 붙인다.

◉ 점화 플러그의 열가

점화 플러그는 언제나 뜨거운 연소가스에 노출되어 있으므로 열을 외부로 전달하여 적정온도를 유지하여야 한다. 점화 플러그의 이런 차체적인 냉각 능력을 **열가**라고 부르며, 연소가스 온도는 엔진의 형식, 운전상황 등에 따라 다르므로 플러그 열가는 이들 조건에 걸맞은 것이 필요하다. 냉각성이 낮아서 쉽게 뜨거워지는 플러그를 **핫타입**이라고 부르며, 그 반대의 것을 **콜드타입**이라고 부른다. 열가는 숫자로 표시되며 숫자가 작을수록 핫타입, 클수록 콜드타입이다. 엔진에 맞지 않는 열가의 점화 플러그를 사용하면 점화가 정상적으로 이루어지지 않고, 전극이 쉽게 마모되거나 그을음이 발생하며 엔진이 과열하거나 비정상 적인 착화 현상이 발생하기도 한다.

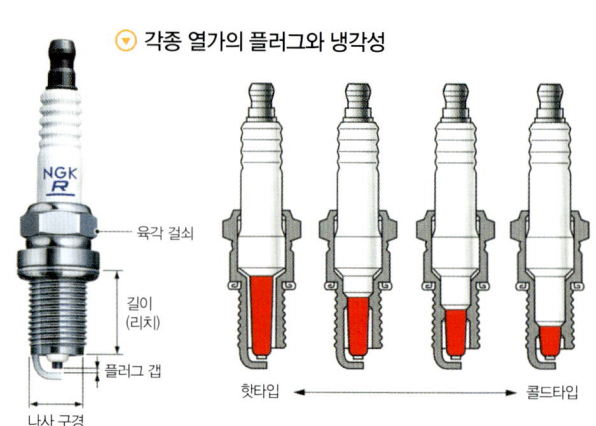

◉ 각종 열가의 플러그와 냉각성

육각 걸쇠
길이 (리치)
플러그 갭
나사 구경

핫타입 ◀▶ 콜드타입

◉ NGK 플러그의 품번과 타입

D	P	8	E	A-9
나사 구경	구조, 기타	열가	길이	구조, 기타
A:18mm B:14mm C:10mm D:12mm	P: 자기 돌출형 R: 저항 내장형	4(핫타입) 5 6 7 8 9(콜드타입)	E:19mm H:12.7mm	A,Z:특수 사양 S:동심 내장형 V:가는 중심전극 K: 측방 전극. 숫자는 플러그 갭을 나타냄. "9"는 갭이 0.9mm라는 의미

제조사가 지정한 점화 플러그는 표준 플러그 외에 옵션 플러그가 설정되어 있는 경우도 있다. 옵션 플러그는 운전 상황에 따라 플러그의 열가가 맞지 않을 때에 교환한다. 또한 점화 플러그는 열가 말고도 나사의 크기나 구조에 따라 여러가지 종류가 있으며, 이들은 점화 플러그 품번으로 구분되어 있다.

이리듐 IX 플러그　　　**일반 플러그**

강

약

◉ 점화 플러그 구조

　중심 전극은 플러그 본체 내부를 관통해서 상단의 **터미널**에 연결되어 있으며, 이것은 알루미나 세라믹 등의 절연체로 싸여 있어서 플러그 갭 이외에서 전기가 흐르지 않도록 되어 있다. 중심부에는 열전도를 높이기 위해 동심이 들어 있어서 냉각 효율을 높이고 있다. 두 전극은 2000℃ 이상의 연소 가스에 노출되므로 매우 뜨겁기 때문이다.

　그렇지만 플러그는 온도가 너무 낮아도 **카본**이 부착되어 점화 성능을 떨어트리기 때문에 전극부 온도를 500~900℃ 범위로 유지함으로써 카본을 태워 없애는 **자기 정화 작용**을 활용한다. 한편, 900℃를 넘으면 설정된 점화 시기에 도달하기 전에 불이 붙는 이상 연소 형상이 발생한다. 중심 전극의 소재는 일반 플러그는 **특수 니켈 합금**을 사용하지만, 최근에는 열이나 충격에 강하고 착화성도 높은 **플래티나**나 **이리듐 합금**을 사용하는 것도 증가되고 있다. 일반적으로 점화 플러그는 실린더에 하나씩 장착되어 있지만, **트윈 플러그 방식**에서는 연소효율을 높이기 위해 2개를 장착해서 동시에 점화하는 경우도 있다.

◉ 각부의 명칭과 구조

⊙ NGK 점화 플러그

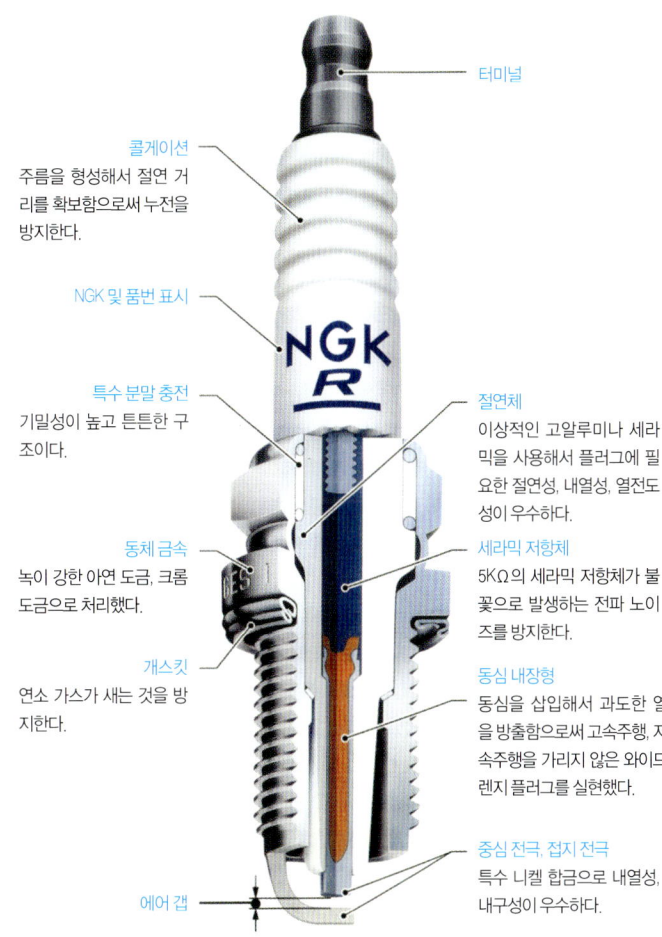

터미널

콜게이션
주름을 형성해서 절연 거리를 확보함으로써 누전을 방지한다.

NGK 및 품번 표시

특수 분말 충전
기밀성이 높고 튼튼한 구조이다.

동체 금속
녹이 강한 아연 도금, 크롬 도금으로 처리했다.

개스킷
연소 가스가 새는 것을 방지한다.

절연체
이상적인 고알루미나 세라믹을 사용해서 플러그에 필요한 절연성, 내열성, 열전도성이 우수하다.

세라믹 저항체
5KΩ의 세라믹 저항체가 불꽃으로 발생하는 전파 노이즈를 방지한다.

동심 내장형
동심을 삽입해서 과도한 열을 방출함으로써 고속주행, 저속주행을 가리지 않은 와이드 렌지 플러그를 실현했다.

중심 전극, 접지 전극
특수 니켈 합금으로 내열성, 내구성이 우수하다.

에어 갭

테이퍼 컷

극세경 이리듐 합금

엔진 시동이나 공회전 저속 주행 등 플러그 전극 온도가 낮을 때, 전극의 면적(체적)이 크면 낮은 전극 온도 때문에 에너지 손실이 된다. NGK의 이리듐 IX 플러그는 중심 전극의 지름이 가늘고, 또한 외측 전극의 끝부분이 테이퍼 컷팅되어 있어서 우수한 착화성을 실현하고 있다.

05

The **B**asic **S**tructure of **B**ikes
점화 코일

점화 시스템에서 공급받은 수백 볼트의 전기를 100배 이상으로 증폭시켜 점화 플러그에 1~2만 볼트의 고전압을 공급하는 것이 점화 코일이다. 플러그 캡과 일체형으로 제작된 다이렉트 점화 코일도 있다.

▶ 점화 코일의 역할과 원리

점화 시스템이 공급하는 전압은 200~200볼트 정도라서 점화 플러그에 불꽃을 튀기기에는 너무 약하기 때문에 이것을 1~2만 볼트까지 승압시키는 것이 **점화 코일**이다. **센터 코어**라 불리는 철심에 따로따로 감은 2개의 코일로 구성되어 있으며, 1차 전류가 흐르는 코일을 **1차 코일(프라이머리 코일)**, 2차 전류가 흐르는 코일을 **2차 코일(세컨더리 코일)**이라고 한다. 1차 코일에 흐르던 전류를 갑자기 차단하면 전기가 흐르지 않던 다른 한 쪽의 코일(2차 코일)에 전기가 유발되어 전압이 증폭된다. 이 방식을 **전류 차단식**이라 하며 **트랜지스터 점화**가 이 방식이다. 한편, 1차 전류를 급격하게 흐르게 해서 2차 전류를 유발하는 방식을 **용량 방전식**이라고 하며, **CDI 점화**(Capacitive Discharge Ignition)가 이 방식이다.

두 방식 모두 고전압이 연속으로 발생하는 것이 아니라 1차 전류가 차단되거나 급격하게 흐르는 순간에만 발생하는데, 이 순간이야말로 점화 플러그에서 불꽃이 튀기는 때문이다. 승압되는 전기는 1차 코일과 2차 코일 각각의 코일 감긴 수의 비율에 따라 증폭률이 바뀌며, 가령 1대 100인 경우는 200볼트 전압이 2만 볼트로 증폭되는 것이다. 점화 코일로 증폭된 고압 전류는 **하이텐션 코드**를 지나 점화 플러그까지 전달된다. 최근에는 플러그 캡에 점화 코일이 내장되어 있는 **다이렉트 점화**도 보편화되고 있으며, 하이텐션 코드를 생략할 수 있으므로 전압 손실을 최소한으로 억제할 수 있다.

▶ 점화 코일의 구조

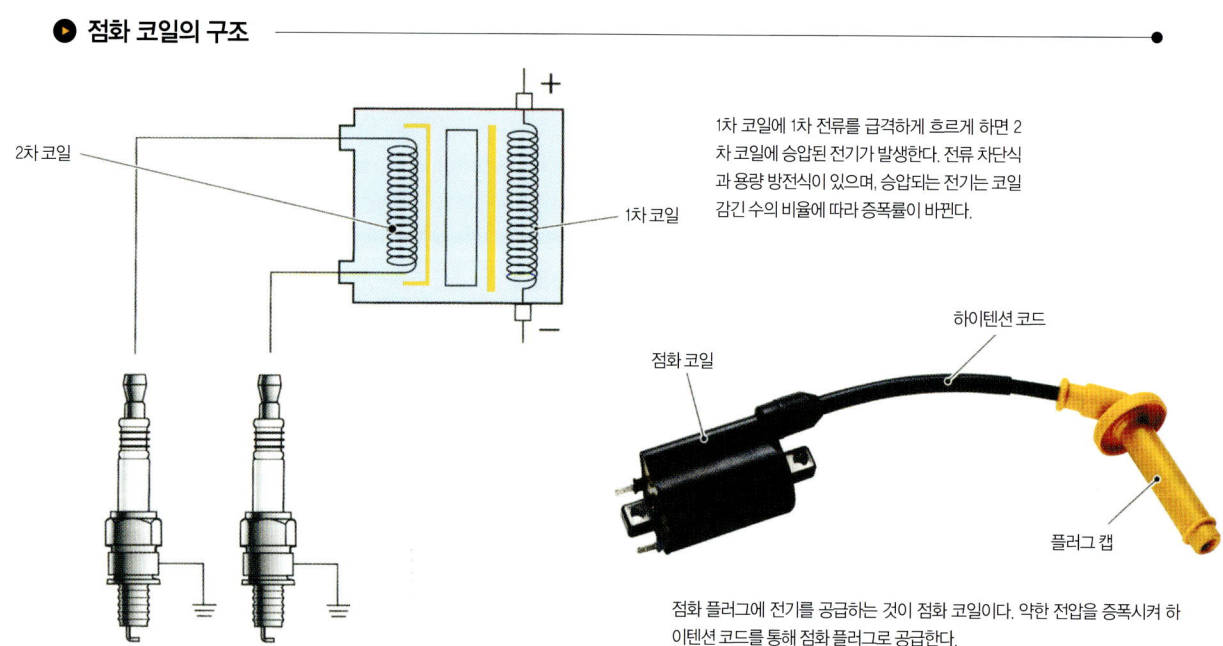

2차 코일

1차 코일

1차 코일에 1차 전류를 급격하게 흐르게 하면 2차 코일에 승압된 전기가 발생한다. 전류 차단식과 용량 방전식이 있으며, 승압되는 전기는 코일 감긴 수의 비율에 따라 증폭률이 바뀐다.

하이텐션 코드

점화 코일

플러그 캡

점화 플러그에 전기를 공급하는 것이 점화 코일이다. 약한 전압을 증폭시켜 하이텐션 코드를 통해 점화 플러그로 공급한다.

06 CDI 점화

The Basic Structure of Bikes

실린더 안의 압축된 혼합기를 적절한 시기에 불을 붙여 연소시키는 것이 점화 시스템이다. 지금은 거의 모든 바이크가 무접점식을 채택하고 있는데, 이것은 CDI 방식과 트랜지스터 방식으로 구분된다. 두 방식 모두 안정적인 불꽃을 얻을 수 있다.

◉ CDI 점화의 기본

엔진의 회전력을 이용해서 교류 전류를 만들어낸 AC 제너레이터는 **CDI 유닛**에 100~400볼트 전류를 보낸다. CDI 유닛은 이것을 **다이오드**로 정류, 직류화해서 CDI 유닛에 들어있는 **콘덴서**에 저장한다.

콘덴서에 저장된 전기는 **SCR**이라 불리는 일종의 문으로 갇혀 있지만 크랭크축 위치를 감지하는 **펄스 제너레이터(시그널 제너레이터)**의 전기 신호를 받은 **트리거 회로**가 1차 코일에 전기를 흘리는 최적의 시기(점화 타이밍)가 되면 SCR에 신호를 보내서 이 문을 연다.

문이 열리는 순간에 전기를 저장하고 있던 콘덴서가 단숨에 방전을 해서 점화 코일의 1차 코일에 전류가 흐른다. 그러면 2차 코일에도 고전압이 발생해서 점화 플러그에 불꽃을 튀기기에 필요한 에너지를 발생한다. 이것이 **CDI 점화**(용량 방전식 = Capacitive Discharge Ignition)이다.

◉ 플라이 휠 마그네토 점화, 배터리 점화

점화 시스템은 전원 방식이 다른 두 가지 방식이 있으며, AC 제너레이터에서 1차 코일로 직접 전기를 보내는 **플라이 휠 마그네토 점화**와 배터리를 거쳐 1차 코일, 또는 CDI 유닛이나 트랜지스터로 전기를 공급하는 **배터리 점화**이다. 플라이 휠 마그네토 점화는 플라이 휠에 전기 코일(마그네트)을 갖추고 있는 발전 유닛을 말한다.

▶ CDI 점화의 전기 흐름

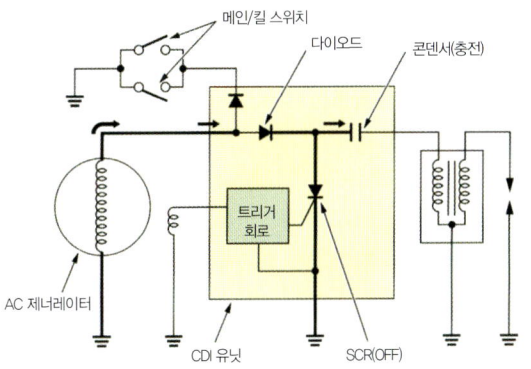

메인/킬 스위치
다이오드
콘덴서(충전)
트리거 회로
AC 제너레이터
CDI 유닛
SCR(OFF)

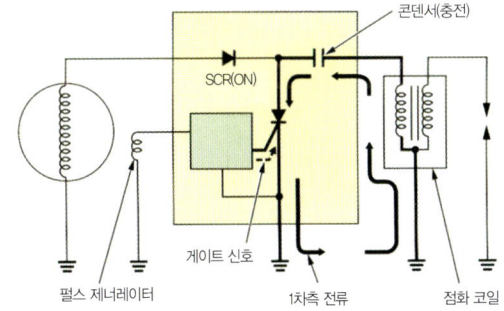

콘덴서(충전)
SCR(ON)
게이트 신호
펄스 제너레이터
1차측 전류
점화 코일

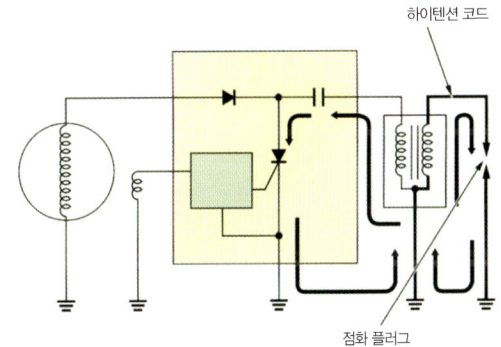

하이텐션 코드
점화 플러그

CDI식 배터리 점화

배터리를 전원으로 하는 **배터리 점화**의 경우는 CDI 유닛 내부에 콘덴서 축전에 필요한 전압을 얻기 위해 승압/발진 회로가 마련되어 있으며, 배터리에서 온 12볼트 전압은 이 회로에서 200~300볼트로 승압되어 콘덴서에 저장된다.

승압/발진 회로가 있는 것 외에는 플라이 휠 마그네토 점화와 동일하지만 배터리 점화는 엔진 회전수가 낮을 때에도 안정된 점화 에너지를 얻을 수 있다는 장점이 있다. 지금의 CDI 점화 시스템은 거의가 배터리 점화 방식을 채택한다.

배터리에서 공급된 전기를 CDI 안의 콘덴서에 저장해서 200~300볼트로 승압해 두었다가, 점화 시기에 맞춰 단숨에 1차 코일로 흘려서 2차 전류를 발생시킨다. 점화 타이밍은 **펄스 제너레이터(시그널 제너레이터)**가 크랭크축 위치를 파악해서 전기신호를 CDI 유닛에 보내면, CDI 유닛이 점화 시기를 결정해서 점화 코일에 1차 전류를 보낼 타이밍을 컨트롤 한다.

CDI 유닛
콘덴서
점화 코일
승압/발진 회로
배터리
트리거 회로
SCR
점화 플러그
펄스 제너레이터

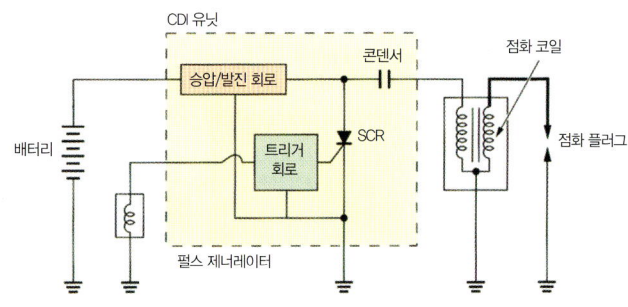

CDI식 배터리 점화 시스템

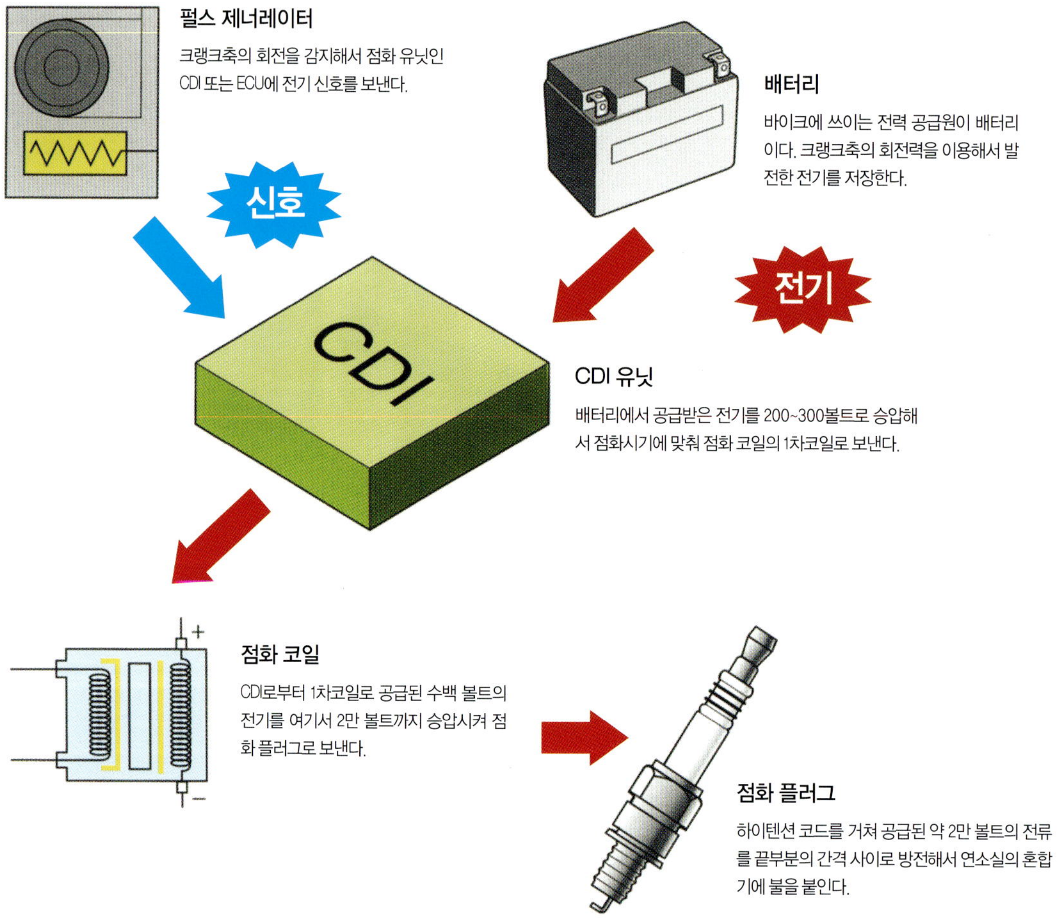

펄스 제너레이터
크랭크축의 회전을 감지해서 점화 유닛인 CDI 또는 ECU에 전기 신호를 보낸다.
신호
배터리
바이크에 쓰이는 전력 공급원이 배터리이다. 크랭크축의 회전력을 이용해서 발전한 전기를 저장한다.
전기
CDI
CDI 유닛
배터리에서 공급받은 전기를 200~300볼트로 승압해서 점화시기에 맞춰 점화 코일의 1차코일로 보낸다.
+
−
점화 코일
CDI로부터 1차코일로 공급된 수백 볼트의 전기를 여기서 2만 볼트까지 승압시켜 점화 플러그로 보낸다.
점화 플러그
하이텐션 코드를 거쳐 공급된 약 2만 볼트의 전류를 끝부분의 간격 사이로 방전해서 연소실의 혼합기에 불을 붙인다.

● CDI식 플라이 휠 마그네토 점화

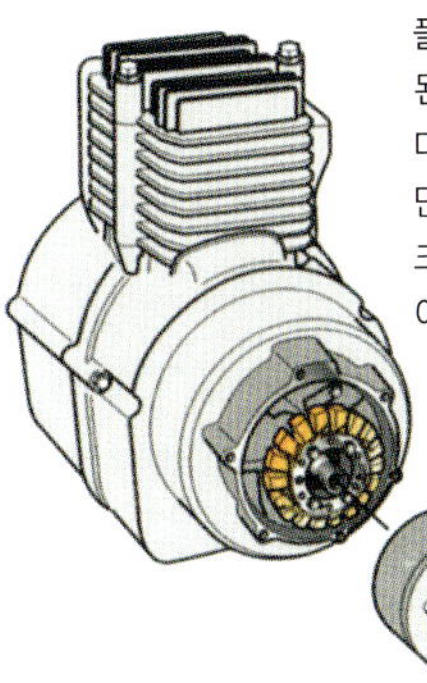

플라이 휠 마그네토 점화의 경우, AC 제너레이터에서 발전된 전기는 배터리를 거치지 않고 CDI 유닛에 직접 공급된다. 배터리가 없어도 엔진 시동이 걸리므로 차체를 가볍게 만들어야 하는 레이싱 머신 등에 사용되지만, 도로용 바이크는 신호 대기 등 발전량이 적은 저속회전 시에도 헤드라이트나 방향지시등을 작동시켜야 하므로 적합하지 않다.

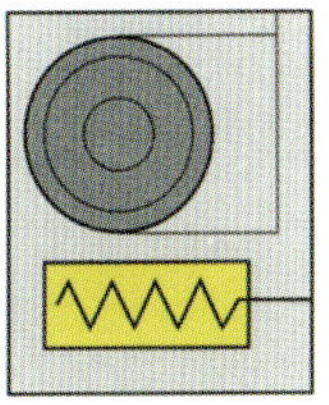

펄스 제너레이터

크랭크축의 회전을 감지해서 점화 유닛인 CDI 또는 ECU에 전기 신호를 보낸다.

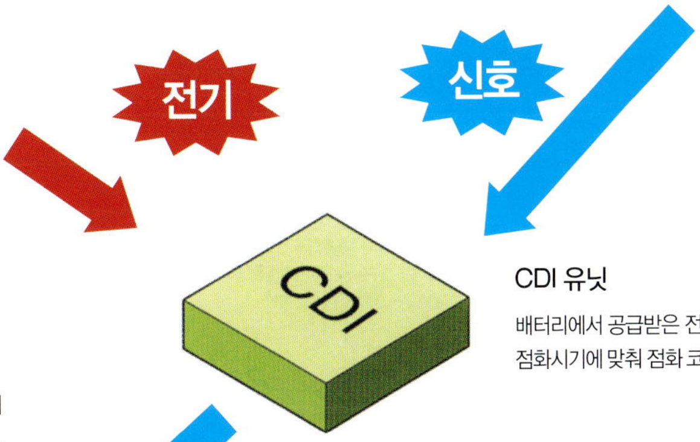

전기

신호

CDI 유닛

배터리에서 공급받은 전기를 200~300볼트로 승압해서 점화시기에 맞춰 점화 코일의 1차코일로 보낸다.

점화 코일

CDI로부터 1차코일로 공급된 수백 볼트의 전기를 여기서 2만 볼트까지 승압시켜 점화 플러그로 보낸다.

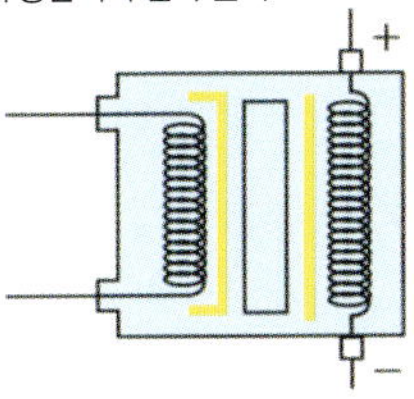

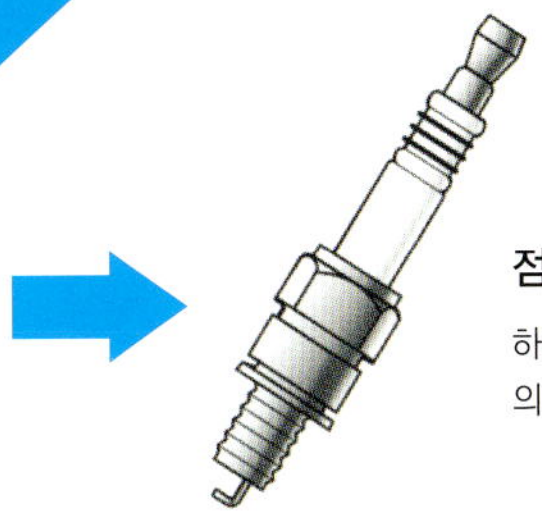

점화 플러그

하이텐션 코드를 거쳐 공급된 약 2만 볼트의 전류를 끝부분의 간격 사이로 방전해서 연소실의 혼합기에 불을 붙인다.

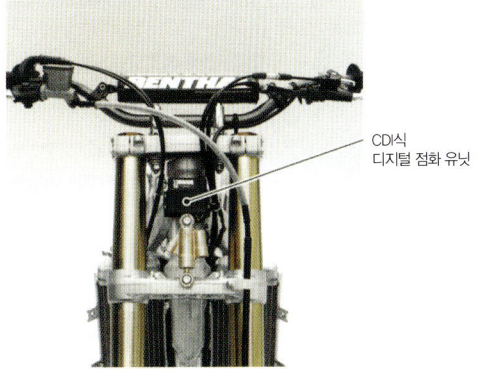

CDI식
디지털 점화 유닛

혼다 CRF450R은 카브레터 사양이었던 2008년 모델까지는 CDI식 디지털 점화 유닛을 채택하고 있지만, 전자 인젝션을 도입한 2009년 모델 이후로는 풀 트랜지스터 방식 디지털 점화 유닛을 사용하고 있다.

⊙ CDI식 디지털 점화 시스템

스로틀 개도, 엔진 회전수 등을 토대로 최적의 점화시기를 결정하는 것이 CDI식 디지털 점화 시스템이다. 2008년 CRF450R은 중저속, 고속회전 영역의 고른 출력 특성을 얻기 위해 기어 포지션 센서를 추가로 장착하고 있다. 이것을 ECU와 연동시켜 1단 기어에서는 토크감과 다루기 쉬운 특성을, 2단에서는 날카로운 응답성과 넓은 파워 밴드를, 3단 이상에서는 강력한 파워와 경쾌하게 상승하는 회전 필링을 발휘하도록 각각 3가지 패턴에 최적으로 세팅된 점화시기를 갖추고 있다.

07

트랜지스터 점화

배터리 또는 AC 제너레이터에서 공급된 전기는 트랜지스터라고 불리는 스위치 기구와 전류를 증폭시키는 전자회로를 거치면서 승압되어 점화 코일로 흘러들어 간다. 포인트 방식과는 달리 기계적 접점이 없으므로 안정된 불꽃을 얻을 수 있는 장점이 있다.

▶ 트랜지스터 점화의 기본

배터리의 전기는 메인 스위치와 킬 스위치를 경유해서 점화 코일의 1차측을 지나 점화 유닛 속의 **트랜지스터**에 도달한다. 트랜지스터가 ON이 되면 점화 코일의 1차측에 전류가 흐르고, OFF가 되면 이 전류가 차단되는 회로로 되어 있다. 엔진에 시동이 걸리면 크랭크축 위치를 감지한 **펄스 제너레이터**로부터 전기신호가 점화시기 제어회로에 들어간다. 이 회로가 펄스 신호에 따라 점화시기를 결정해서 트랜지스터로 베이스 전류를 보내 ON/OFF 시킨다. 점화 코일의 1차 코일에 전기가 공급되면 트랜지스터가 OFF되어 1차 코일의 전류가 급격하게 차단되는 순간에 2차 코일에 고전압이 발생되어 점화 플러그에 공급된다.

32bit ECU를 탑재한 풀 트랜지스터 방식 디지털 점화 유닛. 펄스 제너레이터, 스로틀 센서, 흡기압 센서 등의 신호를 토대로 인젝션의 연료 분사량이나 점화시기를 최적의 조건이 되도록 자동 수정한다.

▶ 트랜지스터 점화의 전기 흐름

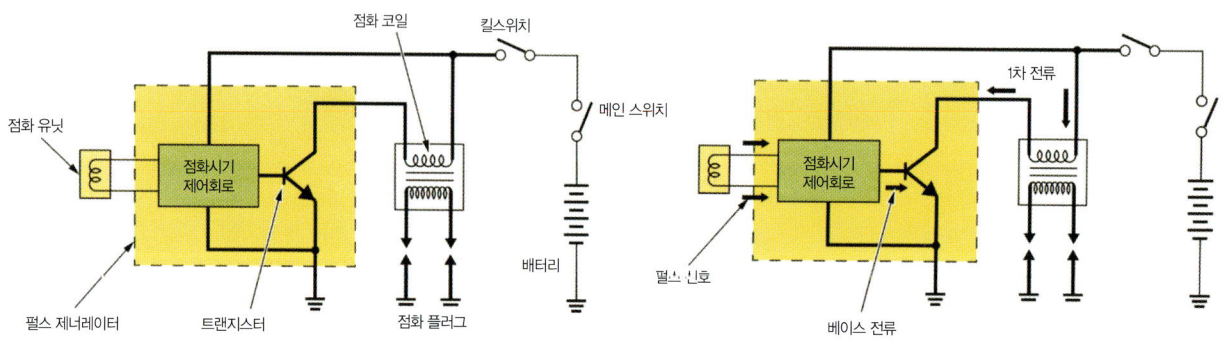

펄스 제너레이터의 신호를 받은 **트랜지스터 점화 유닛**은 점화시기 제어회로가 점화시기를 결정해서 트랜지스터에 베이스 전류를 공급한다. 1차 코일에 전기가 공급되면 트랜지스터가 OFF되어 2차 코일에 고전압이 발생한다. 풀 트랜지스터 점화 방식은 전류를 차단함으로써, CDI 방식은 전류를 급격하게 흘림으로써 높은 전압을 얻는다.

⦿ 디지털 제어식 풀 트랜지스터 점화

　디지털 제어식은 점화시기 제어를 점화 유닛 속의 마이크로컴퓨터로 실시하므로 엔진 회전수에 따른 최적의 점화시기를 제어할 수가 있다. 컨트롤 유닛에는 전원회로, 펄스 제너레이터의 펄스 신호를 처리하는 펄스 입력회로, 연산과 기억 회로를 포함한 마이크로컴퓨터가 내장되어 있다.

① 엔진이 시동하면 펄스 제너레이터에서 점화 유닛의 펄스 입력회로로 펄스 신호가 간다.

② 펄스 입력회로는 펄스 신호를 디지털 처리해서 마이크로컴퓨터로 보낸다.

③ 디지털 신호를 받은 마이크로컴퓨터는 크랭크축의 위치와 엔진 회전수를 연산해서 엔진 회전수에 맞는 점화시기 데이터를 기억회로에서 꺼내, 점화시기를 결정해서 트랜지스터의 베이스 전류를 흘린다.

④ 트랜지스터는 베이스 전류를 받아 스위칭(ON/OFF) 작동을 실시해서 일반적인 트랜지스터 점화방식과 마찬가지로 점화 코일의 1차 코일에 전류를 보낸다.

⦿ 펄스 제너레이터

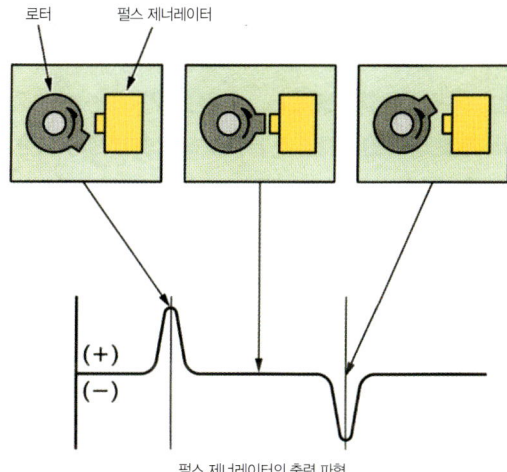

로터　펄스 제너레이터

(+)
(−)

펄스 제너레이터의 출력 파형

펄스 제너레이터는 로터의 돌기부 모서리가 제너레이터의 픽업 센서를 지나치는 순간에 그림과 같은 정전압 펄스와 부전압 펄스를 발생시킨다. 돌기부의 개수나 각도는 기통수나 실린더 레이아웃 등 엔진 형식에 따라 다르다.

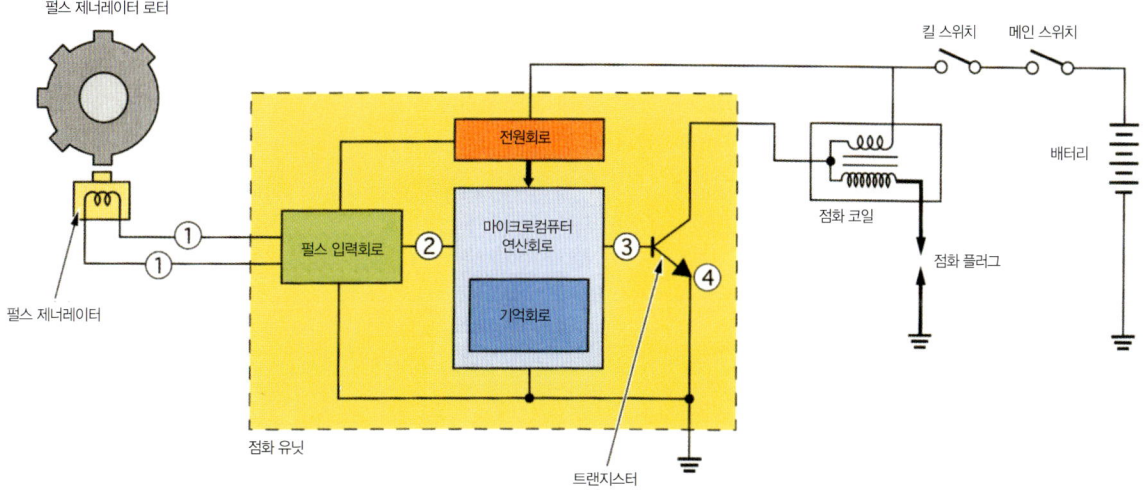

펄스 제너레이터 로터

킬 스위치　메인 스위치

전원회로

배터리

펄스 입력회로

마이크로컴퓨터
연산회로

기억회로

점화 코일

점화 플러그

펄스 제너레이터

점화 유닛

트랜지스터

08

포인트 점화

트랜지스터 점화가 등장하기 전까지는 거의 모든 바이크용 엔진은 포인트 점화방식이다. 모든 동작이 기계적으로 이루어지며, 포인트라고 불리는 접점이 있는 것이 특징이다. 사용하다 보면 접점이 마모되기 때문에 정기적인 정비가 필요하다.

▶ 포인트 점화의 기본

타이머 플레이트라고 불리는 기반에 **콘택트 브레이커**, **콘덴서**, **캠** 등의 구품으로 구성되어 있으며, 끝부분에 포인트라고 불리는 접점을 갖춘 콘택트 브레이커에는 언제나 전류가 흐르고 있는데, 크랭크축과 연결된 캠의 회전 운동으로 접점이 떨어지는 순간에 점화코일의 1차 전류를 차단해서 2차 코일에 고전압을 발생시킨다. 캠은 1회전에 한 번씩 콘택트 브레이커의 가동부를 움직여서 포인트가 열린다.

포인트가 열리면 점화 코일의 1차 전류가 차단되므로 2차 코일에 고전압이 발생하여 점화 플러그에 공급한다. 접점을 이용하는 방식이라 해서 **접점 점화 방식**이라고도 불리며, 여기서 진화한 트랜지스터 점화는 **무접점 점화 방식**이라 불린다. 접점 점화 방식은 접점이 반드시 마모되기 때문에 점화시기가 서서히 빨라지기 때문에 따라서 정기적인 정비가 필요한 방식이다.

▶ 세미 트랜지스터 점화와 풀 트랜지스터 점화

캠 돌기부분에 접점을 갖춘 센서로 크랭크축 위치를 감지해서 점화시기를 결정하는 것이 **세미 트랜지스터 점화**이다. 포인트는 트랜지스터에 베이스 전류를 흘리는 스위치 역할을 담당한다. 점화 시스템은 포인트, 세미 트랜지스터, 풀 트랜지스터 점화로 진화해 왔다.

▶ 포인트 점화의 구조

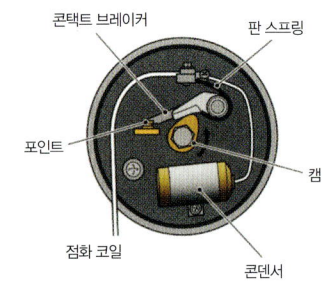

콘택트 브레이커 · 판 스프링 · 포인트 · 점화 코일 · 캠 · 콘덴서

포인트가 닫혀 있을 때

크랭크축과 연결된 캠은 회전하고 있지만 캠의 돌기 부분이 콘택트 브레이커와 떨어져 있으므로 포인트(접점)는 닫혀 있는 상태이다. 콘택트 브레이커에는 언제나 전류가 흐르고 있으므로 점화 코일의 1차 전류도 계속 흐르고 있다. 배터리의 전기를 안정적으로 공급하기 위해 전기는 콘덴서에 일시 저장하고 있다.

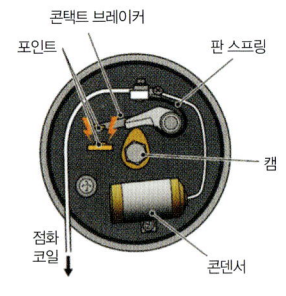

콘택트 브레이커 · 포인트 · 판 스프링 · 캠 · 점화 코일 · 콘덴서

포인트가 열릴 때

포인트 캠의 돌기 부분이 콘택트 브레이커를 순간적으로 들어 올리면서 포인트를 연다. 이 타이밍이 점화시기이며 점화 코일의 1차 전류가 차단되는 순간에 2차 코일에 고전압이 발생한다. 접점은 기계식이라서 사용하다 보면 마모가 발생하게 되는데 포인트 갭(접점 간격)의 조정이나 청소를 정기적으로 실시해야할 필요가 있다.

▶ 세미 트랜지스터 점화와 풀 트랜지스터 점화

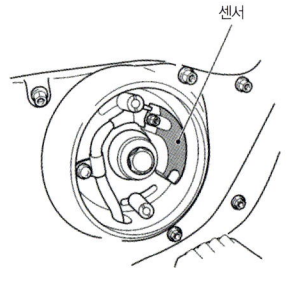

센서

세미 트랜지스터 점화

포인트 방식이 진화한 세미 트랜지스터 점화는 크랭크축과 연결된 캠의 돌기 부분이 접점에 접촉하면서 크랭크축 회전을 감지한다. 트랜지스터가 포인트를 대신해서 스위치 역할을 실행함으로 포인트의 소손, 마모가 없으며 안정된 불꽃을 얻을 수 있다.

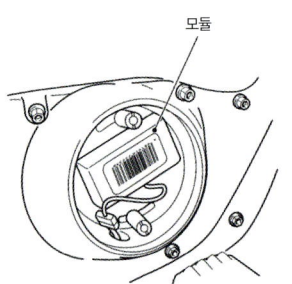

모듈

풀 트랜지스터 점화

자석 센서를 이용해서 전류를 제어하는 것이 풀 트랜지스터 점화이다. 포인트 같은 접점이 없기 때문에 소모품이 없다. 정기적인 정비는 필요하지 않지만 고장 났을 경우에는 모듈을 교환해야 한다. 보다 안정된 강한 불꽃을 얻을 수 있다는 것이 장점이다.

09 The Basic Structure of Bikes
점화시기와 진각

엔진의 회전수가 빨라질수록 천천히 회전할 때와 똑같은 타이밍으로 불꽃을 튀겨서는 미처 따라가지 못한다. 엔진 상황에 따라 점화시기를 앞당기는 것을 진각이라고 하며, 그 장치를 진각장치라고 한다. 최근의 바이크는 전자제어가 일반적이다.

◉ 점화시기와 진각

연소실의 혼합기에 점화하는 타이밍을 **점화시기**(ignition timing)라고 하며, 이론상으로는 4사이클 엔진은 압축행정이 끝나서 피스톤이 상사점에 도달한 시점에서 착화가 이루어지지만 점화 플러그에 불꽃이 발생해서 연소실의 혼합기 전체에 불이 옮겨 붙기까지는 시간이 걸린다. 즉 혼합기 연소에 따른 팽창가스 압력을 최대한으로 활용하기 위해서는 피스톤이 압축 상사점에 도달하기 직전에 불을 당겨야할 필요가 있는 것이다.

점화 시기는 상사점 앞에 올수록 **빠르다**라고 말하고, 상사점에 가까워질수록 **늦다**라고 표현하며, 엔진의 회전수에 따라 변화시킬 필요가 있다. 엔진 회전수가 상승되면 왕복운동 속도가 빨라지므로 저속회전 시의 타이밍으로 점화를 해서는 너무 늦기 때문에 점화시기를 앞당긴다. 이것을 **진각**이라고 하며, 반대로 늦추는 것을 **지각**이라고 한다.

◉ 적절한 점화 시기란?

효율적인 연소 파워를 얻기 위해서는 상사점에서 점화하는 것이 이론상으로는 최고이지만 실제로 혼합기가 연소하는 시간을 생각한다면 피스톤이 상사점에 도달하기 직전에 점화하는 것이 보통이다. 점화 플러그에 불꽃이 튀고 혼합기가 연소실 전체로 타들어가면서 압축, 팽창 에너지가 최대가 되기까지에는 짧지만 반드시 시간이 걸린다. 압축 상사점 직전의 점화시기는 제조사가 엔진을 설계하면서 지정해 두고 있으며, 예를 들어 BTDC 20라는 표현은 **압축 상사점 전 20도**라는 의미이다.

◉ 연소에 걸리는 시간을 계산에 넣은 점화시기

점화시기가 빠르다.　　　점화시기가 늦다.

두 힘이 서로 부딪힌다.　　상사점　　두 힘이 서로 멀어진다.

최적의 점화시기

점화시기가 너무 빠르면 상사점을 향해 올라오는 피스톤을 반대로 밀어내리는 힘이 작용해 노킹 등 이상 연소 현상이 발생할 수가 있다. 심하면 엔진이 손상된다.

점화시기가 너무 늦으면 혼합기가 한창 연소할 때쯤이면 이미 피스톤이 내려가 있어서 압력이 부족하여 힘이 나오지 않는다. 엔진에 열이 남아서 과열되는 원인이 된다.

상사점(TDC)
BTDC
(Before Top Dead Center)
15°~35°
배기　압축　흡기 폭발　180°
하사점(BDC)

피스톤 상사점은 TDC(Top Dead Center), 상사점전은 BTDC(Before Top Dead Center), 상사점후는 ATDC(After Top Dead Center)라고 표현한다. 가령 BTDC 20이란 상사점에 도달하기 전의 피스톤 위치를 크랭크축 각도로 보았을 때에 20도 앞이란 뜻이다. 상사점에서는 크랭크축 각도가 0도이다. 하사점은 BDC(Bottom Dead Center)라고 한다.

▶ 진각(Spark Advance)

엔진에는 점화시기를 앞당기거나 뒤로 늦추는 **진각장치**가 필요하며 지금은 전자제어화 되어 있다. **디지털 진각**은 엔진 회전수와 흡입 공기량 등을 센서로 읽어서 컴퓨터 ROM에 기억시킨 **점화시기 컨트롤 맵(Ignition Control Map)**을 토대로 점화시기와 진각곡선을 결정하고 전기신호로 점화 유닛에 알린다.

▶ 점화시기 컨트롤 맵과 ECU의 고성능화

전자제어 인젝션 엔진은 엔진 회전수, 스로틀 개도, 흡기 압력까지 파악해서 최적의 점화 타이밍을 결정하며, 다양한 상황에 맞도록 점화시기를 컴퓨터에 기억시켜 놓고 그것을 토대로 점화시기를 결정한다.

점화 맵은 **엔진 회전수**와 **스로틀 개도**와 연관하는 3차원 그래프로 나타낼 수 있으며, 보다 섬세하게 점화 유닛을 제어하기 위해 다기통 엔진에서는 기통마다 독립된 맵을 갖추고 있다. 컴퓨터에는 점화시기 컨트롤 맵을 비롯해서 인젝션의 분사시간을 결정하는 **흡기 부압 연동 맵, 스로틀 연동 맵**도 메모리되어 있다.

전자제어 인젝션 시스템의 진화에 따라 ECU의 기억 영역인 ROM이 기억해야할 데이터 양이 증가했으며, 많은 정보를 단시간에 처리하는 ECU의 능력은 더더욱 고성능의 것이 요구되고 있다. 초기에는 8비트였던 것이 지금은 32비트로 진화했다.

▶ 원심 자동 진각 장치(거버너 컨트롤러)

포인트 점화나 세미 트랜지스터 점화가 일반적이었을 때에는 원심력을 이용해서 자동으로 진각을 조정하는 **거버너**를 사용했다. 거버너는 포인트 캠에 장착되어 있어서 캠이 회전하면서 발생하는 원심력으로 스프링으로 연결된 두 개의 플레이트가 벌어지면서 캠 각도를 바꾸는 방식이다.

▽ 점화시기 컨트롤 맵

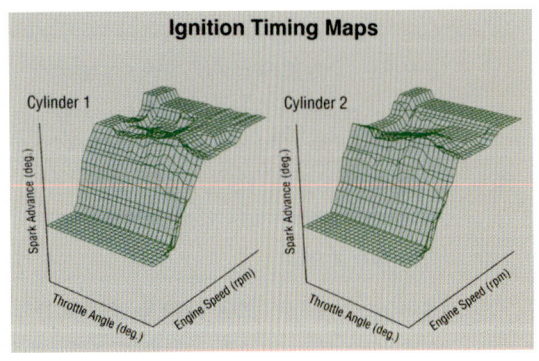

▽ 흡입 부압 연동 맵   ▽ 스로틀 연동 맵

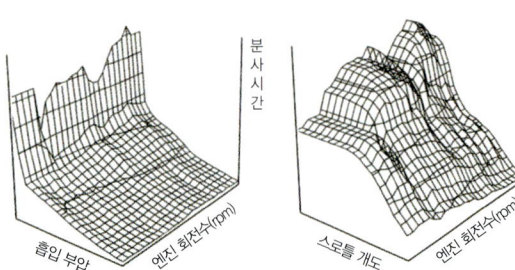

● 거버너의 구조

▽ 저속회전시
▽ 고속회전시

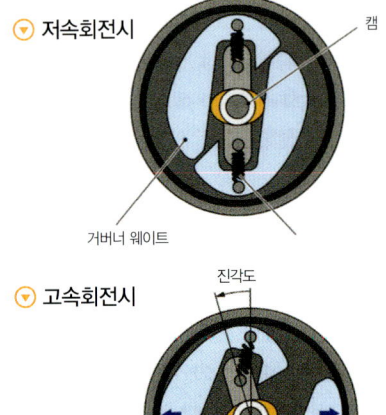

포인트 캠에 장착된 거버너는 크랭크축 회전의 원심력에 의해 자동으로 진각해서 최적의 점화시기로 조정한다. 스프링으로 체결된 두 개의 거버너 웨이트가 엔진이 고속회전으로 갈수록 더욱 벌어지면서 진각을 앞당기는 구조이다.

10

트랙션 컨트롤 시스템

전후 휠에 장착된 회전 센서로 타이어의 공회전을 감지해서 구동력을 자동으로 제어하는 것이 트랙션 컨트롤이다. 스포츠 바이크를 중심으로 채택하는 예가 증가되고 있으며, 코너링 중에 작동하더라도 위화감이 없도록 기술과 성능이 향상되고 있다.

◉ 트랙션 컨트롤 시스템

엔진이 발생한 구동력을 최종적으로 노면에 전달하는 것이 타이어이며, 타이어가 노면과의 마찰 한계를 넘어서면 미끄러지면서 더 이상 구동력을 노면에 전달할 수 없게 된다. 이렇게 되면 구동력은 더 이상 가속력을 발휘할 수 없게 되고 바이크의 안정성도 떨어져서 위험한 상태가 된다. 이것을 방지하는 것이 **트랙션 컨트롤 시스템**(Traction Control System)이다.

전륜과 후륜의 회전수를 센서로 읽어서 두 휠의 회전수에 차이가 발생하면 ECU가 점화나 연료공급을 제어해서 구동력을 순간적으로 차단하여 타이어의 공회전이 사라지면 그립력이 회복된다. 과대한 구동력이나 낮은 그립력 때문에 발생하는 타이어 슬립을 억제하고 구동력의 소모나 타이어 소모를 최대한으로 방지하는 시스템이다.

레이스에서는 의도적으로 후륜을 슬라이드(공회전)시켜서 방향을 바꾸는 라이딩 테크닉을 사용하기도 하는데, 라이더의 의도적인 테크닉을 방해하지 않으면서도 차체가 하용 범위 이상의 불안정한 상태가 되었을 때에만 작동하도록 진화가 이루어지고 있다. 로드레이스를 중심으로 앞으로 더욱 실용화 될 것이 예상되는 기술이다.

위의 그림은 혼다 NSR500의 트랙션 컨트롤 시스템으로 전후륜의 회전수를 센서로 읽고, ECU가 후륜의 슬립 상황을 연산해서 점화시기나 RC 밸브 제어를 통해 구동력의 최적화를 실행한다. ECU는 노면상태나 타이어 특성에 맞는 점화시기, RC 밸브 제어 맵을 갖추고 있으며 스위치로 모드를 선택할 수 있다. 사진은 1989년 혼다 NSR500이다.

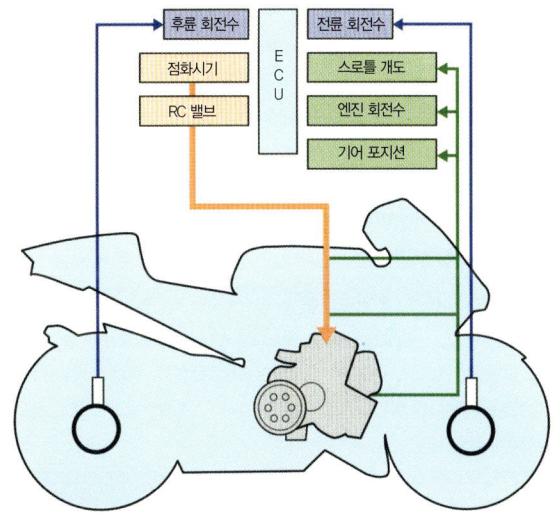

11

헤드라이트

고효율 벌브와 멀티 리플렉터의 조합으로 헤드라이트의 성능이 비약적으로 높아졌다. 밝기 자체도 밝아졌고, 렌즈 커팅이 필수였던 구식 유리렌즈에 비해 멀티 리플렉터의 클리어 렌즈는 그 형상을 자유롭게 설계할 수 있다는 장점이 있다. 덕분에 공력 특성의 향상에도 큰 기여를 하게 되었다.

▶ 멀티 리플렉터

멀티 리플렉터 방식을 채택하면서 다양한 디자인이 가능해진 헤드라이트.

기존의 헤드라이트는 전면의 렌즈에 커팅 가공을 실시해서 전구(벌브)의 빛이 일정 범위에 모이도록 하는 방식이었지만, **멀티 리플렉터**는 반사판(리플렉터)에 다양한 각도로 이루어진 반사 형상을 설정해서 빛의 방향을 조정한다. 즉 커팅된 렌즈 없이도 배광을 자유롭게 할 수 있다. 멀티 리플렉터 헤드라이트의 전면 렌즈가 일반 유리처럼 매끄러워진 것은 바로 이것 덕분이며, 렌즈 제약이 없으므로 형상을 마음대로 설계할 수 있고 공력 특성에 맞는 파츠로 활용할 수 있게 되었다.

▶ HID(High Intensity Discharge Lamp)

HID 램프는 일반적인 할로겐 벌브보다 약 2배 밝으면서 수명은 약 4배나 길고 소비전력은 3분의 2 밖에 들지 않는 고효율이 특징이다. **제논 라이트**라고도 불린다. 일반적인 벌브(전구)가 **필라멘트**라고 불리는 저항체에 전류를 흐르게 해서 가열 발광시키는 구조인데 비해, HID는 필라멘트가 없고 전극 사이에서 방전할 때의 빛을 이용한다.

배터리의 직류 12볼트 전압을 **컨트롤러** 또는 **밸러스트**로 교류로 변환하고 이것을 **이그나이터**로 순간적으로 2만 볼트까지 승압하여 고압 전류를 **버너** 내부의 전극 사이에서 방전시키면 빛이 발생한다. 버너 안에는 제논 등 몇 가지 화학 성분 가스가 들어 있다. 밸러스트와 이그나이터가 일체식으로 이루어진 것도 있다.

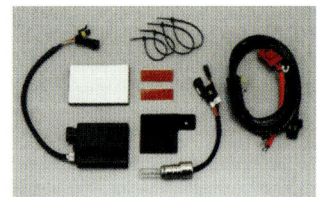

시중에서 판매되고 있는 HID 키트

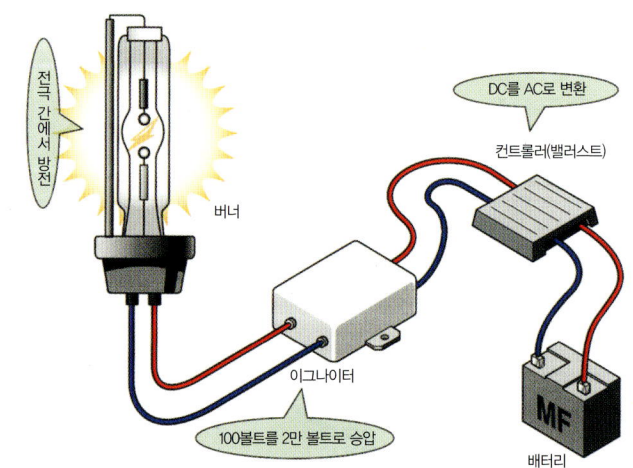

전극 간에서 방전

버너

DC를 AC로 변환

컨트롤러(밸러스트)

이그나이터

100볼트를 2만 볼트로 승압

MF

배터리

◉ 할로겐 램프(Halogen Lamp)

필라멘트에 전기를 흐르게 해서 가열하면 빛이 발생한다. 원리는 일반적인 백열전구와 같지만 전구 안에 불활성 가스(질소나 알곤 등)와 미량의 할로겐 가스(주로 요소나 취소 등)를 봉입해서 일반적인 백열전구보다 밝다.

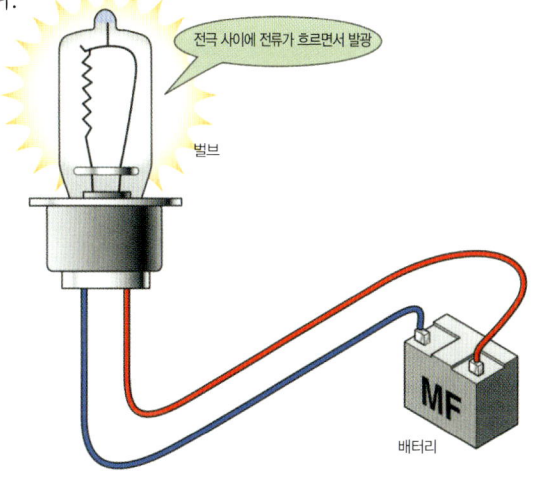

전극 사이에 전류가 흐르면서 발광

벌브

MF

배터리

멀티 리플렉터 헤드라이트가 등장하기 전까지의 일반적인 방식의 헤드라이트.

◉ LED(Light Emitting Diode)

에너지 소비가 적고 수명이 긴 LED(발광 다이오드)는 계기반의 램프나 미등, 브레이크 등에도 채택된다. 필라멘트가 없으므로 단선 걱정이 없고 공간 효율도 우수하므로 양산으로 경비 절감이 이루어진다면 헤드라이트에 도입할 수도 있는 기술이다. 자동차 중에서 일부 고급 모델에 사용되고 있다.

▶ 진화하는 헤드라이트

가볍고 충격에 강하며 수명이 길다는 장점을 인정받아 일반 가정의 조명용으로 보급되어 온 LED는 이제 바이크에도 상식적으로 쓰이게 되었다. 머지않은 장래에는 헤드라이트로도 사용될 수 있을 것이다. 사진은 혼다 EV06의 5연장 LED 헤드라이트이다.

멀티 리플렉터 타입 60W 상향등과 프로젝터 55W 하향등을 조합한 특이한 형상의 헤드라이트. 스즈키 젬마의 미래 감각을 잘 표현하고 있다.

바이크는 자동차 비해 전후면 면적이 작아서 눈에 잘 뜨이지 않는 숙명이 있다. 안전을 위해 바이크의 헤드라이트는 상시점등 구조가 채택되어 스위치도 생략되었다. 또한 테일 램프의 밝기는 야간 300 미터 후방에서도 확인할 수 있는 광량을 확보해야 하고, 시인성 향상을 위해 법으로 지정된 부위에 반사판을 장착해야 한다.

1968년 야마하 트레일 DT-1

1960년대 중반까지 오프로드 바이크에 대한 개념은 단순히 로드 바이크를 베이스로 하는 개조차량일 뿐이었다. 그러나 해외에서는 허스크바나나 불타코 등이 이미 오프로드 전용차량을 개발 판매하고 있다. 그래서 스즈키, 가와사키 등이 그에 따르게 되었고, 아담하고 가벼운 차체에 단기통 엔진을 탑재하는 모터크로서로 레이스를 석권하기 시작했다.

야마하도 1968년에 트레일 DT-1을 발표했다. 차체는 레이스용 모터크로서로 YX26을 양산하기 편하도록 새롭게 설계하고 프라이머리 킥 시동에 5포트 피스톤 밸브 엔진, 세리아니 식 프런트 포크를 장착해서 기존에는 없었던 새로운 장르로 주목을 끌면서 순식간에 히트 모델이 되었다. 야마하는 DT-1의 시장 도입에 맞춰 전국 바이크 판매점의 협력을 얻어 각지에서 트레일 교실을 개최하는 등 오프로드 팬을 단숨에 확보하는 데에 성공했다.

PART **08**

구동 기구

엔진에서 발생한 동력은 그대로는 바이크를 달리게 할 수 없다.
클러치, 변속기를 거쳐 비로소 차륜을 구동하게 한다.
클러치는 동력을 접속, 차단하는 장치로서 기어 체인지나 출발, 정지할 때에 엔진 회전력이
변속기에 전달되지 않도록 일시적으로 차단할 수 있다.
변속기는 주행 조건에 따라 회전력을 수시로 변화시키는 장치이다.

01

The Basic Structure of Bikes

감속, 구동계통의 기본

엔진이 발생한 회전력이 그대로 후륜으로 전달되지는 않고 1차 감속기구, 변속기, 2차 감속기구 라는 3단계를 거치면서 감속되어, 운전 상황에 맞는 상태로 구동륜에 전달된다. 감속함으로써 회전 속도를 낮추는 대신에 회전력을 얻는 것이다.

⊙ 감속

가솔린과 공기를 섞은 혼합기를 압축 연소시켜서 얻은 피스톤 왕복 운동을 커넥팅 로드를 거쳐 크랭크축을 회전 운동으로 변환하는 것이 엔진이다. 이 엔진의 회전수(rpm)란 크랭크축이 1분 동안에 몇 바퀴를 도는가를 나타낸 것인데, 3000rpm이란 1분간 3000회전이란 의미이다. 이 회전력을 그대로 후륜으로 전달한다고 해도 100~300kg이나 나가는 무거운 바이크를 움직이지는 못하기 때문에 **감속**, 즉 회전수를 낮추어서 보다 강력한 힘을 만들어낼 필요가 있다. 지렛대의 원리에 따라 동일한 일의 양을 유지한 채로 회전수를 낮추면, 그에 비례해서 회전력은 커진다. 예를 들어 크기가 서로 다른 두 개의 톱니바퀴(기어)를 조합했을 경우 입력하는 기어 톱니가 10, 받는 쪽 톱니가 20개라고 한다면 회전수는 1/2로 주는 대신에 회전력은 2배가 된다. 감속하는 비율을 **감속비**라고 하며, 회전수를 절반으로 낮춘다면 감속비는 2가 되고 1/3이라면 **감속비 3**이라고 표현한다. 일반적으로 바이크의 구동계통은 이 원리를 이용해서 **1차 감속기구**, **변속기(변속기)**, **2차 감속기구**라는 3단계로 감속해서 주행 상황에 맞는 토크를 얻는다.

참고로, 엔진 성능은 **출력**과 **토크**로 나타내는데, 출력이란 **일정 시간으로 처리할 수 있는 일의 양**을 가리키며, 토크란 **축을 회전시키는 힘**을 나타낸다.

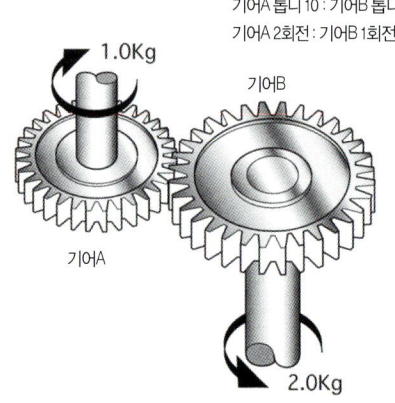

기어A 톱니 10 : 기어B 톱니 20일 경우
기어A 2회전 : 기어B 1회전 감속비 = 2

서로 다른 두 개의 톱니바퀴 기어A와 기어B를 조합해서 기어A를 1kg의 힘으로 돌린다. 이때에 기어A의 톱니가 10, 기어B의 톱니가 20이라면 기어B는 기어A가 2회전할 때마다 1회전하게 되어 2kg의 토크가 나온다. 즉 기어A의 회전수가 1/2로 주는 대신에 기어B의 힘은 2배가 되는 것이다. 감속비는 기어B 톱니÷기어A 톱니로 구할 수 있으며, 이 경우는 20÷10=2이다.

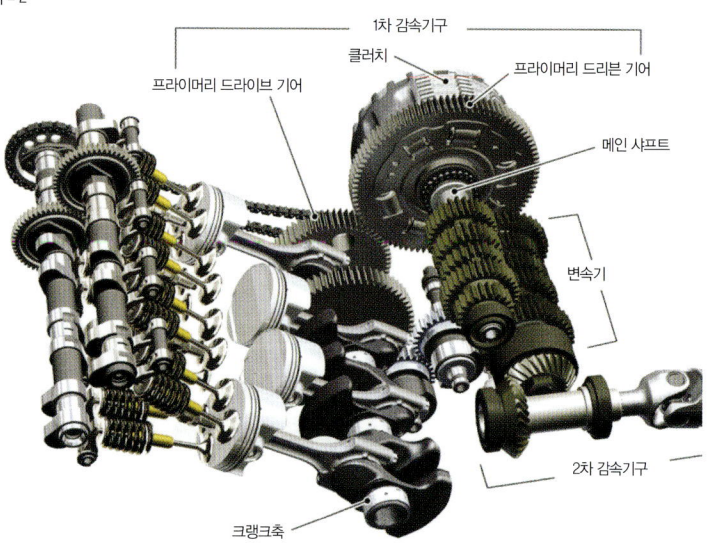

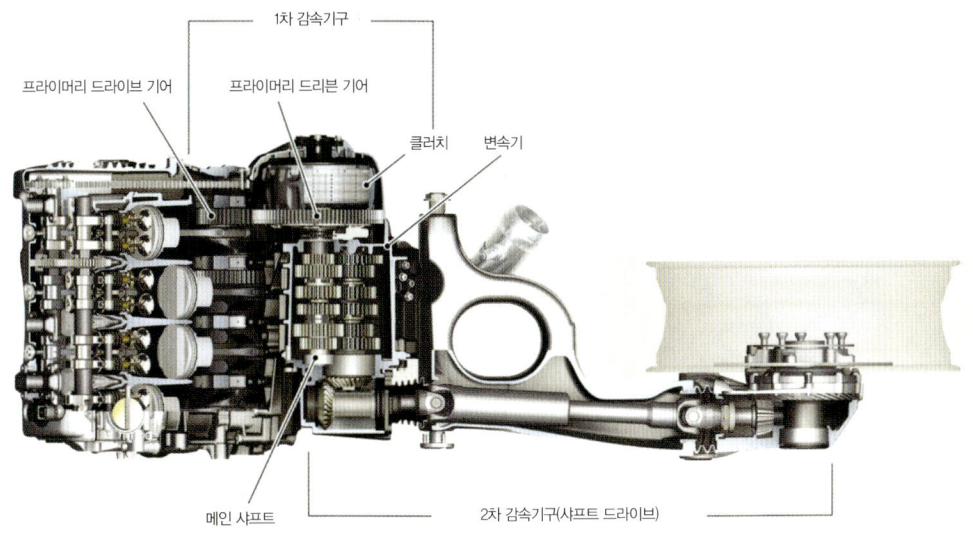

1차 감속기구

프라이머리 드라이브 기어　프라이머리 드리븐 기어

클러치　변속기

메인 샤프트

2차 감속기구(샤프트 드라이브)

▶ 동력이 전달되는 순서

크랭크축

크랭크축이 1000~10000 rpm 회전 해도 이대로 후륜을 구동해서 바이크를 움직이기는 어렵다.

1차 가속기구

크랭크축에 직결되어 있는 드라이브 기어를 통해 회전수를 낮춘다.

클러치

상황에 맞춰 변속기 직전에서 동력의 차단과 연결을 제어한다.

2차 감속기구

변속기를 거친 동력을 후륜에 전달하면서 다시 한 번 감속한다. 앞뒤 2개의 톱니바퀴로 최종 감속비가 정해진다.

변속기

기어의 조합을 바꾸어서 운전 상황에 맞는 토크가 나오도록 한다. 5~6단이 일반적이다.

◉ 구동계통의 기본

엔진이 발생한 회전력을 크랭크축을 통해 추출하는 것이 **1차 감속기구**, 그 동력 전달을 차단하면서 제어하는 것이 **클러치**, 감속비를 두 개의 기어 조합을 통해 알맞은 토크로 만드는 것이 **변속기(변속기)**, 체인이나 샤프트 드라이브로 후륜에 전달하는 것을 **2차 감속기구**라고 한다. 이것들이 한데 모인 장치를 **구동계통** 또는 **파워 트레인**이라고 부른다. 각각의 역할이나 구조는 다음 페이지부터 자세히 설명한다.

02 The **B**asic **S**tructure of **B**ikes
1차 감속 기구

크랭크축의 회전을 처음으로 감속하는 것이 1차 감속 기구이며, 고속으로 회전하는 회전력을 클러치 이전에서 우선 크게 감속시킨 후에 변속기로 전달한다. 감속함으로써 큰 토크를 얻을 수 있다. 기어식과 체인식 두 가지가 있다.

▶ 1차 감속 기구의 역할

크랭크축의 고속 회전을 클러치 이전에서 크게 감속시키는 것이 **1차 감속 기구**이며, 회전수를 대폭적으로 낮추는 이유는 클러치에 가해지는 부하를 줄이고 변속기에서 변속할 때에 발생하는 충격을 낮추기 위해서이다. 크랭크축에 직결되어 있는 기어를 **프라이머리 드라이브 기어**, 클러치 쪽 메인 샤프트에 연결되어 있는 것을 **프라이머리 드리븐 기어**라고 한다. 프라이머리 드리븐 기어는 클러치 하우징과 일체로 되어 있다.

▶ 기어식과 체인식

1차 감속 기구는 기어식이 가장 일반적이지만, 체인식이나 체인+기어식 등도 있으며, 기어식은 아담하고 고속회전에 유리하지만 기어끼리 접촉하는 소음을 줄이려면 가공비가 많이 들어서 비싸다. 체인식은 소음이 적고 조용하지만 기어식만큼 감속비를 크게 설정하기 어렵고 고속회전에는 다소 불리하다. 넓은 공간이 필요하고, 별도의 **프라이머리 체인 케이스**가 필요하기도 하다. 강력한 토크가 걸리는 **프라이머리 체인(1차 체인)**은 튼튼한 2중 체인이 사용되며, 정기적인 점검, 정비가 필요한다. 예전에는 벨트식(프라이머리 벨트)도 있었는데 윤활 등이 필요 없는 장점이 있지만 열이 많이 발생해서 그에 대한 대책이 필요하다.

▽ 체인식

사진은 별도의 프라이머리 체인 케이스를 엔진 좌측에 장착되어 있는 체인식이다. 체인은 내구성이 높은 2중 체인을 사용하며, 스프로킷에는 급격한 토크가 걸리더라도 스프링으로 완충하는 댐퍼 기구도 장착되어 있다. 이 댐퍼 덕분에 체인이나 변속기에 걸리는 부하가 줄어든다.

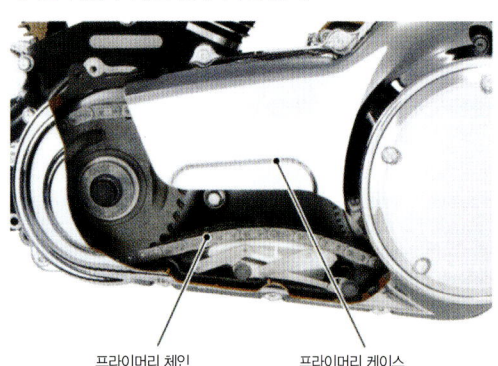

프라이머리 체인   프라이머리 케이스

▽ 기어식

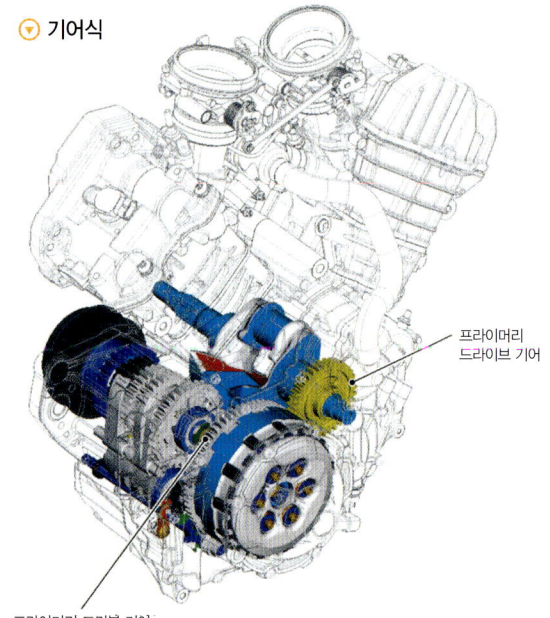

프라이머리 드라이브 기어

프라이머리 드리븐 기어

엔진이 발생한 회전력을 전달함과 동시에 감속도 하는 구동계통. 그 중에서도 가장 처음으로 회전수를 낮추는 것이 1차 감속 기구이며, 기어식은 고속회전에 유리하고, 체인식과는 달리 체인 유격 조정 등 정기적인 점검, 정비가 필요 없다. 엔진과 클러치, 변속기가 일체식으로 되어 있으며, 엔진 오일로 윤활 냉각이 된다.

03 클러치

The **B**asic **S**tructure of **B**ikes

엔진과 변속기 사이에 장착되어 발진, 정지, 변속시 등 엔진의 동력을 변속기에 전달하거나 차단하는 것이 클러치의 역할이다. 디스크를 누르거나 떼어 놓아 동력을 전달하거나 차단하는데 그 원리를 손바닥을 이용하여 알아본다.

◉ 클러치의 원리

엔진에서 발생한 회전력을 후륜에 전달하는 도중에서 끊거나 이어주는 역할을 하는 것이 **클러치**이며, 이 구조는 두 손바닥을 맞대어 보면 이해하기 편하다. 오른손을 엔진, 왼손을 변속기 그리고 손바닥을 클러치라고 가정할 경우 두 손바닥을 세게 맞대고 있는 상태가 바로 클러치가 연결되어 있는 상태이다. 강하게 맞댄 손바닥은 미끄러지지 않으므로 오른손을 비틀면 왼손도 함께 돌아간다. 즉 엔진의 회전력이 그대로 변속기로 전달된다. 반대로, 두 손바닥을 뗀 것이 클러치를 끊은 상태로 오른손을 움직여도 왼손은 움직이지 않는다. 클러치 레버를 당긴 상태가 바로 이것이다.

한편, 두 손바닥을 가볍게 대고 있는 상태가 **반클러치**이며, 맞대는 힘의 강약을 조절함에 따라 손바닥의 마찰력도 바뀐다. 오른손을 움직이면 손바닥이 조금씩 미끄러지면서도 왼손을 움직일 수 있다. 반클러치를 제대로 활용하면 섬세한 컨트롤이 가능해진다.

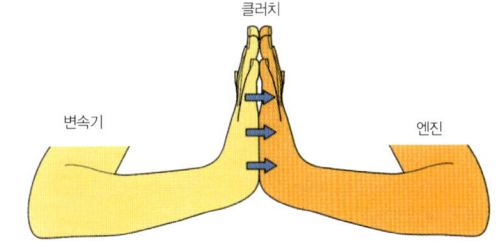

손바닥을 맞대고 있는 상태를 클러치가 연결된 상태라고 한다면, 왼손 엔진 동력은 변속기로 전달된다. 손바닥을 벌리면 동력이 차단된다. 오른쪽 손바닥이 프릭션 플레이트, 왼손이 클러치 플레이트이다.

◉ 클러치의 구조

엔진의 동력을 전달하는 쪽이 **프릭션 플레이트**, 변속기에서 받는 쪽이 **클러치 플레이트**, 이 둘을 밀착시키고 있는 것이 **클러치 스프링**이다. 평소에는 밀착되어 있어서 동력을 전달한다. 클러치 레버를 당기면 스프링이 눌려서 플레이트가 벌어지면서 동력이 차단된다.

◉ 엔진 동력을 변속기로 전달하는 동력 전달 장치 ●

클러치가 없다면 엔진과 후륜이 언제나 함께 돌 수밖에 없으므로, 후륜이 멈추면 엔진도 정지된다. 그래서 바이크를 멈추거나 출발시킬 때에는 클러치가 필요하다.

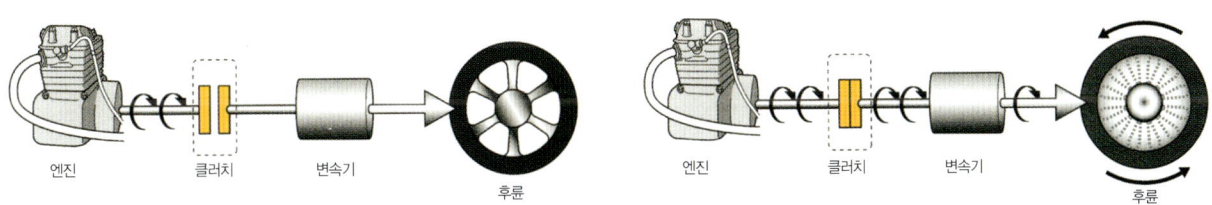

◉ 클러치의 구조와 작동 원리

바이크 엔진에 사용되는 **습식 다판 클러치**는 마찰재(코르크나 고무 몰딩)로 만들어진 **프릭션 플레이트**와 금속(동판이나 알루미늄)으로 만든 **클러치 플레이트**가 7~10장씩 서로 겹쳐 있는 구조이다. 프릭션 플레이트는 **클러치 하우징(클러치 셸)**, 클러치 디스크는 **클러치 보스(클러치 허브)**에 각각 들어있다. 클러치 하우징은 바깥쪽이 프라이머리 드리븐 기어 역할을 겸비하는 경우가 많고 언제나 크랭크축과 함께 회전한다.

한 장씩 겹쳐 있는 프릭션 플레이트와 클러치 디스크 바깥쪽에는 **프레셔 플레이트**가 있으며, **클러치 스프링**의 힘으로 프릭션 플레이트와 클러치 디스크를 밀착시키고 있다. 2장의 플레이트가 밀착함으로써 클러치 하우징과 클러치 보스가 일체가 되어 함께 회전하면서 엔진의 동력이 변속기로 전달된다.

클러치 레버를 당기면 **클러치 릴리스**가 **푸시로드**를 누르고, 푸시로드가 프레서 플레이트를 통해 클러치 스프링을 누른다. 스프링이 줄어들면서 2장의 플레이트가 밀착상태에서 해방되면 프릭션 플레이트와 클러치 디스크가 공회전 상태가 되면서 엔진의 동력이 차단된다.

프릭션 플레이트와 클러치 플레이트가 서로 겹쳐서 장착되어 있는 클러치의 단면도. 클러치 스프링의 힘으로 서로 밀착되어 있다.

▶ 습식다판 클러치

클러치 하우징

클러치 보스

프릭션 플레이트

클러치 플레이트

푸시로드

프레셔 플레이트

클러치 스프링

클러치 하우징(클러치 아우터)과 클러치 보스. 클러치 하우징의 바깥쪽은 프라이머리 드리븐 기어 역할을 겸비하는 경우가 많으며, 언제나 크랭크축과 함께 회전한다.

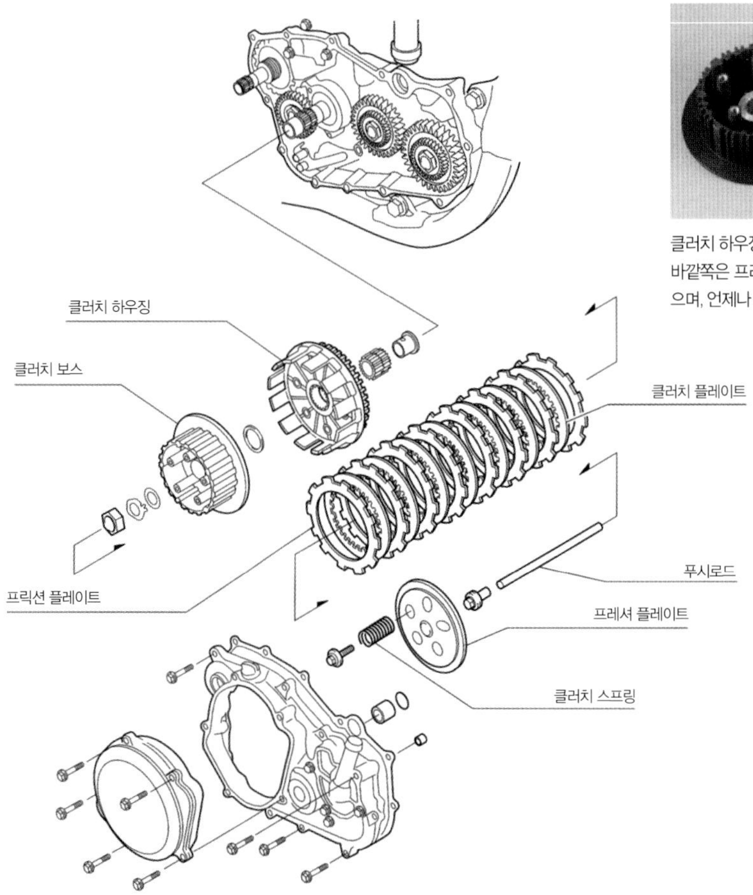

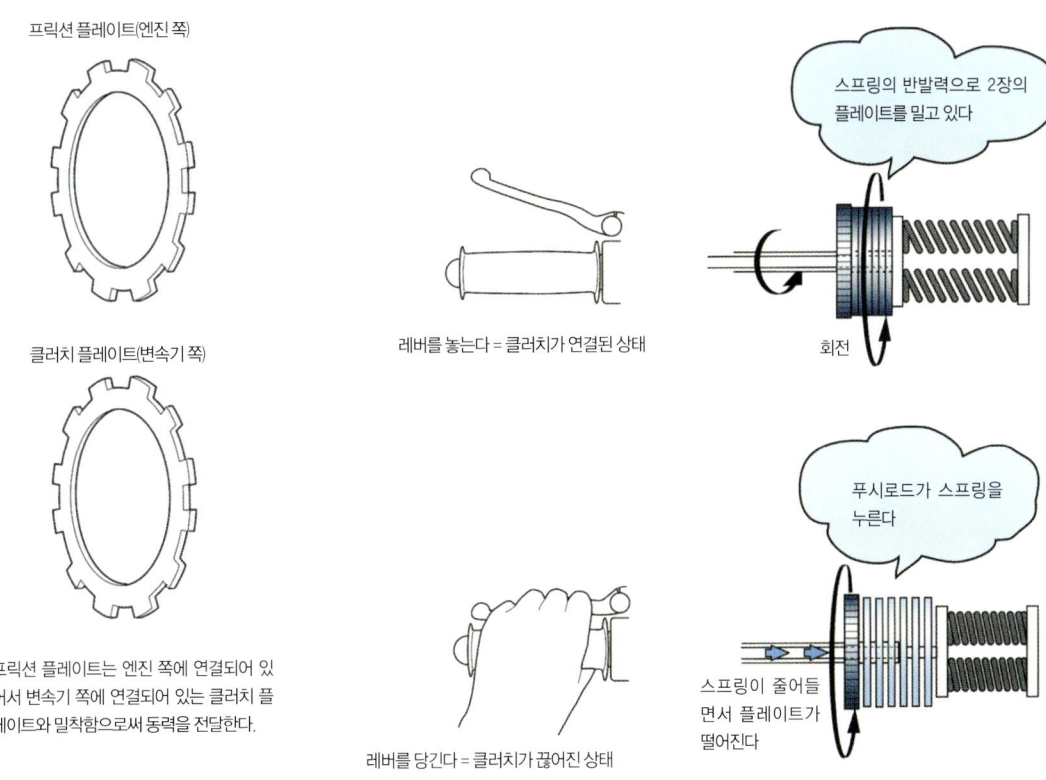

프릭션 플레이트(엔진 쪽)

클러치 플레이트(변속기 쪽)

프릭션 플레이트는 엔진 쪽에 연결되어 있어서 변속기 쪽에 연결되어 있는 클러치 플레이트와 밀착함으로써 동력을 전달한다.

레버를 놓는다 = 클러치가 연결된 상태

레버를 당긴다 = 클러치가 끊어진 상태

스프링의 반발력으로 2장의 플레이트를 밀고 있다

회전

푸시로드가 스프링을 누른다

스프링이 줄어들면서 플레이트가 떨어진다

2장의 플레이트를 떨어지고 동력은 전달되지 않는다

● 다양한 종류의 클러치

바이크 엔진에 사용되고 있는 클러치는 **다판식**과 **단판식**, **습식**과 **건식** 등이 있으며, 직경이 작은 클러치판으로 장수를 늘인 **습식 다판 클러치**가 가장 널리 사용된다. 클러치를 별도로 장착해서 전용 오일로 윤활하는 방식도 있지만, 일반적으로는 엔진이나 변속기와 일체식으로 되어 있는 경우가 대부분이며, 엔진 오일로 함께 윤활 냉각한다. 습식 다판 클러치는 크기가 작고 내구성이 높으며 소음도 적은 편이다.

구조적으로는 습식과 똑같은 **건식 다판 클러치**는 오일에 잠겨 있지 않으며 주행풍으로 냉각한다. 오일을 휘젓는 저항을 줄일 수 있으므로 레이싱 머신용 클러치에 많이 채택되는 방식이며, 동력 손실을 줄일 수 있는 장점이 있지만, 오일에 의한 댐퍼 효과가 없어서 작동감이 신경질 적이고 조작하는 데에 섬세함이 필요하다. 소음도 커서 근래의 소음규제 규정을 따르지 못해 시판차에 채택되는 예가 줄고 있다.

다판식은 일반적으로 공간의 제약이 크거나 레이아웃상 크랭크축 가로배치 엔진에 효과적이며, BMW나 모토굿지처럼 크랭크축이 세로로 배치된 엔진에는 자동차에서 흔히 사용하는 **건식 단판 클러치**를 사용하기도 한다.

클러치

습식 다판

플레이트가 오일에 잠겨 있으므로 마모가 적고 조용한 습식 다판. 다루기 편한 조작성, 우수한 냉각성 등 장점이 많다. 대부분의 바이크가 이 방식을 채택한다.

건식 단판

크랭크축이 차체 진행 방향으로 배치된 엔진에서 효과적인 방식. 클러치 용량을 확보하기 위해서는 그에 걸맞은 공간이 필요하다.

직경이 큰 디스크가 필요한 건식 단판 클러치

건식다판

오일 교반 저항이 없으므로 클러치의 조작감이 명쾌하고 동력 손실도 줄일 수 있는 건식다판. 반면에 소음이 크고 빈번한 정비가 필요하다.

◉ 유압식 클러치

일반적으로는 클러치 레버를 당기는 손가락의 힘을 와이어로 전달해서 클러치를 끊는 방식이 주류를 이루고 있는데, 레버의 힘을 유압으로 전달하는 **유압 클러치**도 증가되는 추세이다. 기계식(와이어식)에 비해 윤활 불량이나 조작 하중 변화 등이 없고, 작은 힘으로도 큰 용량의 클러치를 조작할 수 있는 장점이 있다. 구조가 복잡하고 제작 단가가 비싸다는 단점이 있다.

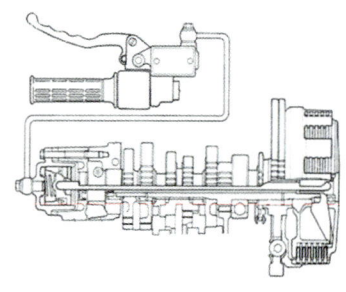

◉ 슬리퍼 클러치

시프트 다운이나 과도한 엔진 브레이크 때문에 후륜이 잠기거나 미끄러지는 경우가 있는데 이때에 자동으로 반클러치 상태를 만들어서 과도한 토크가 걸리지 않도록 미끄러지는 것이 **슬리퍼 클러치**이다. 클러치 스프링을 누르고 있는 프레서 플레이트에 캠 기구를 배치하여 동력이 전달되는 반대 방향, 즉 타이어가 엔진을 돌리는 힘(엔진 브레이크)이 일정 수준 이상으로 걸리면 클러치 스프링의 힘이 풀려서 플레이트가 미끄러지도록 되어 있다. 레이싱 머신에 채택되던 시스템이었지만 비오는 날이나 긴급회피시 등에도 차체 안정성을 유지할 수 있는 장점이 주목받으면서 이제는 시판차에도 채택되는 예가 증가되고 있다.

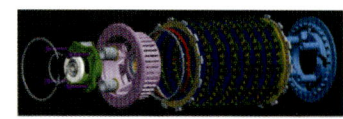

04 변속기

The **B**asic **S**tructure of **B**ikes

바이크는 평탄한 길을 시속 100킬로 이상으로 달릴 때도 있고, 급한 오르막을 시속 40킬로 이하로 달릴 때도 있다. 그래서 여러 개의 기어를 사용해서 엔진 회전수를 바꿔 상황에 맞는 힘을 쓸 수 있도록 하는 것이 변속기이다.

◉ 변속기의 역할

정지한 바이크를 출발시키거나 급한 오르막을 오를 때에는 큰 힘이 필요하며, 반대로 평탄한 길을 일정한 속도로 달릴 때에는 그다지 큰 힘을 필요하지 않다. 이처럼 바이크가 달릴 때에 필요한 힘은 주행 상황에 따라 변화한다. 그래서 엔진의 회전력(토크)을 주행 속도나 상황에 맞춰 변속(회전수를 변경)하는 것이 **변속기**의 역할이다. 여러 개의 기어를 바꿔 끼우면서 **변속비**를 바꾸거나 동력을 전달하지 않거나(중립) 한다.

멈춰 있는 바이크를 출발시키려면 감속비가 큰 기어를 사용하는데, 이것이 **로 기어(1단 기어)**이며, 차체가 움직이기 시작하면 속도에 따라 2단→3단→4단으로 조금씩 감속비가 작아지는 기어로 바꾼다(시프트 체인지). 이처럼 시내 주행에서 고속도로까지 다양한 상황에 맞춰 감속비를 변경하여 엔진 회전수와 구동력을 제어한다.

◉ 변속비

회전수를 바꾸면(변속하면) 토크를 바꿀 수 있다. 입력측 기어와 출력측 기어의 이빨 수 비율을 **변속비**라고 하며, 출력측을 1회전시키는 데에 입력측이 몇 회전하는가를 나타낸다. 기어로 변속을 하는 경우에는 변속비는 기어의 이빨 수 비율(기어 레이쇼)과 같다.

◉ 변속기의 역할

작은 변속비

일정한 속도로 주행할 때에는 작은 힘으로 OK

출발이나 가속할 때에는 큰 힘 필요

큰 변속비

⌃ 변속기

바이크는 천천히 달릴 때가 있는가 하면 시속 100킬로 이상의 고속으로 주행할 때도 있다. 엔진의 힘을 효율적으로 사용하기 위해서는 여러 종류의 변속비가 필요하다. 이런 변속비를 상황에 따라 바꾸는 장치를 변속기이라고 한다.

▶ 변속기의 구조

변속기는 크랭크축에서 1차 감속기구와 클러치를 거쳐 회전력을 전달받는 **메인 샤프트**와 이것을 후륜으로 전달하는 **드라이브 샤프트(카운터 샤프트)**가 평행으로 배치되어 있고 여기에 변속비가 다른 몇 조의 기어가 끼워져 있는 구조로 되어 있다. 바이크는 보통 4~6단 변속 단수를 채택하는데 이것은 샤프트에 4~6조의 기어가 들어 있다는 뜻이다.

상시 맞물림식이라 불리는 이 방식은 2개의 샤프트에 끼워져 있는 한 조의 기어가 언제나 맞물려 있으며, 서로 어긋나지 않는 한도 내에서 축 위를 옆으로 이동할 수 있다. 한 조를 이루는 기어는 한쪽이 샤프트에 고정되어 있고 나머지 한쪽이 샤프트 위에서 공회전하는 구조이다. **중립**일 때에는 모든 기어가 나란히 맞물려 있는 상태이며, 언제나 어느 쪽 기어가 공회전하므로 동력이 전달되지 않는 상태이다.

기어가 들어갈 때에는 체인지 페달 조작으로 **시프트 드럼**을 회전시켜 **시프트 포크**를 좌우로 슬라이드 시킨다. 시프트 포크는 샤프트에 고정되어 있는 기어를 움직여서 이웃에 있는 공회전 기어와 맞물리게 하여 동력을 전달한다. 슬라이드 하는 기어에는 **도그**라 불리는 돌기가 붙어있고 이웃의 기어에는 그 돌기가 들어가는 구멍이 마련되어 있다.

▶ 카세트식 변속기

아프릴리아 RSV4의 선진적인 카세트식 변속기. 일반적으로 미션 탈착 정비는 엔진을 차체에서 내린 다음에 크랭크축 케이스를 여는 큰 작업이지만, 카세트식이라면 엔진을 차체에 탑재한 상태로 측면에서 변속기를 통째로 꺼낼 수 있어서 작업 시간이 크게 단축된다. 레이스 사용을 전제로 정비성을 고려한 구조가 특징이다.

▶ 변속기의 구조

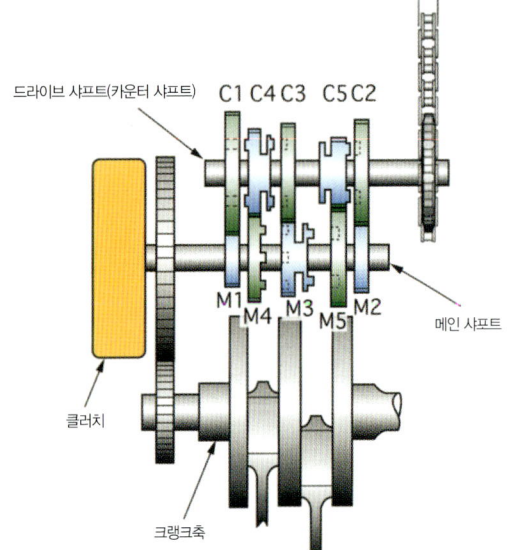

드라이브 샤프트(카운터 샤프트)

C1 C4 C3 C5 C2

M1 M3 M2
M4 M5

메인 샤프트

클러치

크랭크축

메인 샤프트는 작은 기어부터 M1, M2, M3…이라 세며, 카운터 샤프트는 큰 기어부터 C1, C2, C3…이라 센다. 샤프트 위를 이동할 수 있는 것은 시프트 포크와 연결되어 있는 기어만 가능하다. 좌측 그림에서 M1, M3, M2 그리고 C4, C5 기어는 각 샤프트의 홈에 맞물려 있다. 가령 3단의 경우 C4 기어가 옆으로 이동해서 도그가 C3 구멍에 들어가면 메인 샤프트 동력은 메인샤프트→M3 기어→C3 기어→C4 기어→카운트 샤프트의 경로로 동력이 전달된다.

⊙ 중립일 때

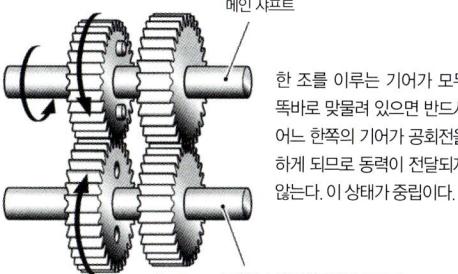

메인 샤프트

한 조를 이루는 기어가 모두 똑바로 맞물려 있으면 반드시 어느 한쪽의 기어가 공회전을 하게 되므로 동력이 전달되지 않는다. 이 상태가 중립이다.

드라이브 샤프트(카운터 샤프트)

⊙ 기어가 들어가 있을 때

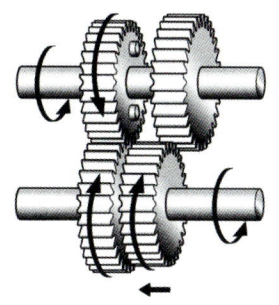

시프트 포크가 도그라 불리는 돌기가 달린 기어를 슬라이드 시켜서 옆에서 공회전하고 있는 기어에 연결한다. 그러면 필요한 경로의 기어에 동력이 전달된다.

● 시프트 드럼

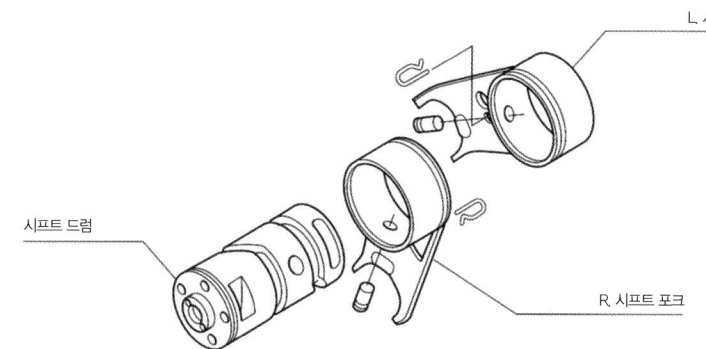

L 시프트 포크

시프트 드럼

R 시프트 포크

라이더가 시프트 페달을 조작하면 시프트 드럼이 회전하면서 시프트 포크가 이동한다. 시프트 포크는 변속할 때마다 회전하는 시프트 드럼에 파여 있는 홈을 따라 이동한다. 시프트 포크의 다른 끝은 기어 홈에 끼워져 있으므로 시프트 포크가 이동하면 기어도 함께 움직인다.

◉ 변속기의 조작

기어 체인지는 라이더가 시프트 페달을 왼발(옛날 영국 바이크에는 오른발 체인지도 있었다)로 조작함으로 이루어진다. 일반적인 **리턴식**은 1→N→2→3→4→5→6의 배치이며, 중립으로 할 경우에는 1단에서 가볍게 페달을 위로 올리거나 2단에서 가볍게 페달을 내려 밟는다.

N→1→2→3→4→N→1→2→3…처럼 시프트 위치에 끝이 없는 **로터리식**은 톱 기어에서 하나 더 시프트 업을 하면 중립에 들어가게 되는데 요즘의 바이크는 안전성을 배려해서 주행 중에는 톱기어 → 중립으로 가는 기어 체인지는 할 수 없도록 되어 있다.

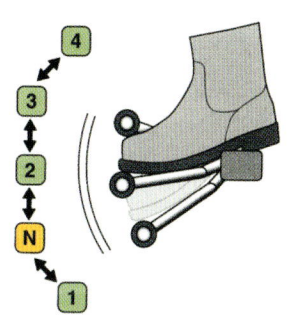

◉ 리턴식

출발할 때에는 시프트 페달을 밟아서 1단으로 넣고, 그 후부터는 2→3→4로 페달을 올리는 것이 리턴식이다. 레이싱 머신은 업다운이 역으로 되어 있는 것도 있다. 크루저는 시소 페달을 장착해서 페달 반대편을 발꿈치로 밟아서 기어를 올리는 모델도 있다. 신발의 발등에 상처가 나지 않는 장점이 있다.

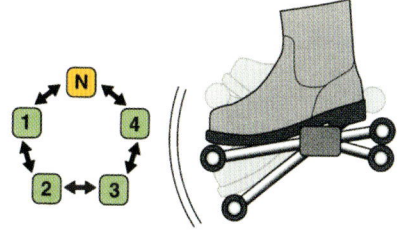

◉ 로터리식

N→1→2→3→4→N라는 순서로 엔드리스 기어 체인지가 가능한 것이 로터리식이다. 지금은 배기량이 적은 비즈니스 모델만이 채택하고 있다. 시소 페달을 장착하고 있는 경우가 많고 발끝과 발꿈치 두 부분으로 체인지를 할 수 있다.

▶ 별체식 변속기와 윤활유

변속기는 오일로 윤활, 냉각, 세정을 할 필요가 있는데 대부분의 바이크 엔진은 엔진과 일체식으로 되어 있어서 엔진 오일을 함께 사용하는 방식이다. 그러나 오일을 가솔린과 함께 연소시키는 2사이클 엔진이나, 일부 배기량이 큰 4사이클 엔진은 변속기 케이스를 별체식으로 마련해서 전용 변속기 오일(기어 오일)을 사용하는 예가 있다. 할리데이비슨의 경우는 빅트윈이라 불리는 시리즈 모델은 엔진, 프라이머리 케이스, 변속기가 각각 완전히 별체로 이루어져 있으며 각각 전용 오일이 들어 있다.

▶ 일체식

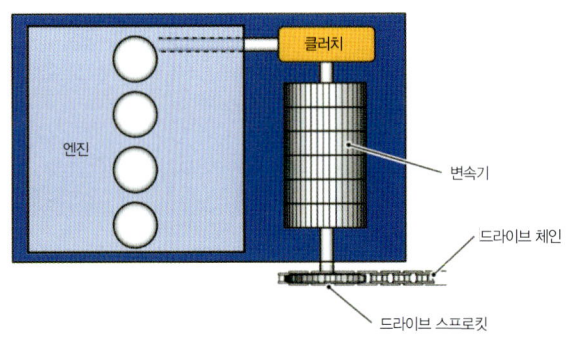

직렬 엔진 등 아담한 사이즈의 크랭크축 케이스를 채택하는 모델은 클러치와 변속기를 별도의 케이스에 수납하지 않고 엔진과 일체식으로 만들어서 가볍고 작다는 것이 장점이다. 윤활유는 엔진 오일을 함께 사용한다.

▶ 별체식(할리데이비슨의 경우)

▽ 빅트윈

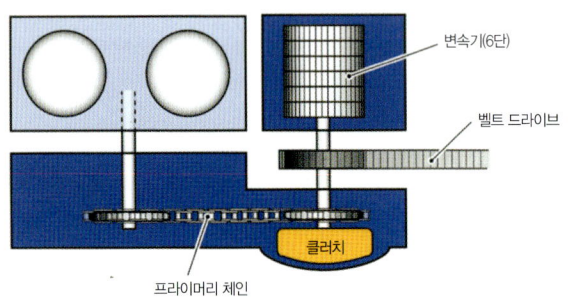

할리데이비슨의 배기량 큰 엔진인 빅트윈의 경우, 엔진, 프라이머리 체인 케이스, 변속기를 별체식으로 해서 윤활유도 각각 나뉘어 넣는다. 2차 감속기구는 벨트식이다.

▽ 스포스터

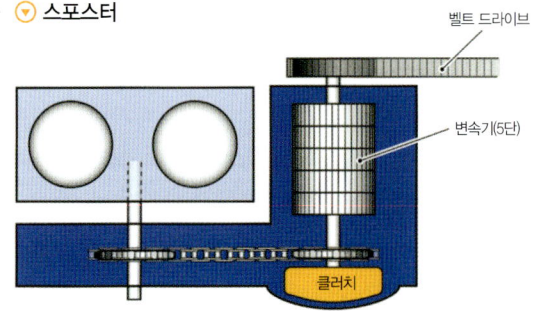

스포스터는 변속기와 프라이머리 체인 케이스는 일체식이며, 프라이머리의 반대편에 2차 감속 기구가 있다. 윤활유는 변속기와 프라이머리 체인 케이스가 함께 사용한다.

▶ 기어 빠짐 현상이란?

변속기의 기어는 측면에 있는 도그와 맞물려서 동력을 전달하는데 도그 모서리가 닳아서 둥글어지면 상대방 기어와 확실하게 맞물려 있기가 어려워져서 기어가 빠지는 경우가 발생하곤 한다. 시프트 포크의 마모나 변형, 스토퍼 레버나 스프링의 마모, 손상, 시프트 드럼 마모 등도 기어 빠짐 현상의 원인이 될 수 있다.

05

The Basic Structure of Bikes
2차 감속 기구

변속기를 거친 엔진의 동력을 구동륜인 후륜에 전달함과 동시에 최종적인 감속비를 결정하는 것이 2차감속기구(최종 감속기구)이다. 체인식, 벨트식, 샤프트 드라이브식 등 여러 종류가 있으며 각각 장단점이 있어서 모델 성격에 맞게 구분해서 사용한다.

● 체인 드라이브식

2차 감속기구 중에서도 가장 일반적인 것이 **체인 드라이브식**이다. 변속기의 드라이브 샤프트 끝에 장착된 **드라이브 스프로킷**과 리어 휠의 **드리븐 스프로킷**을 체인으로 연결해서 그 기어 비로 **최종 감속비**를 결정한다.

체인은 구조가 단순하고 가볍우며, 필요에 따라 끊어서 길이를 조절할 수 있는 등 장점이 많다. 마찰 손실이 적고 다른 방식에 비해 제작비가 저렴하다는 것도 장점이다. 단점이라면 최종 감속비를 너무 크게 설정하기 어렵다는 것과 체인이 늘어남에 따른 텐션 조절이나 급유 등 정기적인 정비가 필요하다는 점이지만 체인 자체의 성능이 크게 향상된 지금은 그 단점도 대부분 해소되고 있다.

드라이브 체인

▶ 체인 드라이브식의 구성

▶ X링 체인

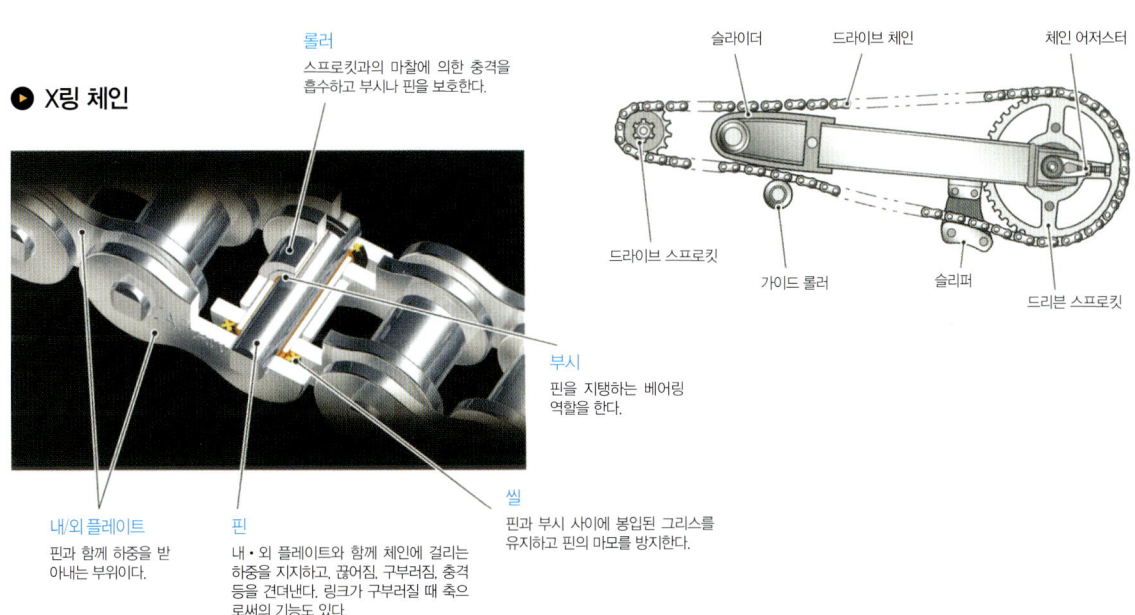

롤러
스프로킷과의 마찰에 의한 충격을 흡수하고 부시나 핀을 보호한다.

슬라이더　　　드라이브 체인　　　체인 어저스터

드라이브 스프로킷

가이드 롤러　　　슬리퍼

드리븐 스프로킷

부시
핀을 지탱하는 베어링 역할을 한다.

내/외 플레이트
핀과 함께 하중을 받아내는 부위이다.

핀
내·외 플레이트와 함께 체인에 걸리는 하중을 지지하고, 끊어짐, 구부러짐, 충격 등을 견뎌낸다. 링크가 구부러질 때 축으로써의 기능도 있다.

씰
핀과 부시 사이에 봉입된 그리스를 유지하고 핀의 마모를 방지한다.

◉ 실 체인

200마력에 육박하는 거대한 힘을 받아내고 시속 300킬로의 고속 주행에도 견디는 드라이브 체인의 비약적인 진보에 크게 공헌한 것이 **실 체인**이다. 조인트 핀과 부시 사이에 그리스를 채워 넣고 O링으로 새지 않도록 밀봉 처리해 놓았다. **O링 체인**이라고도 부른다. 조인트 핀의 마모와 늘어짐을 방지하고 드라이브 체인의 내구성을 비약적으로 향상시켰으며, O링을 X형상으로 만들어서 마찰 손실을 더욱 크게 줄이고 우수한 내마모성을 양립시킨 것이 **X링 체인**이다. O링이 플레이트에 눌려서 찌부러지는 것에 비해 X링은 비틀려서 플레이트 압력을 흡수하는 특징이 있다. X형상 사이에도 그리스를 주입할 수 있어서 스스로 윤활하는 기능이 있으며, 그리스 밀봉을 유지하고 이물 침입을 방지한다.

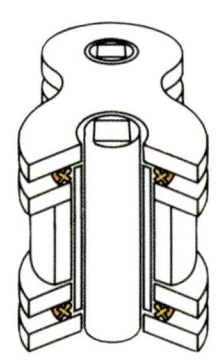

실 체인은 조인트 핀과 부시 사이에 그리스를 채워 넣고 실링 처리를 한 것이다. 근래에는 실을 O링 형상 말고 X형상으로 만든 X링 체인도 등장해서 내마모성이 더욱 향상되었고 저항 손실도 크게 줄었다.

◉ 체인 드라이브식

2차 감속 기구는 **체인 드라이브식** 외에도 **샤프트 드라이브식**이 있으며, 변속기에서 온 동력을 90도 방향을 바꾸어 받은 다음에 리어 타이어의 기어 박스에 전달한다. **스파이럴 베벨 기어**에 의해 방향을 직각으로 다시 바꾸고 리어 타이어를 구동하는 방식이다. 기어 박스에는 전용 오일이 들어 있어서 그 속의 기어는 언제나 오일로 윤활되어 내마모성이 우수하며, 체인 드라이브식보다 소음이 없고, 정비 기간이 길다는 것이 장점이다. 다만 무게가 무겁다는 것이 단점이다.

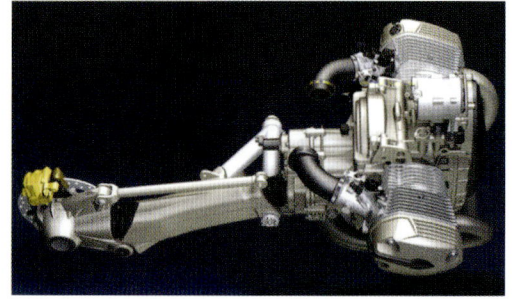

샤프트 드라이브식은 변속기에서 온 회전력을 90° 방향 전환해서 드라이브 샤프트를 거친 다음 다시 기어 박스 안의 베벨 기어로 회전 방향을 원래로 되돌린다. 유닛이 밀폐되어 있는 구조라 내부에 오일을 넣어두고 윤활, 방청할 수 있으며, 급유나 조정 등의 정비를 크게 줄일 수 있다. 무게가 많이 나가고 제작비가 비싸다는 것이 단점이다.

⦿ 벨트 드라이브식

체인 드라이브와 동일한 구조이지만 금속 체인 대신에 **코그드 벨트**를 사용하는 것이 **벨트 드라이브식**이다. 코그드 벨트는 폴리우레탄 등을 기본 소재로 유리섬유나 아라미드섬유 등을 배합해서 높은 강도를 확보하고 있으며, 수명은 체인 드라이브보다 길다. 벨트 안쪽에 요철이 나있어서 **풀리**라고 불리는 톱니바퀴와 맞물리게 되어 있으며, 한가닥짜리 벨트이기 때문에 금속 플레이트가 연결되어 있는 체인과는 달리 마모가 없고, 소음이나 충격도 매우 작다. 급유할 필요도 없으므로 정비하기도 수월하다. 체인 드라이브는 텐션(유격)을 비교적 크게 하여 모터크로서처럼 현가장치 스트로가 큰 경우라도 벗겨지거나 끊어질 걱정은 없지만 벨트 드라이브는 비교적 탄탄하게 텐션이 걸린 상태를 유지해야 하므로 현가장치 사이클에 따른 텐션 변화가 적은 모델에 어울린다고 할 수 있다. 체인과는 달리 잘라서 길이를 조정하거나 스프로킷을 변경해서 최종 감속비를 변경하지 못한다.

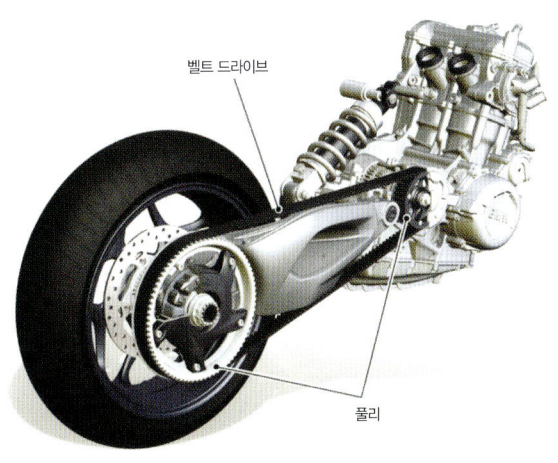

2차 감속기구가 후륜의 좌측, 우측 어느 쪽에 배치되는지는 엔진이나 변속기 등의 레이아웃에 따라 결정된다. BMW F800S/ST의 벨트 드라이브는 오른쪽이다.

⦿ 할리데이비슨의 벨트 드라이브

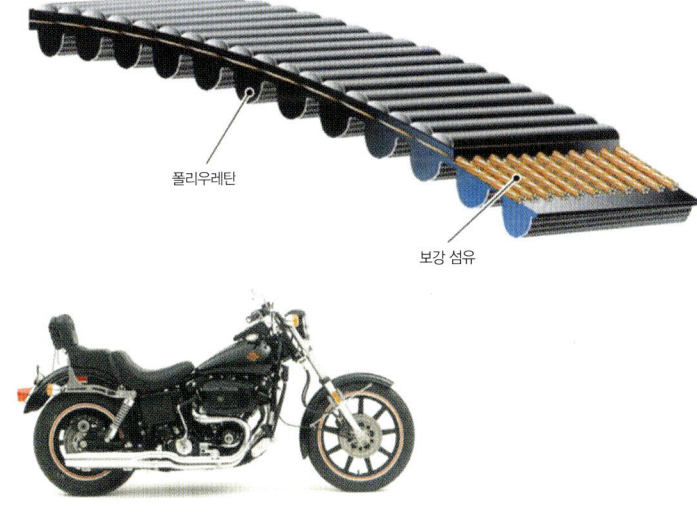

폴리우레탄

보강 섬유

할리데이비슨의 현행 모델은 전기종이 벨트 드라이브식을 채택하고 있다. 드라이브 체인과는 달리 급유할 필요가 없으므로 타이어 둘레가 깨끗하고 정비 시간도 크게 감소되었다. 승차감이 좋고 소음도 적다. 할리데이비슨이 벨트 드라이브를 처음으로 채택한 모델은 1980년의 FX 스터지스라는 모델이며, 당시에는 2차 감속 기구뿐 만 아니라 1차 감속 기구에도 벨트를 사용했는데, 프라이머리가 뜨거워지면서 마모에 의한 트러블이 발생되어 1차 감속 기구는 지금과 같은 체인이 쓰이게 되었다. 빅트윈 모델은 후륜의 왼쪽, 스포스터는 오른쪽에 벨트 드라이브가 설치되어 있다.

06

The Basic Structure of Bikes

스쿠터의 클러치와 미션

두 개의 풀리와 벨트 드라이브(V벨트)를 사용해서 무단계로 변속비를 바꿀 수 있는 것이 스쿠터에 채택되어 있는 V벨트식 무단 변속기이다. 자동 원심 클러치와 함께 클러치 조작을 생략해서 이음새 없는 매끄러운 가속을 실현하고 있다.

◉ V벨트식 무단 변속기

스쿠터에 쓰이는 **연속 가변 변속기**(Continuously Variable Transmission = CVT)는 엔진(크랭크축) 쪽과 후륜 쪽에 설치된 두 개의 풀리와 이것들을 연결하는 드라이브 벨트(V벨트)로 구성되는 **V벨트식 무단 변속기**가 일반적이다.

엔진 쪽 풀리를 **드라이브 풀리**, 후륜 쪽을 **드리븐 풀리**라고 부르며, 저속에서는 드라이브 풀리의 유효경을 작게, 고속에서는 크게 함으로서 감속비를 무단계로 자동으로 변경시킬 수 있다.

드라이브 벨트(V벨트)   원심 클러치

드라이브 풀리   드리븐 풀리

● V벨트식 무단 변속기의 구조와 작동 원리

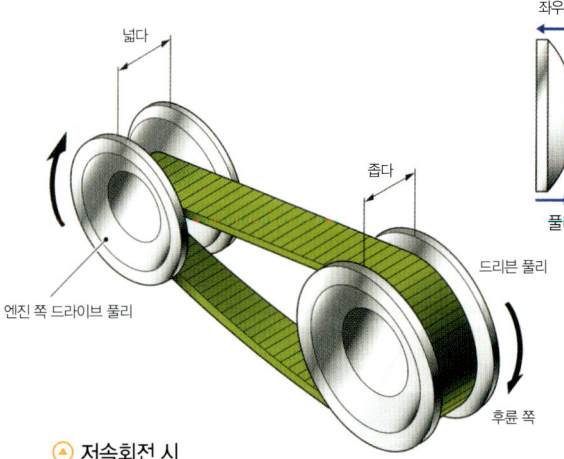

넓다

좁다

드리븐 풀리

엔진 쪽 드라이브 풀리

후륜 쪽

좌우로 벌어진다

풀리 단면도

⊙ 저속회전 시

엔진 쪽 드라이브 풀리는 저속 시에는 폭이 넓어져서 드라이브 벨트가 걸리는 부분의 직경이 작다. 후륜에 동력을 전달하는 드리븐 풀리는 그 반대로 폭이 좁아져서 벨트가 걸리는 직경이 크다.

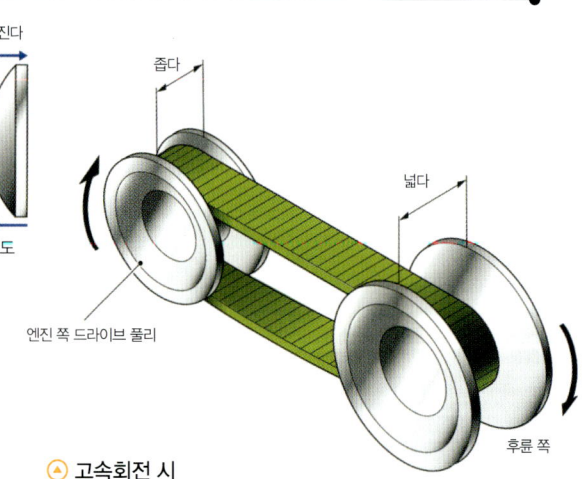

좁다

넓다

엔진 쪽 드라이브 풀리

후륜 쪽

⊙ 고속회전 시

고속회전이 되면 엔진 쪽 드라이브 풀리의 폭이 좁아져서 드라이브 벨트가 바깥쪽으로 이동한다. 후륜에 동력을 전달하는 드리븐 풀리는 그 반대로 폭이 넓어져서 벨트가 걸리는 직경이 작아진다.

◉ V벨트식 무단 변속기의 구조와 작동 원리

풀리는 같은 형상의 두 개의 원뿔이 꼭지점끼리 맞보고 있는 형태이며, 두 개의 원뿔은 원심력에 의해 거리가 바뀌면서 드라이브 벨트가 걸리는 부분(풀리의 유효 지름)을 자동으로 변화시킨다. 회전수를 높여 가면 드라이브 풀리 안쪽의 가이드에 내장되어 있는 추(웨이트 롤러)에 원심력이 걸리면서 바깥으로 이동한다. 웨이트 롤러가 바깥으로 이동함에 따라 두 개의 원뿔 간격이 좁아지면서 드라이브 벨트가 바깥쪽으로 밀려나가 벨트가 걸리는 유효 지름이 커지게 된다. 드라이브 벨트의 길이는 일정하므로 드라이브 풀리의 유효 지름이 커지게 되면 드리븐쪽 벨트는 안으로 밀려들어가 유효 지름이 작아진다. 이처럼 전후 풀리의 유효 지름을 변화시킴으로써 감속비를 서서히 작게 하여 매끄러운 무단 변속이 가능해진다.

드리븐 풀리   리어 현가장치

엔진 쪽 드라이브 풀리   벨트 드라이브(V벨트)   원심 클러치

스쿠터에 쓰이는 벨트식 무단 변속기(CVT)는 엔진 드라이브 풀리와 후륜쪽 드리븐 풀리를 V벨트로 연결해서 후륜(리어 현가장치)의 상하 운동과 함께 움직이는 리어 암에 들어있다.

◉ 야마하 Y.C.A.T

야마하는 100~125cc 모페드형 바이크의 자동 무단 변속기인 Y.C.A.T(Yamaha Compact Automatic Transmission)라 부르는 CVT 유닛을 실용화해서 베트남을 중심으로 동남아 지역용 모델에 채택하고 있다. Y.C.A.T는 스쿠터용 CVT를 소형화시킨 것으로, 엔진과 후륜 사이를 연결하던 변속 벨트를 엔진 안에 몰아넣음으로써 모페드형 차량 외관을 그대로 유지한 채 오토매틱화를 가능하게 한 시스템이다. 풀리 사이의 거리를 일반적인 스쿠터용 CVT에 비해 약 40%, 벨트 길이를 약 60% 단축시켜 엔진의 소형화에 기여한다. 기존의 모페드형 엔진과 거의 차이가 없는 크기의 크랭크축 케이스를 사용할 수 있게 되었다.

드라이브 체인   고탄성 내열 수지 벨트

스윙 암   드리븐 풀리   드라이브 풀리

Y.C.A.T 개발 배경

동남아 지역의 바이크 수요는 인도네시아, 베트남, 태국, 말레이시아, 필리핀 5개국 합계로 연간 1055만대(2009년)를 나타내고 있으며, 주력 모델은 100~125cc이다. 이중에는 CVT 모델(벨트식 무단 변속 오토매틱 스쿠터)의 인기가 날로 높아지고 있지만 한편으로는 기존의 모페드형 바이크(전후 17인치, 매뉴얼 변속기)도 인기가 꾸준하다. 안심감 있는 주행성, 화물 적재성 등 높은 실용성이 지지의 이유이며, 점유율은 약 60%를 차지한다. 한 대의 바이크를 한 가족이 함께 사용하는 경우도 많고, 모페드형 바이크의 오토매틱 화를 원하는 소리도 많다고 한다. Y.C.A.T는 이런 배경을 토대로 모페드형 바이크의 실용성, 주행성을 그대로 유지한 채로 오토매틱의 편리함을 갖춘 차세대 모페드를 위한 시스템으로 개발하였다.

고탄성 내열 수지 벨트
밸런서
피스톤
드라이브 풀리(알루미늄)
드리븐 풀리

CVT 시스템의 원리와 착안점

스쿠터용 CVT는 드라이브 풀리와 드리븐 풀리가 V벨트로 연결되어 리어 암 속에 들어 있다. 감속비를 무단계로 자동으로 변경하므로 매끄러운 주행성을 갖추어서 스쿠터용으로는 최적의 구동 방식이지만 벨트가 풀리와의 마찰로 열이 발생하기 때문에 냉각을 위해서는 벨트의 길이를 일정 이상으로 확보할 필요가 있었다. 야마하는 벨트의 소재와 구조, 풀리 특성에 착안점을 두고 소재와 작동원리에 대한 해석과 실주행 테스트를 거쳐 열에 대한 문제를 해결함으로써 크랭크축 케이스 안에 들어갈 정도로 아담한 CVT 유닛을 개발하는 데에 성공하였다.

Y.C.A.T의 특징

고탄성 내열 수지 벨트는 166개로 이루어진 블록(H형 단면)과 고무로 싸인 심선(아라미드)이 밀착하는 구조로 되어 있다. 수지 블록은 벨트와 풀리가 밀착하는 힘(측면의 힘)을 담당하고 심선은 벨트를 회전시키는 힘(구동력)을 담당하도록 역할을 분담함으로써 우수한 내구성(고무 벨트에 비해 약 2배)을 지니며, 탄력성에 의한 우수한 구동 응답성, 우수한 연비 성능에 공헌한다. 이 벨트에 맞춰 전용 풀리를 개발하였다. 고속회전 영역에서 전후 풀리는 벨트의 밀착으로 높은 부하가 걸려 냉각성이 요구되는데, Y.C.A.T는 엔진 쪽 드라이브 풀리를 알루미늄 다이캐스트로 제작하고 크롬 도금 처리로 충분한 강도를 확보하였다. 드리븐 풀리는 미크론 단위로 표면의 조도를 최적으로 설계한 스테인리스제를 채택하였다. 표면의 적절한 요철이 우수한 동력 전달성과 벨트 친화성을 갖추고 있다.

고탄성 내열 수지 벨트

고무(고탄성 내열 고무)
수지 블록
심선(아라미드)

◉ Y.C.A.T의 성능 안정화를 꾀하는 벨트실 설계

외기를 적극적으로 벨트실에 도입하고 벨트실 내에서 공기가 효율적으로 흐르도록 하여 벨트와 풀리의 냉각성을 촉진하도록 설계하였다. 별도의 냉각 장치 없이도 효율적으로 냉각성을 확보하였다. 흡배기 덕트 형상을 개선하여 흡기와 배기에 따른 소음도 최소화시켰다.

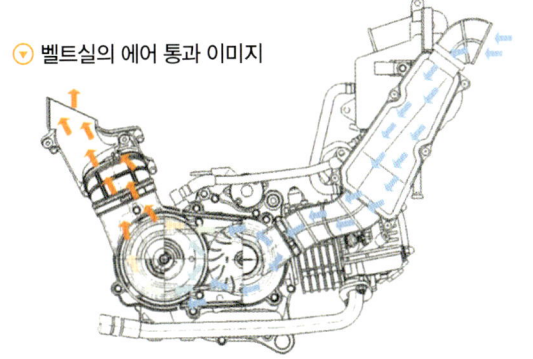

◉ 벨트실의 에어 통과 이미지

◉ 야마하 LEXAM

Y.C.A.T를 채택하는 115cc 야마하 LEXAM. 아세안 지역 모델이다.

Y.C.A.T의 특징
1. 기존의 스쿠터용 CVT로는 달성하지 못했던 아담한 구동 유닛
2. 차량의 설계 자유도 확대(시프트 페달 폐지에 따른 거주성 향상 등)
3. 고탄성 내열 수지 벨트의 우수한 응답성 달성. 전달 효율 향상(고무 벨트에 비해 20% 향상)

◉ 스즈키의 연료전지 스쿠터

스즈키는 연료전지를 동력으로 하는 콘셉트 모델 BURGMAN FUEL CELL SCOOTER(버그만 퓨얼 셀 스쿠터)를 2009년 도쿄모터쇼에서 선보였다. 연료전지란 **전지**라기 보다는 **방전장치**라는 표현이 더 정확한데 공기 중에 무한으로 존재하는 수소를 화학 반응시켜 전기 에너지를 얻고, 이산화탄소가 아닌 물을 배출한다. 콘셉트 모델에는 고체고분자형 연료전지를 시트 아래에 배치하고, 연료가 되는 700기압의 고압 수소탱크를 플로어 아래에 탑재하였다. 발전한 전기는 시트 아래의 리튬이온 배터리에 저장되고 구동은 교류 동기 모터로 이루어지는 시스템이다.

◉ BURGMAN FUEL CELL SCOOTER

자동 원심 클러치의 구조와 작동 원리

V벨트식 무단변속기(CVT)에서는 엔진(크랭크축)의 회전력(동력)은 벨트에 의해 드라이브 풀리로부터 드리븐 풀리로 전달되어 드리븐 플레이트와 함께 클러치 뭉치도 회전한다. **자동 원심 클러치 기구**는 드리븐 풀리(리어 타이어)에 내장되어 리어 휠 허브에 연결되어 있다. 드리븐 풀리와 함께 회전하는 **클러치 웨이트**에는 **클러치 슈**가 장착되어 있어 엔진의 회전이 낮을 때에는 스프링의 힘으로 고정되어 있지만 엔진의 회전이 상승됨에 따라 클러치 웨이트에 원심력이 발생하여 바깥쪽으로 벌어지려고 한다.

일정한 회전수를 넘으면(회전이 상승하여 차체를 출발시킬 수 있는 토크가 발생하면) 클러치 웨이트가 바깥쪽으로 벌어지려는 힘이 스프링 장력보다 커 클러치 슈가 **클러치 아우터** 안쪽(마찰면)에 밀착되어 회전력이 전달된다. 엔진 회전수가 내려가면 클러치 웨이트에 작용하는 원심력도 작아지므로 클러치 아우터와 접촉하고 있던 클러치 슈가 스프링의 힘으로 안쪽으로 당겨져 동력이 차단된다.

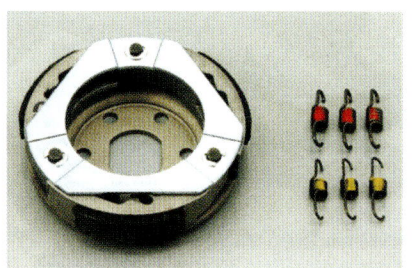

자동 원심 클러치의 클러치 어셈블리. 사진은 데이토나의 혼다 라이브 디오 ZX용 경량화 키트.

▶ 클러치가 끊어져 있는 상태(동력이 전달되고 있지 않은 상태)

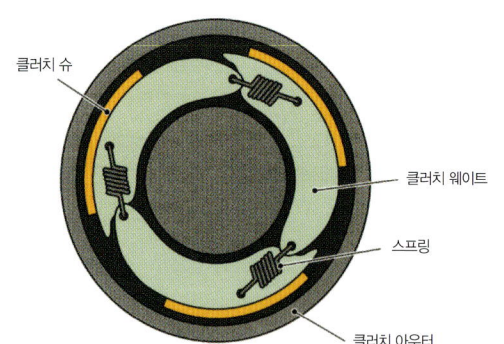

클러치 슈
클러치 웨이트
스프링
클러치 아우터

원심 클러치 3개의 스프링은 원을 그리 듯이 배치되어 있는 클러치 웨이트를 당기도록 설정되어 있다. 회전이 빨라지면 원심력이 클러치 웨이트를 바깥쪽으로 벌리려는 방향으로 작용한다.

▶ 클러치가 연결되어 있는 상태(동력이 전달되고 있는 상태)

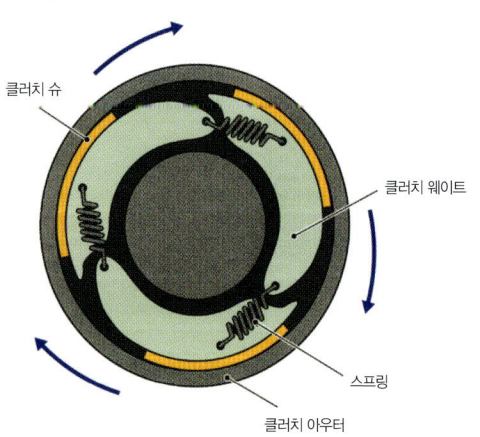

클러치 슈
클러치 웨이트
스프링
클러치 아우터

회전수가 일정 이상이 되면 클러치 웨이트가 벌어지려는 힘이 스프링 장력보다 커져 클러치 슈가 클러치 아우터 안쪽 면에 닿게 되고 이 마찰면을 통해서 회전이 전달된다.

엔진 회전수가 낮을 때(공회전 시)에는 클러치 웨이트에 걸리는 원심력이 작아서 회전이 전달되지 않은 상태를 유지한다. 스로틀을 열어서 풀리가 고속회전으로 돌수록 클러치 웨이트에 걸리는 원심력도 커지게 되어 클러치 슈가 바깥쪽으로 벌어지면서 클러치 이우터에 밀착하게 된다. 즉 클러치가 연결된 상태가 되어 엔진의 구동력이 후륜으로 전달되는 것이다.

▶ 혼다의 오토매틱 기술

1958년 혼다는 오토매틱 시대를 예고하듯 자동 원심 클러치 기구를 채택한 **슈퍼커브**를 발표하였다. 1977년에 등장한 스포츠 바이크 **에아라**(750㏄)는 대형 바이크 최초로 오토매틱 기구인 **토크 컨버터**를 탑재했으며, 1980년에 발표한 **택트**는 무단변속기 **V매틱**을 채택하였다.

▼ 1958년 슈퍼커브

▼ 1977년 에아라

▼ 1980년 택트

▶ CV 매틱

혼다는 2009년 기존 V벨트식 무단변속기를 보다 아담하게 만든 **CV 매틱**을 발표하였다. V벨트식 무단변속기 자체의 기본구조는 기존 스쿠터와 같지만 풀리의 축 간격을 약 반으로 줄여서 크랭크축 케이스 우측에 배치하였다. CV 매틱 엔진은 그 기본이 되는 매뉴얼 변속기(MT) 엔진에 비해 크기가 약간 클 뿐이라서 MT 엔진 프레임에 탑재 가능하며, 베이스 차량의 장점을 그대로 살리면서 오토매틱화 시킬 수가 있다.

▶ 1958년 슈퍼커브

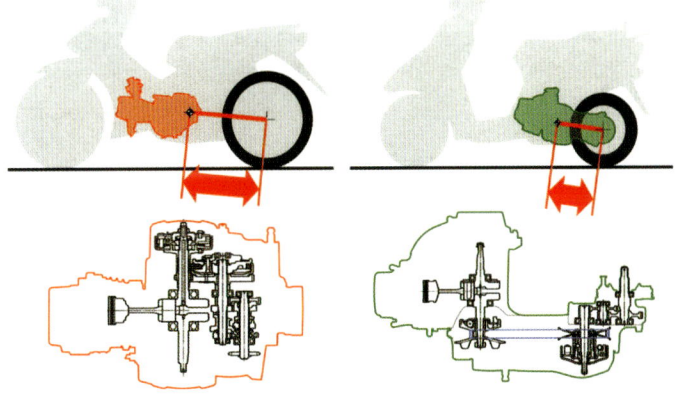

커브 타입은 엔진 탑재 위치로 스쿠터 타입에 비해 지름이 큰 휠을 선택할 수가 있다

▶ 커브 타입과 스쿠터 타입

커브 타입은 일반적인 바이크처럼 엔진에 원심 클러치와 변속기를 장착하고 체인 드라이브식 2차 감속기구를 채택하고 있지만, 스쿠터 타입은 스윙 암 유닛에 V벨트식 무단변속기가 들어 있고, 후륜 쪽에 원심 클러치를 갖추고 있다. 커브 타입의 장점은 스쿠터 타입에 비해 지름이 큰 타이어를 손쉽게 채택할 수 있다는 점으로써 동남아시아 등 신흥국가에서 험로주행에 큰 장점이 있다.

풀 오토매틱의 요망이 많았던 커브 타입에 도입된 CV 매틱 엔진. V벨트식 무단 변속기를 크랭크축 케이스 우측에 배치하고 있다.

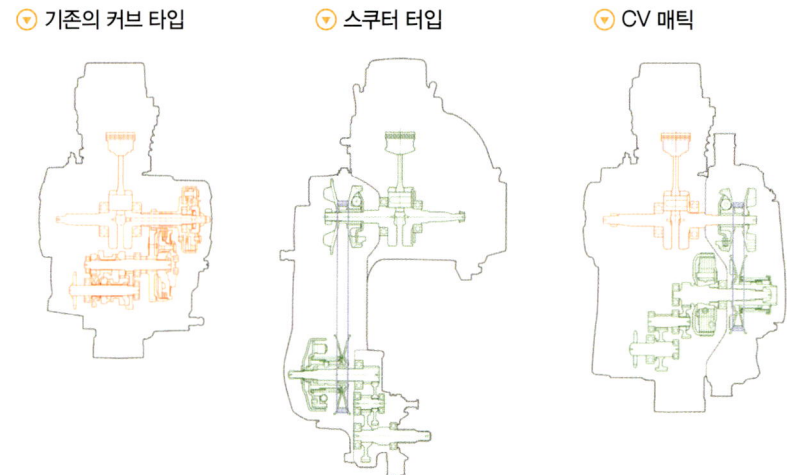

▽ 기존의 커브 타입   ▽ 스쿠터 터입   ▽ CV 매틱

● CV 매틱과 매뉴얼 미션

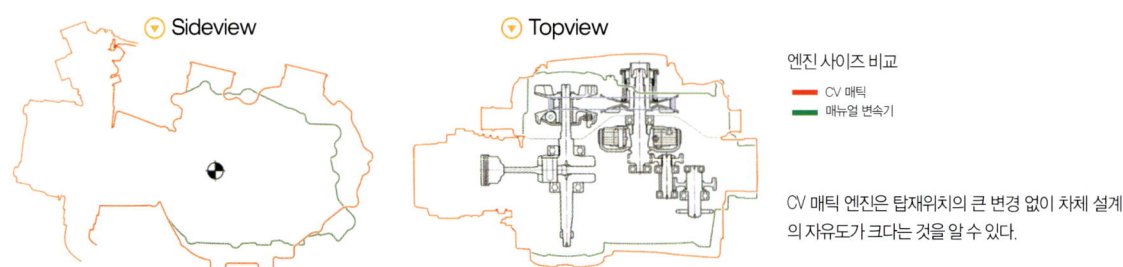

▽ Sideview   ▽ Topview

엔진 사이즈 비교
— CV 매틱
— 매뉴얼 변속기

CV 매틱 엔진은 탑재위치의 큰 변경 없이 차체 설계의 자유도가 크다는 것을 알 수 있다.

● 효과적인 냉각 관리

V벨트식 무단 변속기는 벨트와 풀리의 마찰열, 엔진 유온 등에 의해 변속기실 온도가 매우 높아진다. 축간을 짧게 해서 풀리와 벨트를 엔진 크랭크케이스에 탑재하는 CV 매틱의 경우는 기존의 V벨트식 무단 변속기보다 그 영향이 커서 변속기실의 냉각이 더욱 중요하다.

CV 매틱은 냉각 플레이트와 리브 형상 그리고 냉각구조를 개량함으로써 냉각풍을 변속기실 전체에 순환시켜 실내 온도를 낮추는 냉각구조를 채택하고 있다. 또한 주행풍에 닿기 편한 실린더 블록 측면에 소형 오일 쿨러를 장착해서 변속기실과 인접하는 오일 챔버의 오일을 적극적으로 냉각함으로써 변속기실 온도 상승을 억제한다. 이러한 변속기실의 효과적인 냉각은 변속기의 내구성 향상에 크게 기여한다.

냉각용 흡배기 덕트는 변속기실 상부에 배치해서 물이 많이 차는 도로 환경에서도 덕트가 수면 위에 있는 한은 변속기실에 물이 침입할 우려가 없고 벨트 슬립으로 인한 주행 불능 상태도 발생하지 않는다.

▲ 혼다의 CV 매틱

신개발 냉각 기구를 채택함으로써 드라이브 벨트에 발생하는 열에 대한 부하 문제를 해소시켰다. 벨트의 내구성을 확보하면서 드라이브 풀리와 드리븐 풀리 간격이 좁은 컴팩트한 구조를 실현하고 있다.

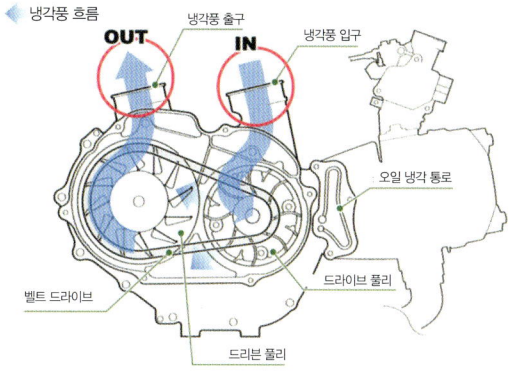

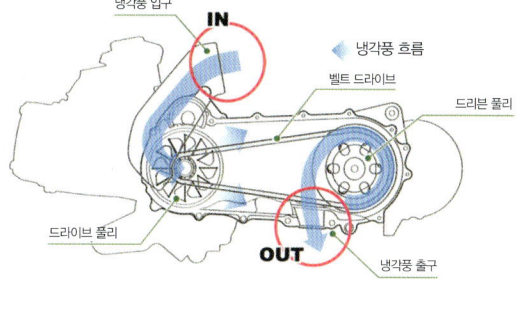

⊙ CV 매틱

외기를 위에서 빨아들여 위로 배출시키는 구조이므로 엔진이 물에 잠기더라도 덕트가 수면 위로만 나와 있다면 변속기실에 물이 들어갈 경우가 없고, 벨트 슬립 현상도 발생하지 않는다. 소형 오일 쿨러로 엔진 유온을 낮추므로 변속기실 온도 도 낮추고 있다.

⊙ 기존의 벨트 드라이브

외기를 위에서 빨아들여 밑으로 배출시키는 구조이므로 엔진이 물에 잠기면 아 래쪽 배기 덕트를 통해 침수가 발생하여 주행 불능 상태가 된다.

⊙ 내구성을 확보하는 습식 클러치

기존의 V벨트식 무단 변속기가 건식 원심 클러치를 사용하는 반면에, CV 매틱은 슈퍼 커브와 ATV 등에서 채택한 습식 타입을 채택함으로써 높은 내구성을 확보 하고 있다.

⊙ 내구성이 우수한 드라이브 벨트

드라이브 벨트가 짧아져서 굴곡 횟수가 늘어나는 문제에 대해서는 벨트 재질에 고탄성 고무를 사용함으로써 기존 스쿠터와 동등하거나 그 이상의 내구성을 갖 추었다.

⊙ 혼다 헌터커브 CT200(1964년)

1961년에 등장한 헌터커브(C100H)는 그 후 CT1100이라는 이름으로 수출전용으 로 생산되어 미국, 호주, 캐나다 등 세계 각국에서 인기를 끌게 된다.

⊙ 혼다 슈퍼커브 110

세계적인 자랑거리인 혼다 슈퍼커브는 1958년 8월 초대 모델 슈퍼커브 C100 이래로 지금까지 연 160개국 이상에서 생산되고 있으며, 전 세계인의 사랑을 받고 있는 롱셀러이 다. 수요가 있는 곳에서 생산한다는 혼다의 기업이념 하에 1961년 대만에서 녹다운 방식으로 생산을 개시해서 생산 거점을 확대해 오고 있으며, 2008년에는 커브 시리즈 생산 누계 6000만대를 달성하였다. 현재 전 세계 15개국 16개소에서 생산이 이루어지고 있다.

07

The Basic Structure of Bikes

엔진 시동 기구

외부에서 크랭크축을 돌려서 엔진을 시동시키는 장치가 엔진 시동 기구이다. 배터리의 전력으로 모터를 돌려서 스위치로 시동을 걸 수 있는 셀프식과, 발로 페달을 돌리는 킥식이 있다.

▶ 셀프식

직류 모터를 배터리 전기로 회전시켜 크랭크축에 연결되어 있는 기어들을 회전시킴으로써 엔진 시동을 거는 것이 **셀프식**이다. 배터리 성능이 좋아지고 소형화가 이루어진 지금은 배기량이 적은 바이크나 오프로드 바이크에도 표준으로 장착되는 경우가 많아지고 있다. 스쿠터부터 배기량이 큰 바이크까지 거의 모든 모델에 탑재된다.

시동 모터를 회전시키기 위해서는 큰 전류가 필요하므로 **스타터 릴레이(마그네틱 스위치)**라는 전자석을 사용하는 스위치가 배터리와 시동모터 사이에 설치되어 있다. 스타터 릴레이가 보내온 전류로 시동모터가 돌면 피니언 기어가 크랭크축에 연결되는 일련의 기어와 크랭크축이 회전하게 된다. 엔진이 시동되면 크랭크축 회전이 모터보다 빨라지게 되는데 **상시 맞물림 방식**에서는 감속 기어에 **원웨이 클러치(오버러닝 클러치)**가 설치되어 있어서 엔진이 모터를 돌리지 못하도록 한다. 또한 **솔레노이드**라는 연동 스위치를 사용해서 전자력으로 피니언 기어를 스타터 기어에 맞물리게 하는 방식도 있다.

▶ 셀프식의 작동 구조

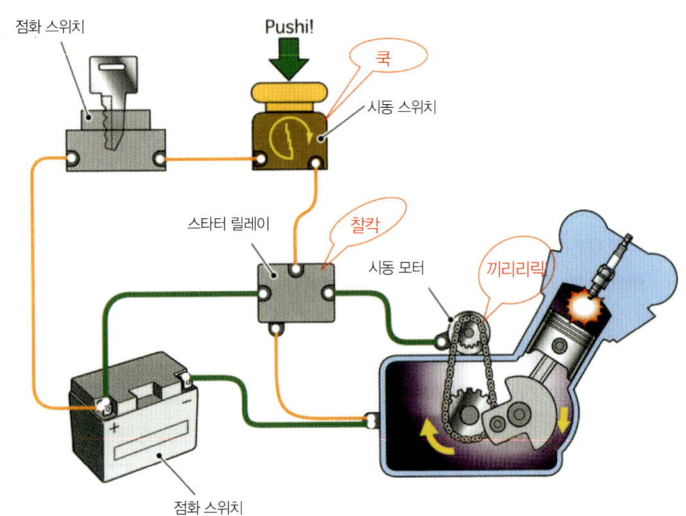

점화 스위치

Pushi!

쿡

시동 스위치

스타터 릴레이

찰칵

시동 모터

끼리리릭

점화 스위치

▶ 구동계통에 설치된 시동장치

셀프식이나 킥식이나 엔진 시동 장치는 크랭크축을 돌리는 구조인데, 어째서 변속기에 장착되어 있을까? 그 이유는 우선 공간적 제약이며, 킥 스타터나 시동 모터를 탑재할만한 공간이 엔진 내부에는 없다. 또 크랭크축을 돌리려면 큰 힘이 필요하기 때문에 감속된 기어를 돌리면 부하를 줄일 수 있다. 그렇다면 가장 좋은 건 변속기에 장착하는 것으로 클러치 아우터 드리븐 기어는 크기 때문에 여기에 시동 기어를 장착하면 작은 힘으로도 크랭크축을 돌릴 수 있다. 그렇게 생각한다면 리어 타이어를 돌려서 크랭크축을 돌릴 수도 있다는 것으로 바로 **밀어걸기**이다. 변속기의 2단이나 3단에 넣고 클러치를 당긴 채로 바이크를 밀다가 바이크에 속도가 붙었을 때에 클러치를 연결한다. 그러면 크랭크축이 돌아 엔진을 시동할 수 있으며, 무거운 바이크라도 내리막길을 이용하면 가능하다. 배터리가 방전되었을 때에 효과적인 방법이다.

▶ 킥 스타트

시동 모터가 등장하기 전까지는 **킥 스타트**가 일반적이었다. 시동 모터가 등장한 이후에도 2사이클 바이크나 배기량이 적은 스쿠터, 경량화가 중요한 오프로드 바이크 등에 채택되어 왔기만 최근의 모델은 거의가 시동 모터를 장착하고 있으며, 킥 스타터도 함께 채택하는 경우도 많다.

▶ 프라이머리식과 세컨더리식

현재의 바이크는 대부분이 **프라이머리식** 킥 스타터를 채택하고 있으며, 라이더가 킥 페달을 밟아 내리면 **킥 스타트 드라이브 기어**가 돌면서 아이들 기어를 거쳐 **프라이머리 드리븐 기어(클러치 아우터)**에 회전이 전달된다. 킥 페달의 회전력은 1차 감속기구를 역방향으로 돌려서 크랭크축을 회전시키는 구조이다.

한편, **세컨더리식**은 킥 페달의 회전이 아우터 튜브가 아닌, 변속기 드라이브 샤프트 쪽 1단 기어에 전달되어 메인 샤프트 1단 기어를 거쳐 클러치를 통해 1차 감속기구를 회전시킨다. 프라이머리식보다 부품수가 적다는 장점이 있지만, 킥 페달 회전력이 변속기를 거쳐 클러치에 전달되므로 클러치가 언제나 연결되어 있지 않으면 회전이 클러치에 전달되지 않는다. 즉, 프라이머리식은 중립 기어 외에도 클러치 레버를 당기면 엔진 시동이 가능하지만 세컨더리식은 기어가 중립에 있어야만 엔진 시동이 가능한 구조이다.

▶ 프라이머리식 킥 스타터

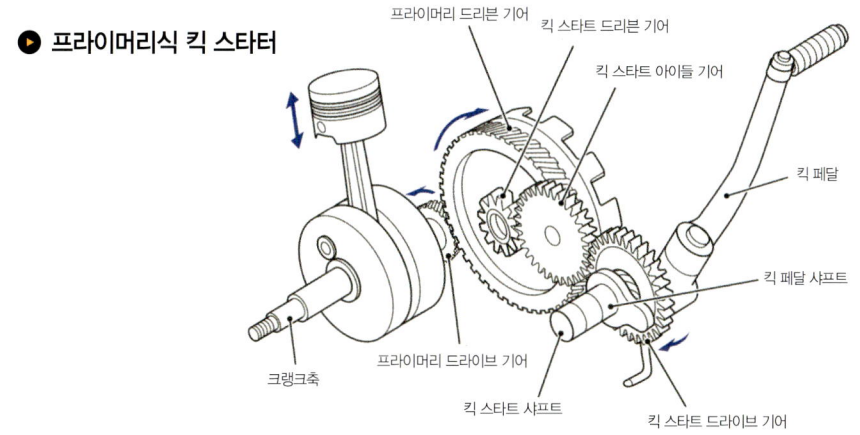

프라이머리 드리븐 기어
킥 스타트 드리븐 기어
킥 스타트 아이들 기어
킥 페달
킥 페달 샤프트
킥 스타트 샤프트
프라이머리 드라이브 기어
킥 스타트 드라이브 기어
크랭크축

▶ 킥 스타트 드라이브 기어

엔진이 시동된 후에도 킥 스타트 드라이브 기어가 크랭크축에 계속 연결되어 있다면 엔진이 킥 페달을 회전시키게 된다. 그래서 이를 막기 위해 드라이브 기어를 한쪽으로만 돌게 하는 래칫 기어나 원웨이 클러치 등을 사용하거나 드라이브 기어가 축 위에서 슬라이드해서 맞물린 기어를 떼어내는 구조를 채택한다.

▶ 디컴프레션 기구

압축비가 큰 엔진은 킥 페달을 밟아 내리기가 매우 힘이 들기 때문에 배기 밸브를 조금 열어서 압축된 혼합기를 일시적으로 빼서 킥 페달 조작을 편하게 하는 것이 **디컴프레션 기구**이다. **밸브 리프터**라 불리는 캠을 캠축 옆에 설치하여 전용 와이어로 이것을 조작한다. 컴프레션 레버를 사람이 조작하는 **수동식**과 킥 페달과 연동해서 작동하는 **자동식**이 있다.

08 The Basic Structure of Bikes
진화하는 변속기

보다 편안하고 쉽게 운전할 수 있도록 바이크나 자동차는 발전해 왔지만, 배기량이 큰 바이크는 아직도 MT가 주류를 이루고 있다. 그러나 최근에는 바이크의 매력을 희생시키지 않으면서도 이지 라이딩을 실현하는 새로운 기술이 등장하고 있다. 풀 오토매틱과 매뉴얼 변속기 감각의 두 가지를 즐길 수 있다.

▶ HFT(Human Friendly Transmission)

유압기계식 무단변속기 HFT(Human Friendly Transmission)는 하나의 축에 출발, 동력 전달, 변속 기능까지 지닌 무단 변속기이다. 그 기본 구성은 엔진 동력을 유압으로 변환하는 오일 펌프, 그 유압을 다시 동력으로 변환해서 출력하는 오일 모터로 이루어져 있으며, 각각 복수의 피스톤과 디스트리뷰터 밸브, 피스톤을 움직이는 사판, 출력축과 일체화된 실린더가 있다.

스쿠터에 탑재되는 벨트식 무단 변속기와는 달리 사이즈는 매뉴얼 변속기와 거의 같으며, 차체 디자인의 자유도가 높고, 다이렉트한 작동성과 우수한 응답성이 특징이다. 엔진 브레이크 기능도 있어서 바이크다운 스포츠성을 실현하고 있으며, 순항 시에는 록업 시스템이 작동하여 전달 효율의 손실을 억제하므로 연비 소비율 향상에 기여한다. HFT는 전자제어로 작동하므로 탑재하는 기종에 따라 변속특성을 자유롭게 프로그램화 할 수 있으며, HFT 탑재 모델인 혼다 DN-01(680cc 스포츠 크루저)은 변속 충격이 없는 매끄러운 가속으로 크루징에 적합한 **D모드**, 우수한 응답성으로 기민한 주행이 가능한 **S모드** 등 2가지의 풀오토 모드와 매뉴얼 변속기 감각의 주행이 가능한 **6단 매뉴얼 모드**를 선택할 수 있어서 라이더가 자기 뜻대로 바꿀 수 있다.

바이크의 설계도를 넓히는 아담한 유닛. DN-01은 크랭크축→HFT→중립/ 드라이브 전환부→카운터 샤프트→후륜으로 동력이 전달된다.

V형 2기통 680cc 엔진을 탑재하는 스포츠 크루저 DN-01은 클러치 조작이 필요 없고 간단한 조작만으로 스포티한 라이딩이 가능하다.

▶ HFT의 구조

크랭크축의 회전은 오일 펌프 외주의 톱니바퀴에 전달되어 유압이 발생되며, 이 유압을 오일 모터가 회전운동으로 변환해서 출력축에 전달한다. 오일 모터 출력은 전기 모터로 전자제어 하며, 붉은 부분은 오일 펌프, 푸른 부분은 오일 모터를 나타낸 것이다. 오일 펌프, 오일 모터는 각각 사판과 피스톤이 설치되어 있으며, 실린더에는 오일 펌프와 오일 모터의 피스톤이 삽입되어 있어서 출력 축과 일체화 구조를 이루고 있다. 펌프 사판은 고정되어 있고 모터 사판은 경사를 자유롭게 바꿀 수 있도록 되어 있다.

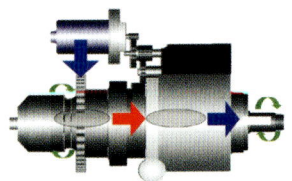

HFT 각부 명칭

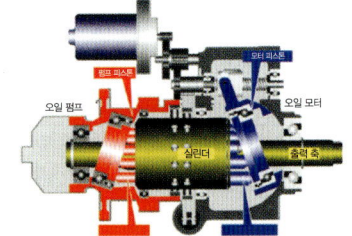

◉ 전자제어 시프트 컨트롤(HFT)

HFT의 변속은 전자제어로 이루어지며, 엔진 회전수와 스로틀 개도 등 다양한 정보를 ECU가 받아서 컨트롤 모터를 작동시킨다. 컨트롤 모터의 회전은 볼 나사로 직진운동으로 변환되어 모터 사판의 기울기를 변화시킨다.

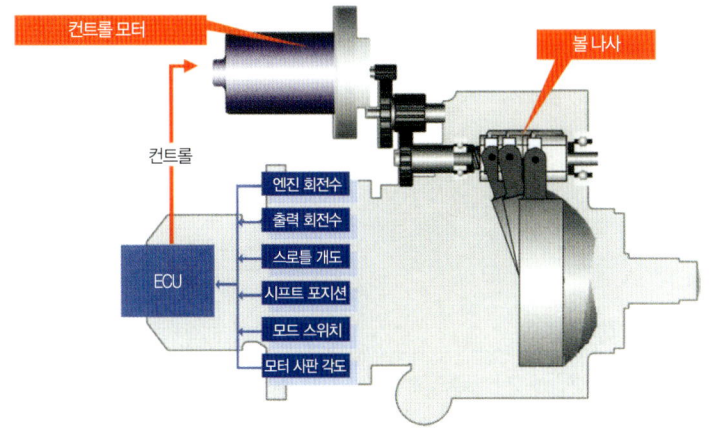

◉ 록업 시스템(HFT)

록업 시스템을 작동시키는 유압 액추에이터 제어도 전자제어로 이루어지며, 엔진 회전수, 출력 회전수, 사판 각도 등의 정보를 토대로 톱 레이쇼가 되었음을 판단하여 솔레노이드 밸브에 외부 오일 펌프로 유압을 전달하여 편심 링의 위치를 바꾼다.

◉ YCC-S의 구조

매뉴얼 변속기의 시프트 기구나 클러치 구조 등을 크게 바꾸지 않으면서도 기존의 왼손, 왼발로 조작하던 클러치의 시프트 조작을 각각 액추에이터로 실행시키는 것이 **YCC-S(Yamaha Chip Control Shift)**이다. 두 개의 전동식 액추에이터는 YCC-S 컨트롤러(ECU)에 의해 엔진 회전수, 차속, 스로틀 개도, 기어 포지션, 발이나 손으로 조작하는 시프트 스위치 신호의 입력으로 제어된다.

YCC-S를 탑재하는 야마하 FJR1300AS는 매뉴얼 미션 바이크임에도 불구하고 클러치 레버가 없다.

◉ 클러치 액추에이터

클러치 액추에이터는 차량 탑재성과 기존 모터사이클과의 공용화를 꾀하기 위해서 직접 구동이 아닌 DC 모터의 구동력을 유압 실린더 움직임으로 바꿔서 기존의 MT 차량과 동일한 유압 기구로 클러치 제어를 실시하는 시스템이다. 가볍고 아담하며, 엔진의 배면이나 차체 중앙 공간에 배치함으로써 바이크의 밸런스를 유지하고 질량 집중화에 기여한다.

클러치 레버가 없다

시프트 스위치

변속기

클러치

기어 포지션 센서

엔진 회전수, 스로틀 개도, 리어 휠 스피드 센서 등 각 센서로 수집한 정보

메인샤프트 스피드 센서

YCC-S ECU(32bit ECU)

시프트 액추에이터

클러치 액추에이터

5
4
3
2
1
N

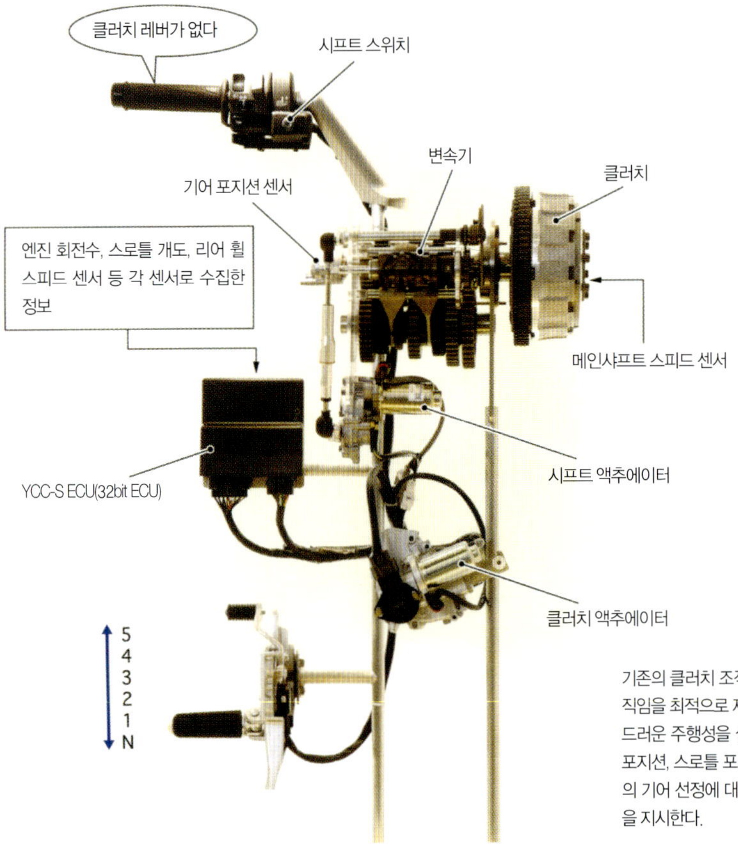

기존의 클러치 조작을 생략하고 엔진 회전수와 스로틀 개도에 따라 클러치 움직임을 최적으로 제어한다. 미속출발, 가속, 감속, 풀 가속 등 각 상황에 맞는 부드러운 주행성을 실현하며, YCC-S ECU는 주행 중인 엔진 회전수, 차속, 기어 포지션, 스로틀 포지션 센서 등으로부터 언제나 정보를 전달 받으면서 라이더의 기어 선정에 대해 순식간에 연산 처리를 실시하여 클러치와 시프트에 작동을 지시한다.

◉ 시프트 액추에이터

시프트 액추에이터는 모터의 출력을 감속기를 이용하여 출력 축에 전달하고 그 출력 축에 회전각도 센서를 설치하여 회전각 피드백을 실시한다. 시프트 체인지를 하고 싶을 경우에는 두 계통의 변속지령이 입력된다.

① 풋 시프트 스위치 : 일반적인 시프트 페달과 똑같이 생긴 페달로 변속 입력을 실시한다. 페달을 걸어 올리면 시프트 업, 밟아 내리면 시프트 다운이다.

② 핸드 시프트 스위치 : 왼쪽 그립의 시소 타입 스위치를 앞뒤로 누르면 시트 업/ 다운이 이루어진다.

핸드 시프트 스위치

풋 시프트 스위치

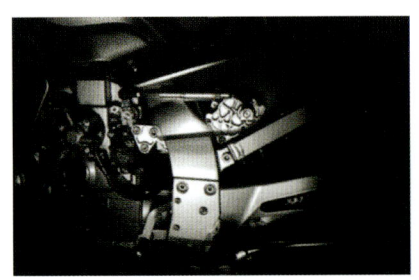

라이더의 조작하는 즐거움을 희생시키지 않기 위해서 자동변속 기능은 적용하지 않고 기어 체인지는 손이나 발로 실시한다. 시프트 액추에이터는 클러치 액추에이터와 기본 설계를 공유함으로써 제작 비용을 절감하고 있다.

YCC-S 컨트롤러(ECU)

YCC-S 제어 전용 컨트롤러는 엔진 제어 ECU와는 별개로 새롭게 제작하였다. 엔진 제어 ECU, ABS 제어 ECU와 정보를 공유해서 우수한 제어성을 실현하고 있다.

◉ YCC-S 운전 조작

엔진 시동 : 전후 브레이크를 건 상태에서 엔진 시동 스위치로 시동한다.

발진 : 1~5단 중에서 스로틀을 열어 엔진 회전수가 올라가면 컨트롤러가 자동으로 클러치를 연결해서 출발한다. 다만 너무 낮은 속도에서 2단 기어 이상으로 출발하려고 하면 계기반 기어 포지션 표시등이 깜박거리면서 1단으로 출발하도록 주의를 준다. 출발 시의 클러치 상태는 주로 엔진 회전수를 토대로 최적의 제어를 실시하므로 스로틀 조작으로 엔진 출력을 조정하면 미속 출발도 가능하다.

시프트 업 : 정차 중에는 중립에서 1단으로만 가능하지만 주행 중에는 1~5단까지 시프트 업 할 수 있다. 주행 중의 시프트 업은 엔진 제어 ECU와 협조해서 점화시기를 제어하므로 스로틀을 연 상태에서의 시프트 업도 가능하다.

시프트 다운 : 주행 중에는 1~5단으로 시프트 다운할 수 있으며, 중립에는 정차 중에만 할 수 있다. 클러치 회전수 차이를 반 클러치로 흡수함으로써 부드러운 시프트 다운이 가능하다.

정차 : 주행 중의 기어 단수에 관계없이 엔진이 멈추지 않도록 자동으로 클러치가 끊어진다. 다만 자동으로는 1단으로 시프트 다운 되지는 않으며, 1단이나 중립으로는 라이더가 조작해야 한다.

◉ 듀얼 클러치 변속기(DCT)

기존의 자동차용 듀얼 클러치 변속기(Dual Clutch Transmission)는 가로 배치 축 시스템의 경우에는 축 방향의 거리를 단축시키기가 곤란해서 출력 축 다축화 등로 대처하고 있다. 바이크의 경우는 자동차처럼 복잡한 구조의 듀얼 클러치 변속기를 탑재하기란 거의 불가능하고 차체를 기울였을 때에 필요한 뱅크 각 확보나 라이더의 다리와 간섭하는 등의 문제가 있어서 더욱 힘들었다. 혼다의 **듀얼 클러치 변속기(DCT)**는 기존의 매뉴얼 변속기를 베이스로 이러한 문제점들을 **메인 샤프트 이중화, 전용 설계 직렬 배치 클러치, 엔진 커버에 집약시킨 유압 회로** 등으로 해결하고 있다. 축 방향 연장을 최소한으로 억제하고 바이크로서의 시스템으로 완성시켰다. 시프트 기구도 독립된 시프터를 각각 직접 조작하는 자동차용과는 달리 바이크 시프트 드럼을 활용한 심플한 시스템을 개발하였다.

혼다 VFR1200F

◉ 듀얼 클러치 변속기의 구조

혼다의 듀얼 클러치 변속기는 이너 샤프트에 홀수단(1, 3, 5단)을 , 아우터 샤프트에 짝수단(2, 4, 6단)을 배열한 메인 샤프트를 채택하고 있다. 이너 샤프트와 아우터 샤프트는 각각 독립적인 클러치가 설치되어 있어서 두 클러치의 전환으로 신속하고도 충격이 없는 변속이 가능하다. 즉, 두 개의 변속기와 클러치를 서로 교대로 사용하는 구조로 기어 체인지에 소요되는 시간을 기존의 일반적인 클러치 변속보다 크게 줄일 수 있다.

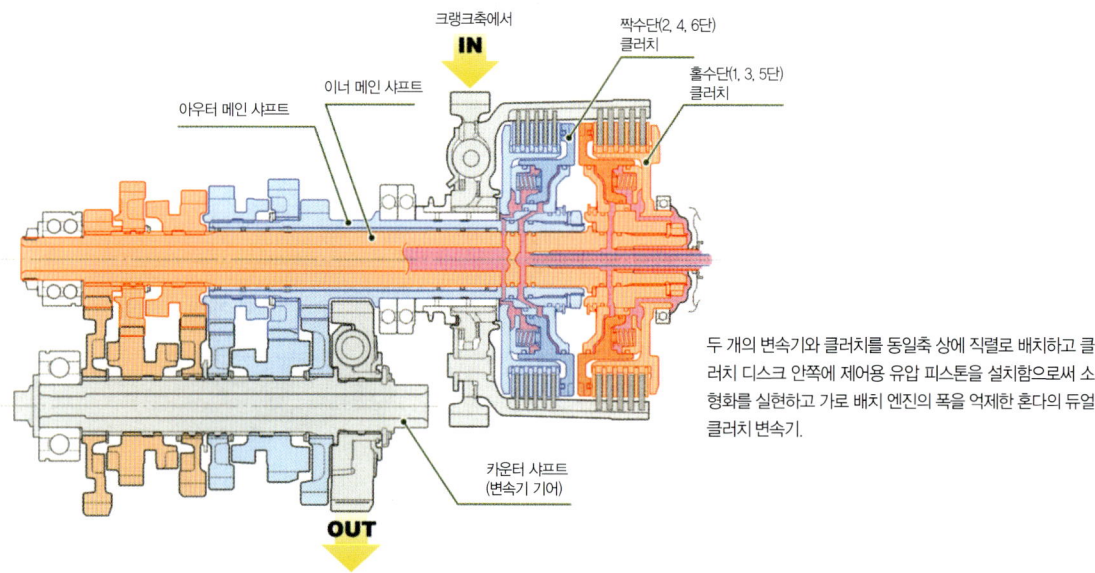

두 개의 변속기와 클러치를 동일축 상에 직렬로 배치하고 클러치 디스크 안쪽에 제어용 유압 피스톤을 설치함으로써 소형화를 실현하고 가로 배치 엔진의 폭을 억제한 혼다의 듀얼 클러치 변속기.

◉ 듀얼 클러치 변속기의 구조도

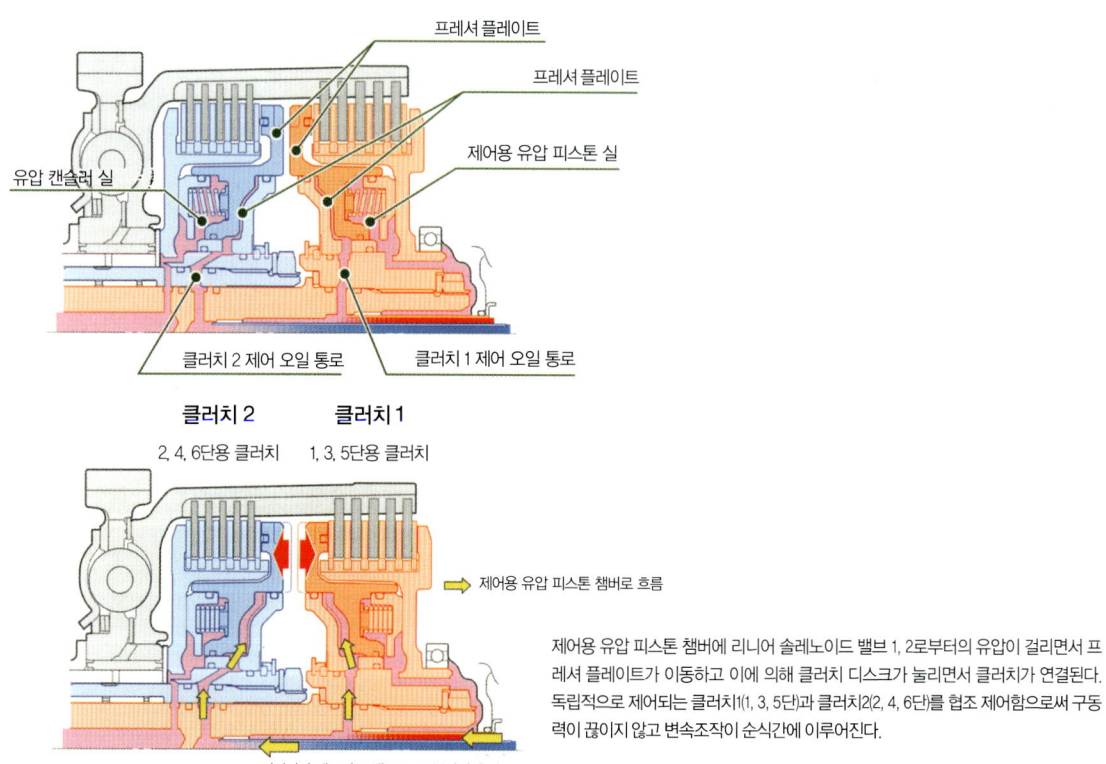

제어용 유압 피스톤 챔버에 리니어 솔레노이드 밸브 1, 2로부터의 유압이 걸리면서 프레셔 플레이트가 이동하고 이에 의해 클러치 디스크가 눌리면서 클러치가 연결된다. 독립적으로 제어되는 클러치1(1, 3, 5단)과 클러치2(2, 4, 6단)를 협조 제어함으로써 구동력이 끊기지 않고 변속조작이 순식간에 이루어진다.

◉ 경량 소형의 구조를 실현

리니어 솔레노이드 밸브 등의 클러치 제어 디바이스와 유압 회로를 모두 엔진 커버 안에 집약시킴으로써 경량 소형의 구조를 실현하고 있다. 두 개의 제어 디바이스로 각각의 클러치를 독립 제어함으로써 부드러운 발진과 충격 없는 변속이 가능하다.

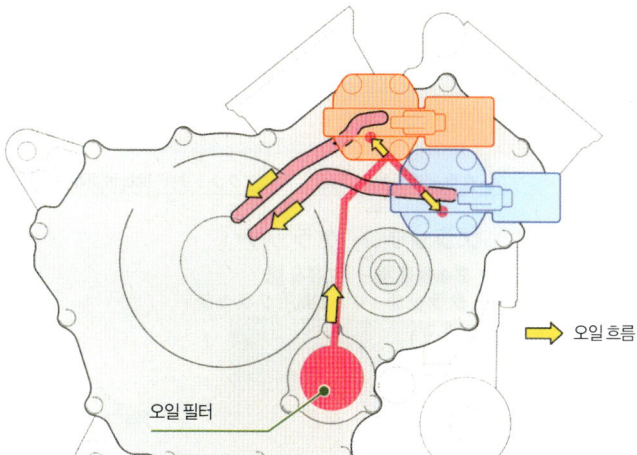

오일 흐름

오일 필터

◉ 시프트 기구

시프트 기구는 MT와 마찬가지로 시프트 드럼의 회전으로 기어를 작동하며, 시프트 드럼 회전은 모터로 이루어져 최적의 위치로 제어된다. 두 개의 클러치 전환은 하나의 시프트 드럼 회전으로 이루어지며, 기본 구조를 MT와 동일한 구조로 함으로써 심플, 경량, 소형의 시스템이 가능해졌다. 1단에서 2단으로 변속할 경우 컴퓨터가 변속을 검지하면 2단으로 예비 변속을 실시하고 2단 기어의 짝수단 측 클러치가 대기 상태에 들어간다. 1단 기어 홀수단 측 클러치를 차단함과 동시에 2단 기어의 클러치를 연결함으로써 변속 시 충격이 없는 변속을 실현한다.

핸들 좌측 그림의 시프트 조작은 물론 기존의 바이크처럼 왼발 시프트 조작으로도 변속기를 조작할 수 있다.

듀얼 클러치 변속기를 탑재한 혼다 VFR1200F. 유단 변속기의 구조이면서도 풀 오토매틱 시스템으로 다이렉트한 주행감을 만끽할 수 있다.

⊙ 듀얼 클러치 변속기 조작

시프트 조작은 핸들에 마련된 스위치로 실시하며, 주행 모드는 두 종류가 있어서 주행 상황에 따라 자동으로 시프트 조작이 이루어지는 **AT모드** 그리고 스위치로 기어를 시프트 할 수 있는 **MT모드**를 선택할 수 있다. 가령 **D모드** 맵은 연비 중시 주행부터 스포츠 주행까지 폭넓은 대응이 가능한 설정이며, **S모드**는 더욱 고속회전을 유지하는 스포츠 주행에 특화된 시프트 설정이다.

변속기와 클러치는 주행 중 프로그램 된 시프트 설정에 따라 전자제어로 이루어지며 중립 이외라면 몇 단 기어에 들어가 있더라도 D(S) 스위치를 조작하면 **D모드** 또는 **S모드**를 자유롭게 선택할 수 있다. 시프트 업/ 다운은 각각 시프트 스위치를 조작한다. 한 번 누를 때마다 한 단 씩 변속된다. **AT모드**에서 이 조작을 실시하면 자동적으로 **MT모드**로 전환되며, 정지하면 자동적으로 1단으로 되돌아간다.

ND DN 스위치 조작
AT/MT AT/MT 스위치 조작
Up/Down Up/Down 스위치 조작

⊙ AT/MT 선택식 전자제어 변속기

아프릴리아 MANA850 ABS는 AT/MT 선택식 전자제어 변속기를 적용한 스포츠 기어를 탑재하고 있으며, 핸들 바에 있는 스위치로 **오토 드라이브 모드**와 **시켄셜 모드**를 선택할 수 있다. 클러치 조작은 필요 없다. 오토 드라이브 모드는 노면의 상황이나 라이딩 스타일에 따라 선택할 수 있는 풀 오토매틱이며, 시켄셜 모드는 핸들 바의 스위치로 기어 체인지 할 수 있는 세미 오토매틱 시스템이다.

850cc 수냉 90° V형 엔진을 고강성 강관 트렐리스(격자) 구조 프레임에 탑재하고 있는 아프릴리아 MANA850 ABS.

바이크를 타고 있으면 어느 누구와도 금세 친구가 될 수 있다. 외국에 가서도 마찬가지이며, 자연스럽게 미소가 나온다.

멋진 친구들과 만날 수 있는 것은 모두 바이크 덕분

나는 바이크를 통해 알게 된 소중한 친구들이 많이 있다. 투어링을 함께 가거나, 모터크로스 경기에 출전하거나 때로는 핸들을 맥주잔으로 바꿔 잡고 바이크 없이 즐기는 경우도 있다. 내 친구들은 나이부터 직업, 성별, 사는 곳까지 모두 다르다. 부모님 정도로 나이 많은 사람이 있는가 하면 10대 여학생도 있다. 바이크가 없었더라면 서로 말을 주고받을 기회조차 없었을 지도 모른다.

바이크의 매력이란 달리거나 커스텀하는 것 외에도 이런 소중한 친구들과 만날 수 있게 해준다는 점을 잊지 말아야 한다. 고속도로 휴게소에서 맘에 드는 바이크를 발견했다면 스스럼없이 말을 걸 수도 있고 투어링에 나가서는 마주 오는 라이더들에게 손을 들어 인사도 한다. 때로는 어디 사는 누구인지도 모르는 사람과 함께 달리기도 한다. 이것은 전부 바이크가 이어준 멋진 인연이기 때문이다. 앞으로도 기분이 좋을 때에는 헬멧 실드를 올리고 오늘 날씨 참 좋네요!라며 신호등에서 옆에 선 라이더에게 인사를 건네고 싶다.

PART 09

차체/ 현가장치

바이크의 골격을 이루는 것이 프레임이다. 강도와 경량화가 동시에 요구되는 부분이라서
스포츠 모델은 알루미늄 소재가 일반적이지만, 일반적으로 철재 프레임도 훌륭한 역할이 되고 있다.
현가장치은 충격 완충 장치임과 동시에 차체와 차륜을 연결하는 장치이기도 하다.
프런트 포크는 조향 기구로서의 역할도 담당하고 있다.

01

프레임

차체 크기와 중량 등 바이크의 특성을 결정짓는 중요한 역할을 하는 프레임은 엔진과 현가장치, 전기장치 등을 탑재하거나 장착하기 위한 바이크의 골격이라고도 할 수 있는 중요한 부품이다.

◉ 강성과 유연성

고속으로 달리려고 하는데 프레임이 엿가락처럼 낭창거리면 불안해서 도저히 맘 놓고 달릴 수가 없다. 고속 주행에서는 프레임의 높은 강성(굽거나 휘지 않는 특성)이 필요하다. 그러나 프레임의 강성을 너무 높이면 코너링 특성이 까다로워지고 한계점도 내려가기 때문에 최근의 바이크는 다양한 주행 상황을 시뮬레이션하여 각 부분에 어떤 힘이 어느 방향으로 얼마나 걸리는지(얼마나 변형되는지)를 컴퓨터로 분석해서 프레임의 형상이나 소재, 각 부의 두께 등을 결정한다. 프레임 하나만 놓고 분석하는 것이 아니라 실제로 엔진을 탑재한 상태에서 종합적으로 분석하여 계산한다.

◉ 크레이들 프레임

스티어링 헤드 파이프와 **스윙 암 피벗**을 연결하는 **다운 튜브(언더 루프)**를 갖추고 있는 일반적인 형태의 프레임이 **크레이들 프레임**이다. 다운 튜브를 두 가닥으로 만든 **더블 크레이들 프레임**은 위아래 프레임이 엔진을 감싸듯이 파이프가 배열되어 네이키드 등에 즐겨 채택된다. 다운 튜브를 한 가닥짜리로 만든 것을 **싱글 크레이들 프레임**, 도중에서 두 가닥으로 나뉘는 것을 **세미 더블 크레이들 프레임**이라고 부르며, 강성은 조금 낮아지지만 가볍게 만들 수 있다는 장점이 있다. 오프로드 바이크나 배기량이 적은 모델에 주로 사용되며, 소재는 철을 사용하는 경우가 대부분이다.

◉ 더블 크레이들 프레임의 각부 명칭과 역할

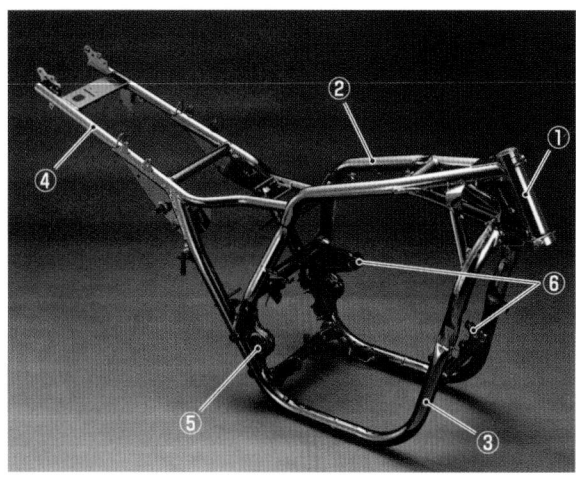

① 스티어링 헤드 파이프 : 프런트 포크를 장착하기 위한 스템 등 조향 기구를 장착하는 부분이다. 스티어링 샤프트가 이곳을 관통해서 핸들이 좌우로 꺾인다.

② 메인 튜브(메인 프레임) : 엔진 위를 지나는 프레임의 중요한 부분이다. 프레임의 강도를 결정짓는 중요한 부위로 파이프는 한 가닥으로 제작되는 경우도 있다.

③ 다운 튜브 : 헤드 파이프와 스윙 암 피벗을 연결하면서 엔진 아래쪽을 고정하는 파이프이다. 엔진을 내리기 쉽도록 떼어낼 수 있는 구조를 취하는 경우가 많다.

④ 시트 레일(서브 프레임) : 시트나 브레이크 램프 등을 장착하는 부분이며, 떼어낼 수 있는 구조도 있다. 리어 현가장치를 장착하는 부분이므로 높은 강성이 필요하다.

⑤ 스윙암 피벗 : 스윙 암을 지지하는 부분이다. 큰 하중이 집중되는 곳이라 높은 강성이 요구된다. 이 피벗을 중심으로 스윙 암이 회전 운동을 한다.

⑥ 엔진 마운트 : 볼트나 너트 등으로 엔진을 고정시키는 부분이다. 진동을 줄이기 위해 러버(고무)를 끼우기도 하는데 이것을 러버 마운트라고 하며, 직접 고정하는 방식을 리지드 마운트라고 부른다.

⊙ 다이아몬드 프레임/ 백 본 프레임

엔진 하부를 지지하는 다운 튜브 없이 엔진 자체를 프레임 일부로 활용하는 방식이 **다이아몬드 프레임** 또는 **백 본 프레임**이다. 설계하기가 매우 편리하며 배기량이 적은 모델에 쓰이는 철재 프레임은 제작비가 싸고 가볍다는 장점이 있다. 다운 튜브를 생략한 구성의 설계 방침은 프레임 소재를 철에서 알루미늄으로 바꿈으로써 강성과 경량화를 확보하게 되었고 **알루미늄 트윈 스파 프레임**으로 진화하게 되었다. 제조사에 따라서는 프레임에 독자적인 이름을 붙여 **트윈 스파 프레임** 또는 **델타 박스 프레임** 등으로 부르지만 제원표의 프레임 형식에는 **백 본 방식** 또는 **다이아몬드 방식**이라고 표기한다.

1984년에 등장한 가와사키 GPZ900R은 최고출력 115ps라는 당시로는 톱클래스 고출력 엔진을 탑재하고 있었다. 프레임은 하이텐션 스틸(고장력 철강)로 만든 다이아몬드 프레임을 채택해서 소형, 경량화에 공헌했다.

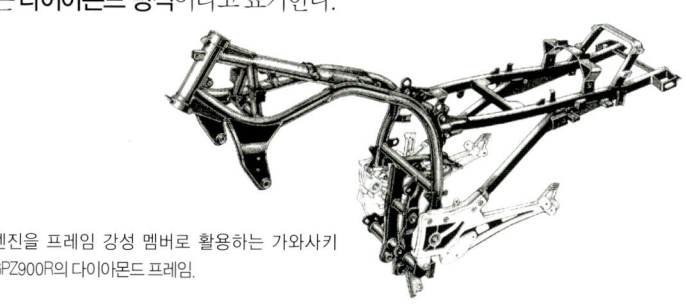

엔진을 프레임 강성 멤버로 활용하는 가와사키 GPZ900R의 다이아몬드 프레임.

백 본 프레임은 배기량이 적은 모델에 많이 채택된다. 혼다 닥스(1995년)는 50cc 엔진이 달린 작고 앙증맞은 개성적인 스타일링이 큰 인기를 끌었다.

⊙ 트러스 프레임

가는 파이프를 사용해서 메인 프레임을 프레스 구조로 만들어 경량화와 고강성을 양립한 것이 **트러스 프레임**이며, 각 부에 걸리는 하중을 분산시키면서 흡수하고 적절한 유연성도 얻을 수 있다. 파이프의 굵기나 두께를 조정하거나 크로스 멤버를 추가하는 것이 비교적 쉬우며, 강성의 밸런스를 자유롭게 설계할 수 있다는 장점이 있다. 그러나 용접 부위가 많아서 제작 단가가 비싸고 대량 생산에는 적합하지 않다. 예전부터 줄곧 이 프레임을 채택해온 두카티는 세계 최고봉 모토GP 클래스에 참전하는 레이싱 머신에도 이것을 도입했고, 2007년에는 알루미늄 트윈 스파 프레임을 채택하는 수많은 바이크를 누르고 챔피언을 획득하는 등 높은 마력을 과시했다. 지금은 여러 제조사에서 트러스 프레임을 채택하고 있으며, 소재를 알루미늄으로 제작하는 경우도 많다.

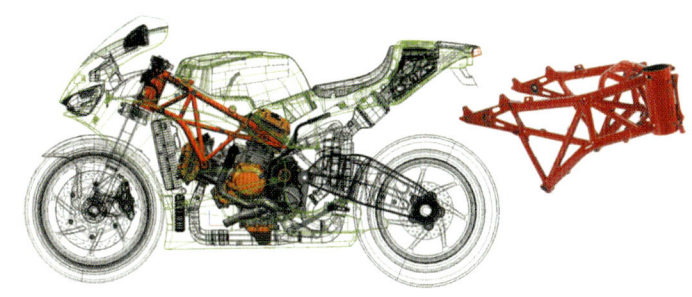

두카티 1098의 트러스 프레임. 엔진에 스윙 암을 장착하는 구조이다.

▶ 엔진을 강성 구조물의 일부로 활용하는 트러스 프레임. 두카티나 아프릴리아, 스포츠 바이크에도 채택되고 있다. 사진은 아프릴리아 MANA850.

▶ 혼다 VTR의 트러스 프레임. 크랭크축 케이스를 지점으로 스윙 암을 장착함으로써 후륜의 진동을 억제하고 유연한 승차감을 얻는데 성공하였다.

◉ 진화를 계속하는 알루미늄 프레임

로드 스포츠 모델의 프레임 진화에는 레이스가 크게 관여하고 있으며, 레이스에서 승리하기 위해서는 엔진 출력뿐만 아니라 고속에서의 조종성과 안정성, 선회성 등 종합적인 운동 성능이 요구된다. 그래서 각 제조사는 프레임 강성을 향상시키는 노력을 게을리 하지 않는데 1980년대 들어서 알루미늄이 프레임 소재로 채택됨에 따라 시판용 바이크도 이것을 답습하게 되었다.(첫 등장은 1983년의 스즈키 RG250 감마)

처음에는 철재 파이프를 알루미늄으로 대체했을 뿐인 더블 크레이들 방식이었지만 야마하는 1983년 워크스 머신 YZR500이 사용하고 있던 알루미늄 트윈 스파 프레임을 1985년에 판매한 TZR250에 처음으로 채택하였다. 그 구성은 엔진과 연료탱크를 그대로 감싸는 듯한 둥그렇게 굽은 트윈 튜브 프레임 방식이었고 엔진을 강성 구조물로 활용하는 설계 방침과 사상은 지금의 알루미늄 트윈 스파 프레임과 일맥상통하는 레이아웃이었다.

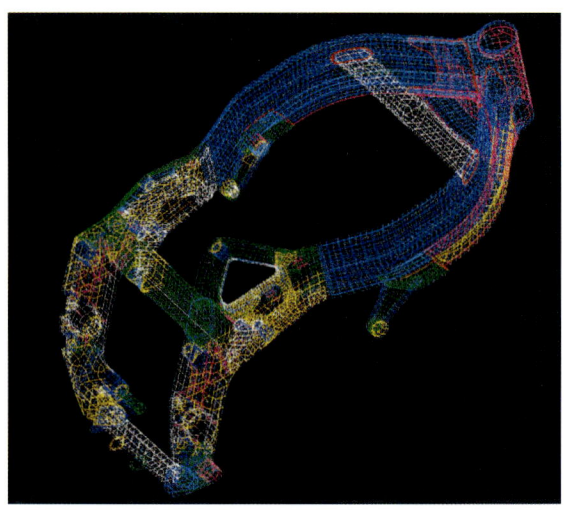

두 가닥의 메인 프레임은 프레스 형성한 알루미늄 패널을 안팎에서 맞물리도록 용접하거나 알루미늄 합금제 압출 성형재를 세로로 길죽한 각 단면으로 만드는 등 부위에 따라 단면 형상을 자유롭게 변화시킬 수 있다. 단면을 날 일자, 눈 목자 구조로 함으로써 비틀림 강성을 높였으며, 그 후에도 진화를 계속해서 지금은 **알루미늄 트윈 스파 프레임** 또는 **델타 박스 프레임**, **백 본 트윈 튜브 프레임** 등 각 제조사마다 독자적인 이름으로 불리면서 경량화와 고강성을 양립시키기 위해 구조역학을 철저히 추구해 왔다. 튼튼함과 유연함을 높은 차원에서 이룩하고 있는 프레임으로 진화가 이루어졌다.

1983년 스즈키 RG250 감마는 시판차 최초로 알루미늄 더블 크레이들 프레임을 채택하였다.

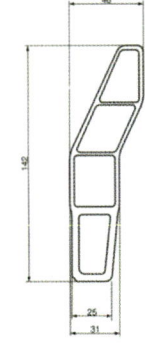
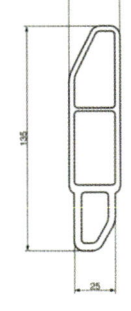

단면을 날 일자나 눈 목자 구조로 함으로써 메인 프레임의 강성을 높였다.

1980년대에는 50cc마저 트윈 튜브 알루미늄 프레임을 도입하였다. 사진은 혼다 NSR50(1987년).

1986년에는 알루미늄 트윈 스파 프레임의 레이서 RS250R을 그대로 답습한 혼다 NSR250R이 등장하였다.

● 알루미늄 트윈 스파 프레임

엔진과 연료탱크를 그대로 감싸듯이 크게 굽은 형상을 하고 있는 알루미늄 트윈 튜브 프레임은 고강도 스티어링 헤드 등에 의해 높은 강성을 실현했을 뿐만 아니라 알루미늄 다이캐스트(고압 주조 알루미늄)재의 두께를 얇게 만들어서 경량화를 추구하고 있다. 기술에 진보로 엔진의 크기가 작아진 지금은 프레임 설계의 자유도가 크게 향상되어 엔진을 중심에 가까운 위치에 탑재할 수 있게 되었고 연료 탱크도 가능한 한 아래쪽에 장착함으로써 질량 집중화를 추구할 수 있다. 더 나아가 중심 자체를 자연스런 응답성을 얻을 수 있는 위치에 맞춰서 라이더의 주행 감각과 바이크의 움직임이 일체감을 이루도록 고차원의 조종성을 획득하였다.

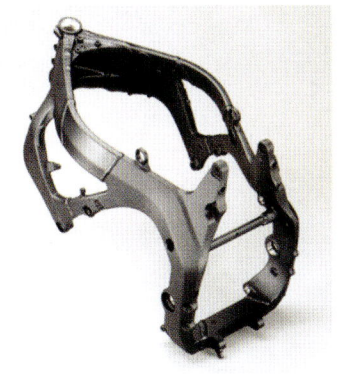

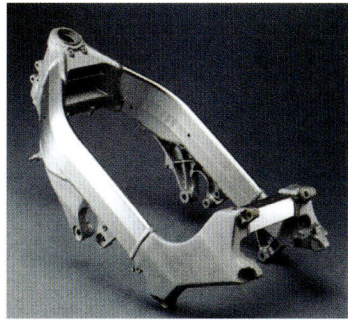

1990년대의 알루미늄 트윈 스파 프레임. 형상까지 철저하게 추구해서 진화를 이룬다.

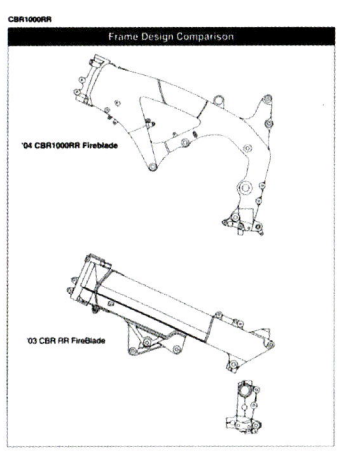

혼다 CBR1000RR/600RR에 채택된 알루미늄 트윈 스파 프레임은 중공(속이 비어있는) 구조 알루미늄 다이캐스트재를 사용하였다.

엔진이나 현가장치과 마찬가지로 프레임도 급속하게 변화해 왔다.

● BMW S1000RR

슈퍼 스포츠의 기본 장비가 된 알루미늄 트윈 스파 프레임은 엔진을 감싸는 듯한 레이아웃을 하고 있으며, 시트 레일은 탈착식 구조이다.

● 야마하 YZF-R1

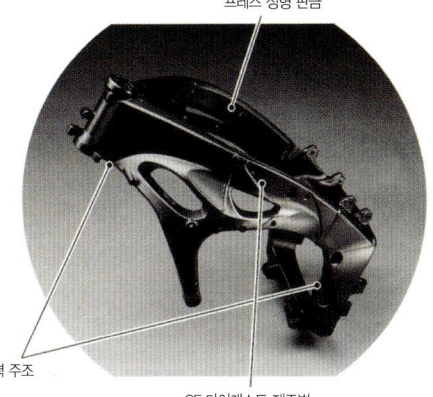

프레스 성형 판금

야마하 YZF-R1의 알루미늄 델타 박스 프레임은 에어 인덕션 흡입구부터 덕트가 프레임을 관통하는 구조이다. 2009년 모델은 프레임 앞쪽과 뒤쪽을 중공의 중력 주조로 만들고 안쪽에는 프레스 성형 판금, 바깥쪽으로 CF 다이캐스트 기술을 이용한 고압 주조 프레임을 채택하였다. 주조의 장점은 생산성이 우수하고 세부 형상이나 두께를 자유롭게 설정할 수 있다는 점이다. 엔진 특성이나 현가장치의 작동성 등과의 균형을 철저하게 추구하면서 최적의 강성 밸런스를 유지하고있다.

중력 주조

CF 다이캐스트 제조법

⊙ 알루미늄 모노코크 프레임

가와사키가 채택하고 있는 **모노코크 프레임**은 박스 형상으로 강성을 높인 알루미늄제 프레임이며, 모노코크 (Monocoque)란 자동차나 항공기에 사용되는 **응용 외피 구조**를 말하며, 외판 전체로 응력을 받아내면서 강성을 발휘한다. 일반적인 프레임이 동물의 척추라고 한다면 모노코크 프레임은 갑각류나 곤충처럼 표면 전체로 강도를 유지하는 구조라고 할 수 있다. 마치 트윈 스파 프레임의 양쪽 메인 프레임 위에 뚜껑을 덮은 것 같은 형상이며, 프레임 내부의 공동 부분에는 에어박스를 설치하고 있다. 프레임이 흡기 통로를 겸하고 있고 연료 탱크를 시트 아래에 배치함으로써 차체를 가늘고 아담하게 만들 수 있는 장점이 있으며, 질량 집중화와 중량 밸런스의 최적화도 이루어내고 있다.

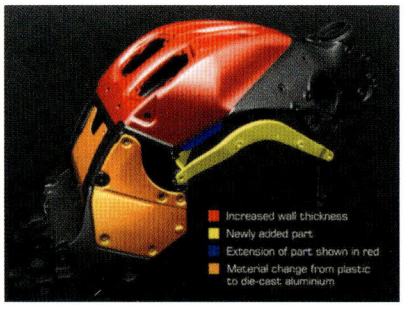

모노코크 프레임을 채택하는 가와사키 1400GTR. 시트 레일은 탠덤 라이딩이나 화물 적재를 고려해서 충분한 강성을 확보하도록 철재로 만들어져 있다.

⊙ 카본 모노코크 프레임

두카티는 2009년 모토GP 머신인 **데스모세디치 GP9**에 카본 파이버 복합재로 제작한 모노코크 프레임을 채택하였다. 기존의 철재 프레임에 비해 가볍고 강한 카본 파이버는 강성이 매우 높고 유연성 확보라는 과제가 남아있지만 두카티의 도전으로 카본 프레임의 새로운 가능성이 열렸다. 카본은 여러 가지 장점이 많지만 상당히 비싼 소재이므로 일반 도로용 머신에 채택되기란 현실적으로 매우 어렵다.

두카티의 모토GP 머신 데스모세디치 GP9이 도입한 카본 모노코크 프레임.

◉ 알루미늄 바이 래터럴 빔 프레임

야마하 YZ450F는 **바이 래터럴 빔 프레임**이라는 독자적인 이름으로 부르는 알루미늄 프레임을 채택하고 있으며, 합계 16개의 파츠를 서로 용접하고 하이솔리드 다이캐스트, 하이드로 포밍 가공 압출 성형, 주조 등의 재료 공법을 적재적소에 배치하였다. 복잡한 형상을 이루면서도 우수한 강성이 요구되는 헤드 파이프 부에는 알루미늄을 반 응고 상태로 성형하는 하이솔리드 다이캐스트를 채택해서 강도, 강성, 유연함의 균형을 철저하게 추구하고 있다. 또한 프레임 세로 방향의 우수한 유연성, 전방 흡기에 대처하는 흡기 통로 확보, 파이프의 삼차원 벤딩에 의한 이름다운 외관 디자인도 배려하고 있다.

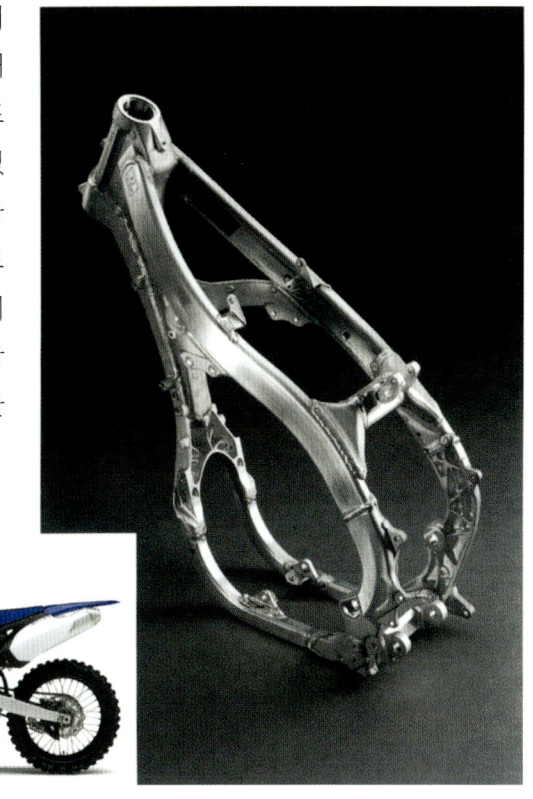

퓨얼 인젝션을 새로이 채택하고 전방 스트레이트 흡기, 후경사 실린더 등 독자적인 엔진 레이웃을 채택하는 2010 야마하 YZ450F. 차체는 바이 래터럴 빔 프레임이라는 새로운 프레임을 채택하여 이들의 상승 효과로 높은 마력을 발휘하고 있다.

◉ 프레임리스 구조

BMW 박서 트윈 R시리즈의 섀시는 메인 프레임이 없고 엔진부터 변속기까지의 드라이브 트레인을 강도 멤버로 활용하고 있는 것이 특징이다. 스틸 파이프 프레임으로 구성되어 있으며, 엔진 하우징 상부 피벗에서 뻗어 나온 **텔레레버 방식** 프런트 현가장치 등 BMW 특유의 차체 설계가 돋보인다. 옆에서 보면 중량물인 엔진과 변속기를 중심으로 프레임과 현가장치 관계 파츠가 설치되어 있는 듯한 구조로써 질량 집중화, 저중심화에 기여하고 있음을 알 수 있다.

엔진을 프레임 강도 부재로 활용하는 BMW 박서 트윈 모델은 최신의 장비와 운동 성능을 갖춘 장거리 투어러이다. 위의 것은 R1200GS, 아래가 R1200RT이다.

⊙ 스쿠터의 프레임

스쿠터는 타고 내리기 편하도록 설계된 **언더본 프레임**을 사용하는 것이 일반적이며, 라이더는 차체에 올라타기 보다는 걸터앉는 자세로 운전을 하게 되고, 발쪽에는 넓은 공간이 마련되어 있다. 엔진은 스윙 암 유닛과 일체식이며, 배기량이 적은 스쿠터는 10인치 정도의 작은 휠을 채택한다. 250cc 이상의 빅 스쿠터는 휠이 크고 엔진의 힘도 강력하고 그에 걸맞도록 튼튼한 프레임을 하고 있다. 500cc 엔진을 탑재하는 야마하 TMAX는 스포츠성과 실용성의 양립을 위해 독자적인 CF 알루미늄 다이캐스트 기술로 제작한 **알루미늄제 다이아몬드 프레임**을 채택하였다. 좌우의 메인 프레임은 엔진을 중심으로 CF 알루미늄 다이캐스트 프레임과 볼트로 체결되어 있고 메인 프레임과 리어 프레임 연결부에는 알루미늄 압축 성형재를 사용한다. 메인 프레임은 각 부분의 두께를 2.5~8mm로 제작하여 강성을 최적화하고 있으며, 엔진을 리지드 마운트함으로써 엔진 본체를 강성 부재로 활용하고 있다.

언더본 프레임을 채택하는 스즈키 어드레스 V125. 전후 휠은 10인치이며, 엔진과 V벨트 무단변속기는 스윙 암 유닛에 들어 있다.

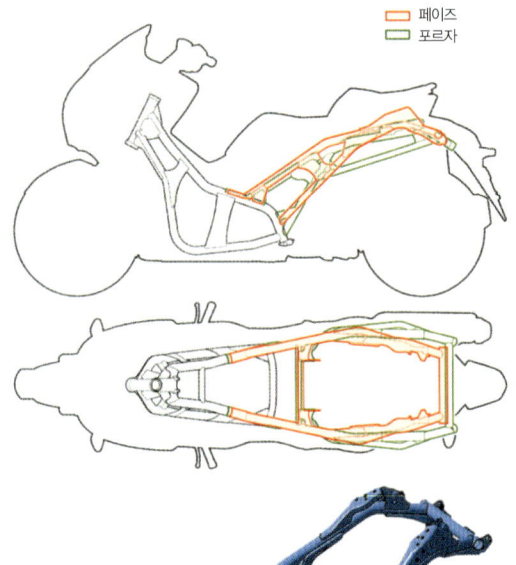

페이즈
포르자

야마하 CF 알루미늄 다이캐스트 기술로 개발한 다이아몬드 프레임을 채택한 TMAX. 헤드 파이프 상하에 트리플 트리를 배치해서 프런트 포크를 장착하는 등 스쿠터와는 차원이 다른 스포츠 성능을 추구하고 있다. 야마하는 TMAX를 오토매틱 슈퍼 스포츠라고 구분해서 부르고 있다.

야마하 TMAX 10th Anniversary WHITEMAX. 500cc 배기량의 수냉 직렬 2기통 엔진을 탑재하고 있다.

혼다 FAZE의 프레임은 베이스가 된 FORZA와 마찬가지로 고장력 강관을 사용한 백본 프레임 타입이다. 보다 기민한 운동성을 추구하기 위해 프레임 피벗 둘레를 중심으로 강성의 밸런스를 최적화하였다. 구체적으로는 세로 강성치를 포르자 대비 14% 향상시킴으로써 브레이킹 시의 안정성과 뱅크 시의 경쾌감을 획득하였다. 가로 강성치는 포르자 대비 14% 낮춤으로써 노면의 요철을 타넘었을 때 등의 안정성을 높여서 경쾌한 조종성과 안정성의 양립을 실현하였으며, 폭을 좁힌 프레임 구성으로 아담하고 스포티한 차체가 가능해졌다.

02 현가장치

The **B**asic **S**tructure of **B**ikes

앞뒤 타이어와 프레임 사이에서 지면의 충격을 흡수하고 차체를 안정시키는 역할을 하는 것이 현가장치이다. 그 성능이나 특성에 따라 주행 시 차체의 자세가 결정되기 때문에 승차감이나 조종성에도 큰 영향을 미친다.

◉ 현가장치의 두 가지 기능

비포장 도로는 물론 포장도로에도 언제나 요철이 있으며, 바이크의 전후 두 개의 타이어가 받는 충격을 흡수하고 차체를 안정시키는 완충장치를 **현 가장치(Suspension)**라고 한다. 기본적인 구조는 타이어와 차체 사이에 강력한 코일 스프링을 설치하고 그 진동을 흡수하기 위한 **쇽업소버**를 장착하고 있다. 스프링은 신축방향 이외의 방향으로도 자유롭게 굽으려는 성질이 있으므로 **텔레스코픽 프런트 포크**의 경우에서는 원통 파이프에 오일과 함께 수납되어 있으며, **스윙 암 리어 현가장치**에는 암으로 바퀴의 움직임을 제어해서 상하운동 또는 원호를 그리도록 일정한 범위 안에서만 움직이도록 하고 있다. 즉 현가장치은 완충기능 뿐만 아니라 바퀴와 차체를 연결하고 지지하는 현가장치로서의 역할도 담당하는 것이다. 지금의 바이크는 거의 대부분이 프런트에 텔레스코픽 포크, 리어에는 스윙 암 방식을 채택한다. 전륜은 상하운동, 후륜은 스윙 암 피벗을 중심으로 원운동을 하게 된다.

완충기능

충격을 흡수

현가장치

지지 위치 결정

스프링 　쇽업소버 　프런트 포크

코일 스프링과 쇽업소버 기능을 내장하고 있는 두 개의 튜브가 신축함으로써 충격을 흡수한다. 두 개의 포크로 전륜을 지지하고 정해진 범위 내에서 상하 운동하는 현가장치의 기능도 겸비한다.

스프링 　쇽업소버 　리어 쇽업소버

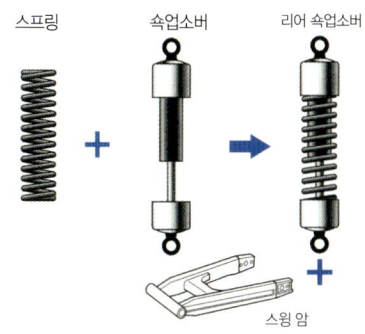

스윙 암

쇽업소버 유닛 자체만으로는 완충 기능밖에 없으며, 현가장치로 기능을 하기 위해서는 스윙 암과 조합시켜야 한다. 후륜은 스윙 암 피벗을 중심으로 원을 그리듯이 움직인다.

만약 스프링만 있다면

울렁울렁~

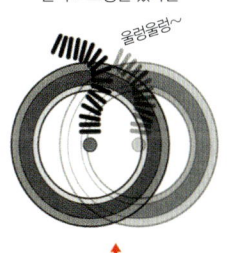

위치가 제멋대로 변한다.

스윙 암 + 스프링

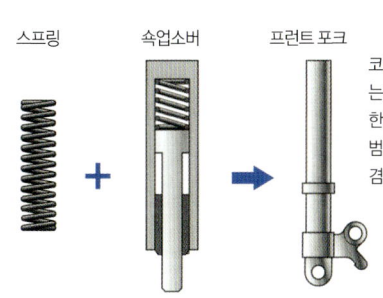

스윙 암

움직이는 위치가 정해진다.

스프링만으로는 바퀴가 움직이는 방향을 제어할 수 없으므로 암으로 움직이는 범위를 제한하여 현가장치로의 기능을 발휘시킨다.

텔레스코픽 정립 프런트 포크

정립 포크는 이너 파이프가 위에 오도록 배치한 일반적인 텔레스코픽 포크이다.

⊙ **모노 쇽업소버**

1970년대 중반에 롱 사이클가 이루어진 모터크로스 머신에서 태어난 모노 쇽업소버. 링크를 사용함으로써 쇽업소버 유닛 자체의 사이클을 단축시킬 수 있고 경량화가 수월하며, 차체 중심 가까운 곳에 배치하기가 편하다는 등의 장점이 있어서 1980년대에는 로드 스포츠 바이크에도 일반적으로 채택되기 시작하였다.

⊙ **트윈 쇽업소버**

네이키드 모델 등에 채택되는 트윈 쇽 현가장치은 장착 각도를 정하기가 편하고 방열성이 높으며, 정비하기도 쉽다. 쇽 유닛이 스윙 암 좌우를 지탱하는 구조이므로 스윙 암 강성을 크게 잡지 않아도 된다는 이점이 있다. 앞으로 기울여서 장착하는 것을 레이다운이라고 한다.

⊙ **텔레스코픽 도립 프런트 포크**

도립 프런트 포크는 아우터 튜브가 위로 오도록 배치함으로써 높은 강성을 얻을 수 있다.

⊙ 유압식 쇽업소버의 원리

현가장치는 스프링이 신축(진폭)함으로써 충격을 흡수하는데, 스프링만으로는 언제까지나 신축을 되풀이하므로 차체의 안정성이 저하된다. 이 신축을 억제하는 것이 **쇽업소버**이다.

유압식 쇽업소버는 오일이 들어있는 밀폐된 통 안에서 **피스톤 로드**가 스윙 암의 상하운동에 맞춰 행정을 한다. 쇽업소버 피스톤에는 **오리피스**라고 불리는 작은 구멍이 뚫려 있어서 피스톤 로드가 움직일 때마다 내부 오일이 이 구멍을 통해 이동하며, 이때에 발생하는 저항력(유동체 점성 저항)이 **감쇠력**이 된다. 오리피스 구멍의 크기나 형상에 따라 발생하는 저항력도 바뀌므로 감쇠력을 조절할 수 있다. 아래 그림은 쇽업소버의 원리를 설명한 것인데 쇽업소버 피스톤에 원웨이 밸브를 설치해서 신장측과 압축측의 감쇠력을 제어한다. 실제 유닛에서는 쇽업소버 피스톤에 리프 밸브(금속판으로 만든 밸브)를 겹겹이 쌓아서 감쇠력을 세밀하게 설정할 수 있도록 되어 있다.

유압식 쇽업소버의 원리

압축측(컴프레션)은 쇽업소버 오일이 원웨이 밸브를 지나 비교적 작은 저항으로 이동한다. 한편 신장측(리바운드)은 원웨이 밸브가 닫혀 있기 때문에 쇽업소버 오일은 오리피스(작은 구멍)를 지나야 한다. 이때에 발생하는 점성 저항으로 감쇠력(댐핑 포스)를 얻는 것이다.

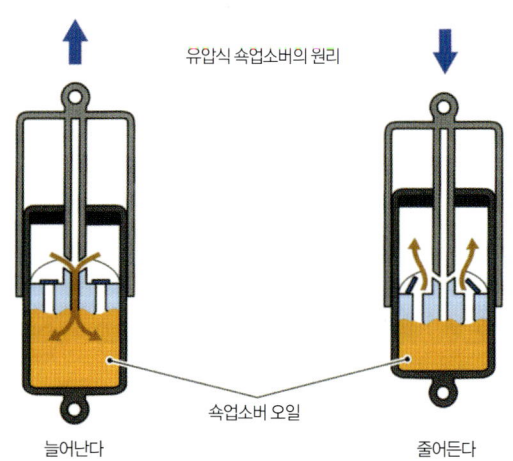

쇽업소버 오일

늘어난다   줄어든다

◉ 질소가스 가압식

쇽업소버실 상부에 질소가스를 봉입해서 쇽업소버 오일에 압력을 가하고 있는 것이 **질소가스 가압식**이다. 피스톤의 격한 움직임으로 피스톤 밸브 부근에 진공 상태가 발생해서 감쇠력이 불안정해지는 **캐비테이션 현상**을 질소가스 압력으로 억제하는 것이다. 이것을 **에멀전 타입**이라고 하며, 가스가 오일과 섞이는 **에어레이션**이 발생하지 않도록 세퍼레이터를 설치한 타입도 있다. 또한 쇽업소버 오일과 질소가스 사이에 격벽(프리 피스톤)을 설치한 것을 **드 가르본 타입**이라고 부른다.

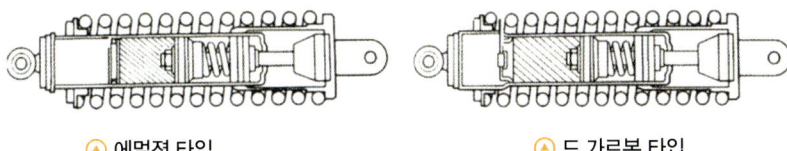

⊙ 에멀전 타입   ⊙ 드 가르본 타입

▶ 보조 탱크 타입

격렬한 주행 조건에도 대처할 수 있는 것이 드 가르본 타입의 발전형이라고 할 수 있는 **보조 탱크 방식**이다. 가스실을 별도로 마련함으로써 쇽업소버에서 설정 가능한 행정을 크게 확보할 수 있다. 또한 감쇠력으로 흡수한 스프링의 운동 에너지는 열에너지가 되어 쇽업소버 오일의 온도를 상승시키는데 보조 탱크를 갖춤으로써 쇽업소버 오일의 냉각성이 향상되어 안정적인 감쇠력 특성을 얻을 수 있다. 오일과 가스가 섞이지 않도록 고무로 제작된 격벽실을 마련해서 탱크 안을 오일실과 가스실로 분리시켜 놓았다.

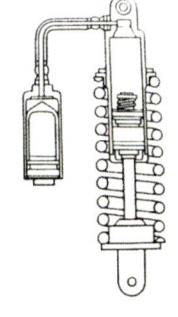

▶ 리어 쇽업소버 유닛의 각부 명칭

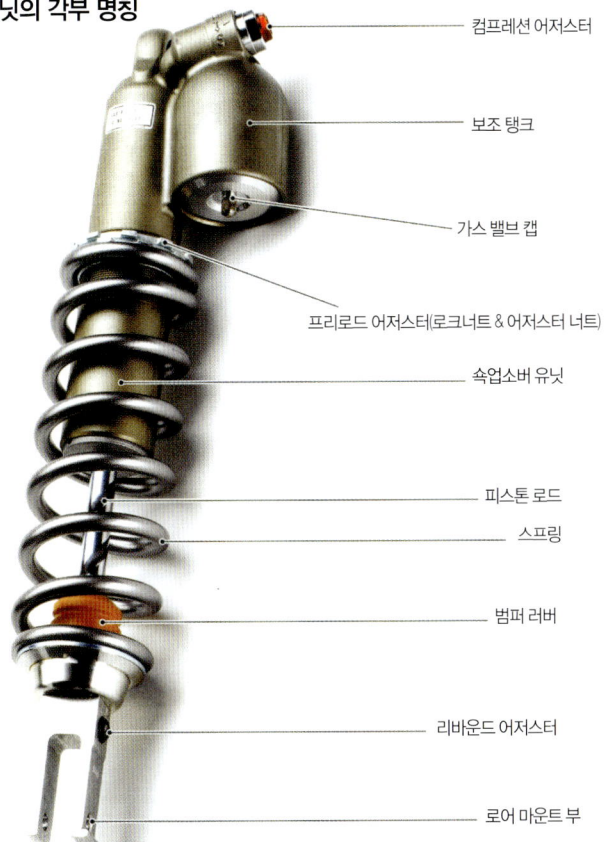

— 컴프레션 어저스터

— 보조 탱크

— 가스 밸브 캡

— 프리로드 어저스터(로크너트 & 어저스터 너트)

— 쇽업소버 유닛

— 피스톤 로드

— 스프링

— 범퍼 러버

— 리바운드 어저스터

— 로어 마운트 부

▶ 텔레스코픽 프런트 포크

전륜을 양쪽에서 지지하면서 충격을 흡수하는 것이 프런트 포크이며, 전륜과 차체를 연결하는 역할을 하는 동시에 충격을 흡수하는 완충 기능을 한다. 브레이킹 시의 부하를 받아내는 강성도 요구되며, **포크**라고 부르는 이유는 식기의 포크처럼 생겼다고 해서 붙여진 것이다. 현재 가장 일반적인 것은 굵기가 다른 두 개의 튜브, 즉 **아우터 튜브**와 **이너 튜브**가 마치 망원경(텔레스코프)처럼 신축하면서 충격을 흡수하는 구조인 **텔레스코 픽 프런트 포크**이다. 포크 안에는 오일이 오리피스를 통과할 때에 발생하는 점성 저항을 이용해서 감쇠력을 얻는 구조로 되어 있다.

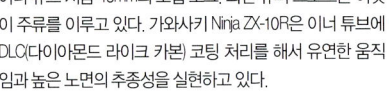

이너 튜브 지름 43mm의 도립 포크. 최신 슈퍼 스포츠는 이것이 주류를 이루고 있다. 가와사키 Ninja ZX-10R은 이너 튜브에 DLC(다이아몬드 라이크 카본) 코팅 처리를 해서 유연한 움직임과 높은 노면의 추종성을 실현하고 있다.

▶ 정립식과 도립식

굵은 아우터 튜브(정립식에서는 보텀 케이스라고도 부른다)를 아래(바퀴) 쪽으로 장착하는 **정립식**과 아우터 튜브를 위(차체) 쪽으로 장착하는 **도립식**이 있다. 굵은 아우터 튜브를 스템에 장착하는 도립식이 높은 강성을 얻을 수 있다는 장점이 있어서 스포츠성이 강한 모델에 채택된다.

정립식   도립식

이너 튜브 ─   ─ 아우터 튜브

아우터 튜브 ─   ─ 이너 튜브

◀ 이너 튜브

강철제 고강도 재로 만들어진 이너 튜브는 고도의 가공 기술이 요구된다. 표면에는 하드 크롬 도금으로 처리하여 밀봉성과 내마모성이 우수하다.

아우터 튜브

이너 튜브

◀ 이너 튜브

정립식 아우터 튜브는 이너 튜브에 비해 아래쪽에 있기 때문에 보텀 케이스라고도 불린다. 주로 알루미늄 주조재를 사용하며 브레이크 캘리퍼와 펜더 장착 스테이가 설치되어 있다. 높은 강성이 요구되는 도립식에서는 고강도 알루미늄 합금이 일반적이다.

▶ 플로팅 밸브 방식과 이너 로드 방식

텔레스코픽 프런트 포크는 감쇠력을 발생시키는 방식에 따라 **플로팅 밸브 방식**과 **이너 로드 방식**으로 구분하며, **플로팅 밸브 방식**이란 이너 튜브가 신축을 하면 포크 오일이 오리피스를 통과하면서 이동할 때에 발생하는 저항력(유동체의 점성 저항)을 **감쇠력(댐핑 포스)**으로 하는 것이다. 거의 대부분이 정립 포크에서 사용하는데 도립식에서는 오일에 에어가 섞이는 에어레이션 등의 문제가 있기 때문이다.

한편 **이너 로드 방식(카트리지 방식이라고도 부른다)**은 이너 로드와 리프 밸브(얇은 금속으로 만든 판 밸브)로 안전적인 감쇠력을 얻을 수 있다. 신장/압축 각각에 독립적인 감쇠력 발생 장치가 있으며, 플로팅 밸브 방식에서는 설치가 힘든 감쇠력 조정 다이얼을 설치하기 쉽다는 장점도 있다.

플로팅 밸브 방식 프런트 포크를 채택하고 있는 혼다 CB223S.

● 플로팅 밸브 방식 포크의 구조

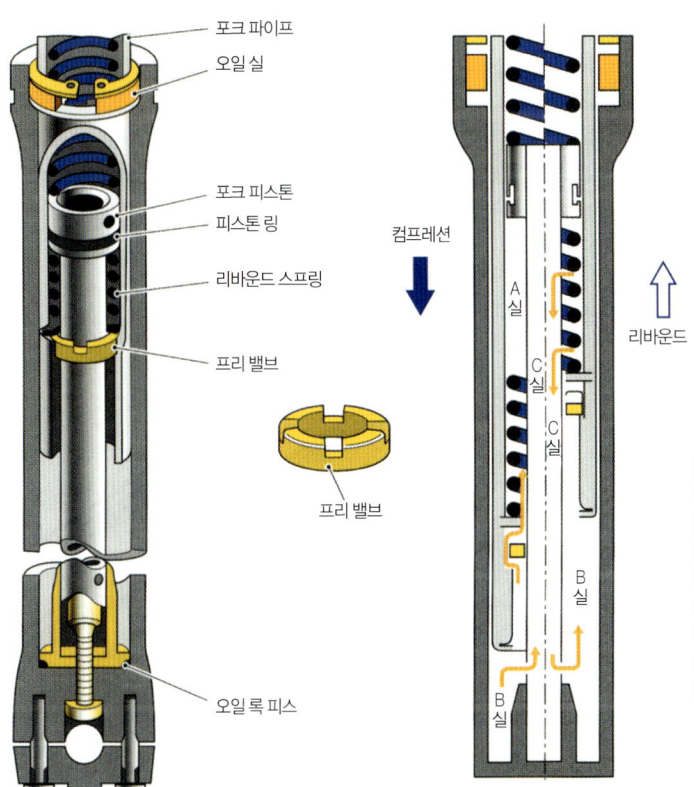

포크 파이프
오일 실
포크 피스톤
피스톤 링
리바운드 스프링
프리 밸브
프리 밸브
오일 록 피스

컴프레션
리바운드
A실
C실
C실
B실
B실

포크 파이프가 신축할 때에 압축(컴프레션) 방향에서는 포크 파이프가 줄어들면서 B실의 오일이 오리피스를 통해 C실로 흐르고, 동시에 B실의 오일은 프리 밸브를 밀어 올리면서 A실에도 흘러든다. 이들 흐름 저항이 압축측 감쇠력으로 작용한다.

또한 압축(컴프레션) 방향의 행정이 끝까지 가게 되면 포크 파이프 끝에 테이퍼 형상으로 생긴 오일 록 피스가 삽입되면서 B실의 오일 통로가 막히게 된다. 이때에 B실의 유압이 급격하게 상승하면서 포크 파이프의 행정이 제한을 받게 되어 포크 가동부품의 순간적인 접촉을 방지한다.

◉ 이너 로드 방식(카트리지 방식)

이너 로드 방식은 리어 쇽업소버의 쇽업소버 기구를 소형화시킨 것이 이너 튜브에 내장되어 있다고 이해하면 쉽다. 피스톤에 설치된 리프 밸브(얇은 금속으로 만든 판 밸브)와 실린더 밑바닥의 가변 밸브 등으로 감쇠력이 발생하는데 피스톤에 어떤 밸브를 장착하느냐에 따라 감쇠력을 자유롭게 조정할 수 있다. 설정 범위가 넓고 압축과 신장 각각 독립적인 감쇠력 기구를 설치할 수 있으며, 외부에서 감쇠력을 조정할 수 있는 다이얼도 설치하기 편한 구조이다.

슈퍼 스포츠 모델은 물론, 모터크로서도 고성능 카트리지 방식 프런트 포크가 사용된다. 사진은 혼다 CRF250R.

▶ 카트리지 방식 포크의 구조

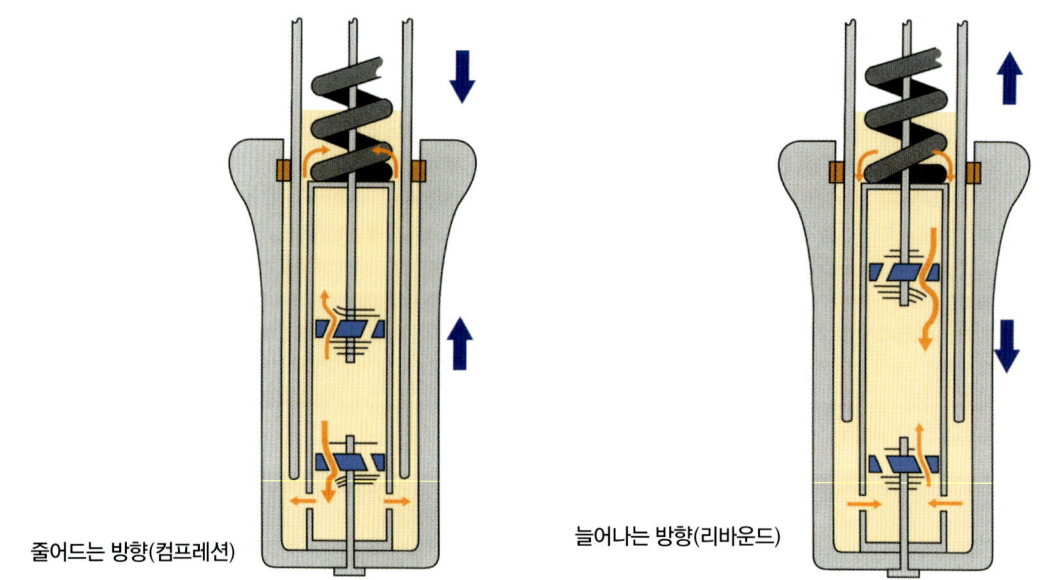

줄어드는 방향(컴프레션)   늘어나는 방향(리바운드)

◉ 카트리지 방식 포크의 구조

카트리지 속의 압력실에 들어 있는 포크 오일은 스프링이 신축하면서 이너 로드를 통해 압력을 받을 때마다 리프 밸브를 통해 다른 압력실로 흐를 때 발생하는 저항력이 감쇠력으로 작용한다. 프런트 포크가 줄어드는 방향(컴프레션)으로 움직이면 밀폐용기인 실린더 내부에 진입해 오는 피스톤 로드의 체적만큼 포크 오일이 베이스 밸브를 통해 흐르게 되면서 감쇠력이 발생한다. 또한 프런트 포크가 늘어나는 방향(리바운드)으로 움직이면 실린더와 피스톤 로드 사이에 있는 오일이 피스톤으로 흐르면서 감쇠력이 발생한다. 하나의 카트리지로 압축과 신장 두 방향의 감쇠력을 발생시키는 것이다.

◉ 빅 피스톤 프런트 포크(BPF)

차세대 프런트 포크로서 2007년 도쿄모터쇼에서 공개되어 2009년형 가와사키 Ninja ZX-6R과 스즈키 GSX-R1000, 2010년 형 할리데이비슨 XR1200X 등에 채택되기 시작한 프런트 포크가 SHOWA에서 개발한 **빅 피스톤 프런트 포크**이다.

카트리지 방식에서는 직경이 작아질 수밖에 없었던 피스톤을 약 2배로 크게 함으로써 포크 내부의 오일 접촉 면적을 약 4배로 늘일 수 있었고 그 덕분에 행정 초기의 부드러운 작동성과 높은 안정성을 발휘한다.

실린더와 로드로 구성되는 카트리지를 생략하고 기본의 카트리지 내부에 들어있던 피스톤을 이너 튜브 안으로 배치 해서 구조를 간소화시키는 데에 성공하였으며, 포크 스프링을 포크 하부로 이동시켜서 완전히 오일에 잠기게 함으로써 포크 오일의 캐비테이션(기포가 발생하는 현상)을 억제해서 안정적인 감쇠력을 얻게 되었다. 카트리지와 서브 피스톤을 폐지하는 등 기본의 카트리지와는 구조가 완전히 다르지만 외관상으로 눈에 띄는 차이점은 프런트 포크 상부에 신장/ 압축 조절 다이얼, 포크 하단에 프리로드 조정기구를 설치한 점이다.

포크 상단에 컴프레션과 리바운드 감쇠력 어저스터가 설치되어 있다. 압축은 바깥쪽 로드를 신장은 안쪽 로드 를 조정해서 감쇠력을 조절한다.

프크 스프링이 포크 하부로 이동했기 때문에 프리로드 조정기구는 포크 하단에 설치되어 있으며, 육각렌치로 조정한다.

◉ BPF를 채택한 스포츠 바이크

가와사키 Ninja ZX-6R

스즈키 GSX-R1000

발상의 전환과 기술의 진보로 이너 튜브 자체를 실린더로 활용한 것이 빅 피스톤 프런트 포크이다. 기존의 카트리 지 방식 포크에 사용되던 실린더를 생략함으로써 구조가 크게 간소화되었고 무게도 가벼워졌다. 이너 튜브 43mm 의 도립식 포크이면서도 개당 무게가 1kg 가까이 경량화 되었다. 이 정도의 스프링 아래 질량의 절감은 운동 성능 에 커다란 장점으로 작용한다.

📍 보톰 링크 방식 프런트 포크

배기량이 적은 스쿠터나 비즈니스 바이크 등은 보톰 링크 방식 프런트 포크를 사용하는 경우가 많으며, 포크 하단의 짧은 암이 회전운동을 하면서 전륜이 원을 그리듯이 움직인다. 포크와 트레이딩 암, 현가장치로 구성되는 **트레이딩 암 방식**은 암을 포크 뒤쪽에 배치하고 있다. 비즈니스 바이크에 즐겨 채택되는 **리딩 암 방식**은 암이 포크 앞쪽에 설치되어 있으며, 보톰 링크 방식은 구조상 현가장치의 행정을 크게 확보할 수 있고, 주행 중 차륜의 상하 움직임에 따라 트레일 변화도 크다. 그러나 구조가 단순하고 제작비가 저렴하다는 장점이 있다.

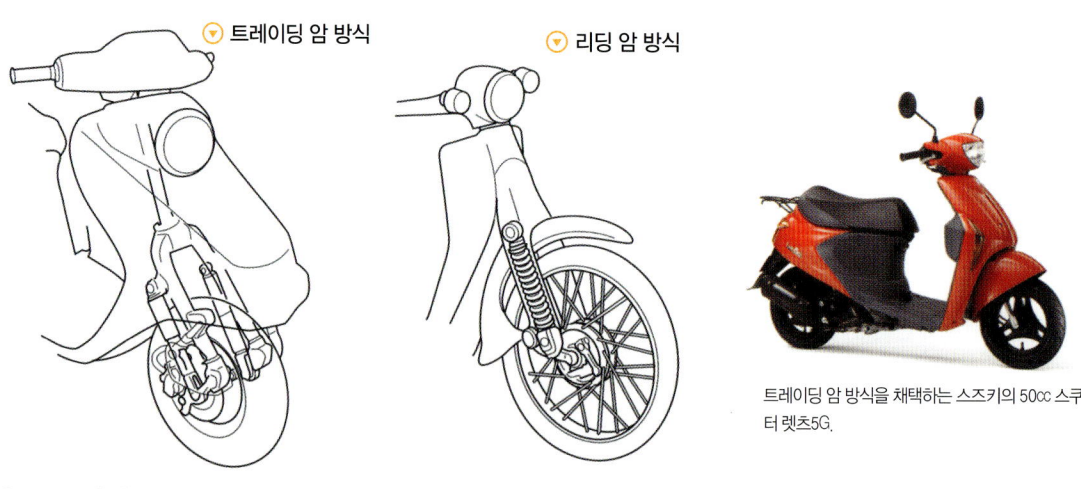

▼ 트레이딩 암 방식 　　　　▼ 리딩 암 방식

트레이딩 암 방식을 채택하는 스즈키의 50cc 스쿠터 렛츠5G.

📍 스프링거 포크

1940년대 이전의 프런트 현가장치에 사용되던 방식이지만 할리데이비슨은 그 고풍스런 스타일링과 구조를 그대로 현대 모델에 적용시키고 있다. 그것이 **스프링거 포크**이다. 할리데이비슨은 1948년까지 스프링이 노출된 스프링거 포크를 사용하고 있었지만 그 후에는 일반적인 텔레스코픽 방식으로 변경하였다. 그러나 1988년에 현대적인 기술로 부활시켜서 현행 일부 모델에 적용시킴으로써 독특한 디자인과 승차감으로 높은 인기를 끌고 있다.

◀ 스프링거 포크

충격을 흡수하는 완충장치는 앞쪽의 스프링거 포크이며, 뒤쪽의 리지드 포크는 전륜을 지지하기 위한 현가장치이다.

▶ 거터 방식 프런트 포크

상하의 링크가 평행사변형을 변형시키듯이 행정을 하면 평행사변형 대각에 설치된 스프링으로 충격을 흡수하는 것이 거터 방식 프런트 포크이다.

스프링거 포크를 채택하고 있는 1936년형 할리데이비슨 EL. 1958년까지는 리어 쇽업소버가 없는 리지드 프레임을 사용하고 있었다.

고풍스런 스타일링이 매력인 스프링거 포크를 채택하고 있는 할리데이비슨의 인기 모델 FLSTSB 크로스본즈.

◉ 조향장치로서의 역할

텔레스코픽 프런트 포크의 역할은 노면의 충격을 흡수하는 **완충 기능**과 전후륜을 지지하는 **현가장치**라고 설명했는데, 또 하나 중요한 역할이 있다. 즉 **조향 장치**로서의 역할이다. 일반적인 텔레스코픽 프런트 포크는 좌우의 포크 파이프가 **탑 브릿지**와 **언더 브래킷**으로 고정되어 있으며, 언더 브래킷과 **스템 샤프트**는 일체식으로 되어 있는 경우가 많고, 프레임의 스티어링 헤드 파이프에 스템 샤프트가 관통하고 있다. 핸들은 탑 브릿지나 포크 파이프 등에 장착되며, 라이더가 핸들을 꺾으면 스템 샤프트(스티어링 헤드 파이프)를 축으로 프런트 둘레가 회전하듯 움직이는 것이다.

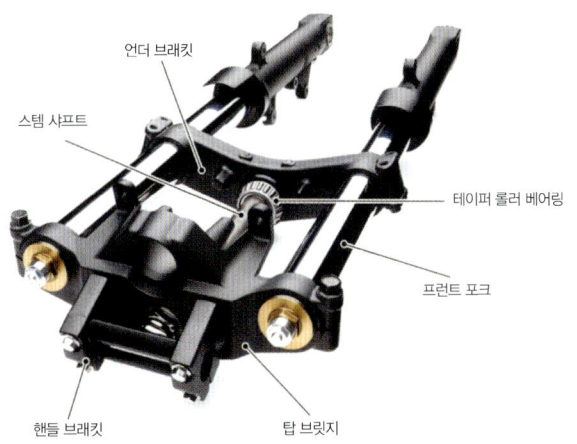

언더 브래킷
스템 샤프트
테이퍼 롤러 베어링
프런트 포크
핸들 브래킷
탑 브릿지

프레임의 스티어링 헤드 파이프에 스템 샤프트가 관통함으로써 차체와 연결된 프런트 포크를 중심으로 구성된 스티어링 둘레. 스템 샤프트 하단에는 스티어링 기구의 회전을 원활하게 도우면서 상하의 하중을 받아내기 위한 테이퍼 롤러 베어링을 갖추고 있다.

◉ 직진할 때
라이더가 핸들 조작을 의식하지 않는 직진 시에도 핸들은 끊임없이 미세하게 좌우로 움직이고 있다. 프런트 포크 장착 각도를 눕혀서 휠 베이스를 길게 하면 직진 안정성이 향상되는 경향이 있다.

◉ 선회할 때
라이더는 진행 방향 쪽으로 몸을 기울이고 차체와 함께 선회한다. 이때에 프런트 포크에는 감속에 의해 지면 쪽으로 줄어드려는 힘과, 스티어링이 꺾임과 동시에 포크를 비틀려는 힘이 걸리게 된다.

◉ 스티어링 조작

라이더는 천천히 달릴 때에는 핸들 조작을 의식하지만 바이크의 특성상 일반적인 주행에서는 진행 방향으로 몸을 기울여서 바이크의 진행 방향을 컨트롤한다. 라이더가 의식하지 않더라도 직진하는 바이크는 핸들이 언제나 미세하게 움직이고 있으며, 바이크는 이 자동 조향 기능으로 균형을 유지하고 있다.

◉ BMW의 현가장치

충격을 흡수하면서 조향 장치로도 작동하는 텔레스코픽 프런트 포크는 각각의 기능이 서로 영향을 주고받는다. 예를 들어 선회 중에는 프런트 포크에 감속에 의해 지면 쪽으로 가라앉으려는 힘(노면에 타이어를 짓누르는 힘)과, 스티어링이 꺾임으로써 2개의 포크를 비틀려고 하는 힘이 동시에 걸리게 되는데 이것들이 본래 서로의 기능을 저해하는 경우가 있다. 이것을 해결하는 것이 BMW가 채택하고 있는 **듀오레버**와 **텔레레버**이다. 완충 기능과 조향 기구를 분리해 놓은 구조로서 슬라이더 튜브는 조향을 담당하고 충격 흡수는 댐퍼 유닛과 알루미늄제 A암이 담당한다.

휠을 지지하는 암과 댐퍼 유닛을 분리함으로써 비틀림 강성을 높이고 브레이킹 시의 노즈 다이브(차체가 앞으로 숙는 움직임)를 억제한다. 메인 프레임을 낮은 위치에 배치할 수 있고 또한 리어에는 철저한 경량 구조로 설계한 **패러레버**를 장착해서 언스프링 웨이트 경감을 이루고 있다.

BMW는 이밖에도 ABS를 비롯해서 앞 브레이크 조작에 의해 자동적으로 리어에도 작동하는 **인테그럴 브레이크 시스템**, 스위치 조작으로 현가장치 특성을 선택할 수 있는 **ESA(Electronic Suspension Adjustment/ 전자제어 현가장치)** 등을 채택하여 탠덤이나 고속 주행에서의 안정감을 발휘하는 쾌적한 승차감을 실현하고 있다.

휠을 지지하는 암을 알루미늄 다이캐스트로 제작한 BMW의 듀오레버.

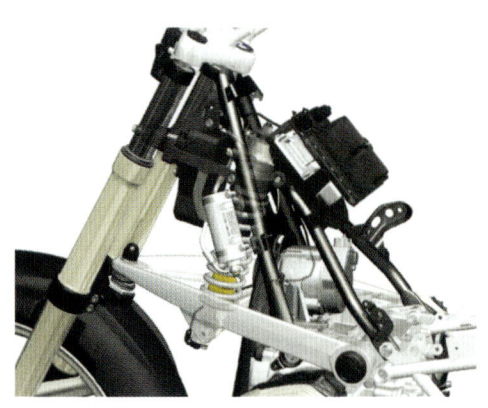

앞 브레이크를 강하게 걸었을 때에 나타나는 노즈 다이브 현상을 억제하고 브레이크를 건 상태로 코너에 진입할 수 있는 안정성을 발휘하는 텔레레버 시스템.

BMW의 독자적인 시스템인 듀오레버+패러레버 현가장치를 갖춘 K1300S.

샤프트 드라이브 방식은 높은 내구성과 메인터넌스 프리 등의 장점이 있지만 가속할 때에 리어 둘레가 들리는 엘리베이션 현상이 단점이다. BMW는 기존의 스윙 암 아래쪽에 설치되어 있던 토크 로드를 스윙 암 위쪽에 배치하는 패러레버를 채택하였다. 파이널 기어와 스윙 암 사이에 피벗을 설치해서 샤프트 구동의 단점을 해소시킴으로써 쾌적한 승차감을 실현하였다. 투피스 구조의 단조 알루미늄 스윙 암, 콤팩트한 기어 케이스를 채택하여 고강성과 경량화를 양립하고 있다.

스위치 조작으로 현가장치 조정이 가능한 ESA(Electronic Suspension Adjustment). 승차인원이나 화물량 등에 따라 프리로드 조정이 가능하며, 감소력도 3단계로 바꿀 수 있다.

⦿ 스티어링 댐퍼

스티어링 둘레에 발생하는 쓸데없는 진동을 완화시키는 것이 **스티어링 댐퍼**의 역할이다. 스티어링의 조향각과 조향 속도에 따라 핸들의 감쇠 토크를 변화시킴으로써 본래의 경쾌감을 유지하여 안정성, 한계성, 코너에서의 접지감을 향상시켜서 조종 안정성에 기여한다. 예전에는 스티어링 둘레의 포크 브래킷과 프레임을 차체 옆면에서 연결하듯이 장착하는 것이 일반적이었지만 1990년대부터는 탑브릿지 부근에 설치하는 구조가 등장하면서 전자제어 방식이나 모터크로서용 프로그레시브 댐퍼도 채택되고 있다.

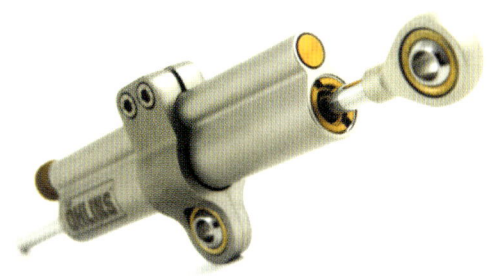

가와사키 ZX-10R에 채택된 스티어링 댐퍼.

로드레이스에서 보급된 스티어링 댐퍼는 올린즈가 1992년부터 모터크로스용도 시장에 투입되었다. 사진은 로터리 스티어링 댐퍼 SD2.00이다. 댐퍼 본체는 핸들 바 아래에 장착하고 다이얼을 돌려서 감쇠력 특성을 제어한다.

⦿ 전자제어식 스티어링 댐퍼

전자제어식 스티어링 댐퍼는 본체가 차체 프레임에 장착되어 있고 감쇠력을 발생하는 베인이 스티어링 쪽에 고정되어 있고, 댐퍼 내부는 베인에 의해 좌우로 나뉜 오일 실과 제어 통로로 구성되어 있으며, 오일이 들어 있다. 스티어링과 직결되어 있는 베인이 회전을 하면 좌우의 오일 실을 이동하는 오일의 흐름이 발생하게 되며, 이때에 발생하는 오일의 흐름 저항이 감쇠력으로서 스티어링에 전달된다. 제어 통로에는 메인 밸브, 체크 밸브, 릴리프 밸브, 어큐뮬레이터 등이 설치되어 있다. 메인 밸브는 ECU로 제어되는 리니어 솔레노이드의 작동에 따라 제어 통로의 개방상태를 변화시킨다. 체크 밸브는 메인 밸브 작동을 위해 오일의 흐름을 일방통행으로 제어하며, 릴리프 밸브는 메인 밸브와 평행인 통로에 배치되어 감쇠력을 일정 이하로 유지한다. 어큐뮬레이터는 온도에 따른 오일의 체적 변화가 발생했을 때에 댐퍼의 내압을 안정시킨다.

혼다 전자제어 스티어링 댐퍼(HESD)

댐퍼구조도

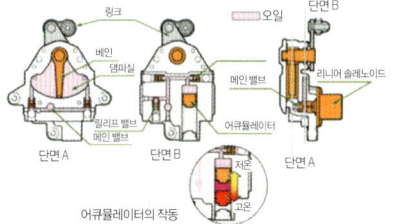

링크
베인
댐퍼실
메인 밸브
릴리프 밸브
메인 밸브
오일
단면 B
메인 밸브
리니어 솔레노이드
어큐뮬레이터
단면 A
단면 B
단면 A
저온
고온
어큐뮬레이터의 작동

댐퍼 시스템 구성은 크게 세 파트로 구분할 수 있다.
1) 차량의 상태를 검출하기 위한 차체 속도 센서 부.
2) 센서 신호를 토대로 제어맵으로 댐퍼를 제어하고 시스템을 진단하는 ECU 컨트롤 부.
3) ECU 제어에 따라 적절한 감쇠 특성을 발휘하는 스티어링 댐퍼 부.

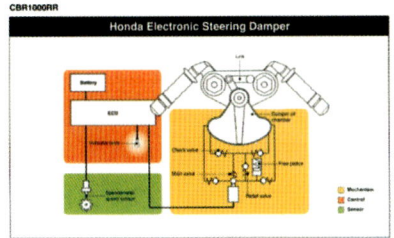

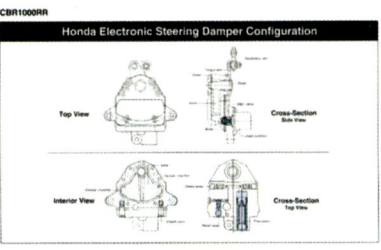

◉ 프로그레시브 스티어링 댐퍼

모터크로스 경기에서는 신속하게 방향을 전환하기 위해 점프 시 공중에서 차체를 기울이고 핸들을 크게 꺾는 등의 특수한 움직임이 필요하다. 따라서 모터크로서에 스티어링 댐퍼를 장착할 때에는 온로드와 동일한 방식의 차속이나 가속도를 패러미터로 활용해서 감쇠 모먼트를 증감시키는 시스템으로는 그 요구를 충족시키지 못하는 문제가 있었다.

그래서 혼다는 스티어링 조향각과 조향 속도에 비례해서 핸들의 감쇠 토크를 변화시키는 **프로그레시브 스티어링 댐퍼**를 개발하였으며, 실전에 투입해서 검증을 거친 후에 2008년형 CRF450R/250R에 채택하였다.

프로그레시브 스티어링 댐퍼는 핸들 조작에 따라 댐퍼 행정비를 변화시킬 수 있도록 원통형 댐퍼를 스티어링 스템 전방의 프레임과 핸들 조작으로 회전하는 스티어링 보텀 브릿지 사이에 장착하였다. 이로써 각도가 0도일 때에는 감쇠 토크가 발생하지 않으며, 조향각이 커짐에 따라 감쇠 토크가 부드럽게 증가하는 특성을 실현할 수 있었다.

또한 댐퍼에는 신장측과 압축측 감쇠력을 각각 별도로 설정하여 중립 위치에서 꺾이는 방향과 꺾였던 핸들이 제자리로 되돌아오는 방향 각각에서 최적의 감쇠 토크를 얻을 수 있다. 굳이 링크를 사용하지 않고도 기구학 적으로 프로그레시브한 감쇠 모먼트를 제어한다. 본래의 경쾌성을 유지하고 안정성, 한계성, 코너에서의 접지감을 높여 조향 필링을 크게 향상시켜 라이더의 피로 경감에도 기여한다. 무게는 불과 188g으로 매우 가볍다.

◉ 올린즈의 Smart EC

스로틀 센서, 브레이크 센서, 속도 센서 등 다양한 센서와 ECU를 연동시켜 주행 조건에 맞는 감쇠력을 순식간에 이루어내는 것이 올린즈가 개발한 **Smart EC**이다. ECU는 차체 각부에 마련된 센서로부터 전달되는 신호를 토대로 라이딩 스타일에 맞는 현가장치 세팅을 분석해서 자동으로 적절한 감쇠력을 발생시킨다. 쇽업소버에는 전자제어로 작동되는 감쇠력 제어밸브 **EC 밸브**를 장착하여 과거에는 기계적이었던 감쇠력 조정을 주행 중에도 손쉽게 실시할 수 있다. 노면 상황도 ECU가 판단하는 등 그야말로 최첨단 현가장치 기술이라고 할 수 있다.

차체 각부에 마련된 센서로부터 전달되는 신호를 토대로 최적의 감쇠력을 자동으로 발생시키는 올린즈의 Smart EC, 상황에 맞는 현가장치 세팅을 얻을 수 있다면 승차감이나 조종성이 향상되어 안전성도 높아진다.

EC 리액션 쇽업소버　　　EC 스티어링 댐퍼　　　사이클 센서　　　EC 프런트 포크

EC 밸브
감쇠력 조정 밸브를 전자적으로 제어하는 EC 리액션 쇽업소버

EC ECU

03

The Basic Structure of Bikes
The **B**asic **S**tructure of **B**ikes

현가장치 장착

통상적인 트윈 쇽업소버는 스윙 암의 움직임에 비례해서 행정을 한다. 한편, 모노 쇽업소버를 채택하는 링크 방식은 링크 비율 효과에 의해 스윙 암 움직임에 대해 현가장치의 신축량을 효과적으로 줄일 수 있다. 그 장착 하는 방법은 끊임없이 진화하고 있다.

◉ 링크식 현가장치(보텀 링크 식)

모노 쇽업소버를 설치하는 대부분의 바이크에는 스윙 암과 리어 쇽업소버 유닛을 링크를 사용해서 접속하는 **링크 식**이 채택되고 있으며, 링크식 리어 현가장치는 후륜축의 행정량에 비해 완충 행정량 변화 비율이 커지는 특징이 있다. 즉 후륜축의 움직임이 작을 때에는 완충 행정량이 적고, 후륜축의 움직임이 커질수록 완충 행정량이 커지는 프로그레시브 특성을 얻을 수 있다. 그래서 후륜축의 움직임이 작을 때에는 댐퍼 피스톤의 속도가 느리고, 감쇠력이 작게 작용하며, 후륜축의 움직임이 커질수록 댐퍼 피스톤의 속도가 빨라지고, 감쇠력이 커진다. 이것은 가벼운 부하가 걸렸을 때에는 부드럽게 강한 충격을 받았을 때에는 탄력 있게 작동 하는 현가장치 특성이라고 할 수 있다.

또한 링크식 현가장치는 쇽업소버 유닛을 비교적 자유로운 위치에 배치할 수 있기 때

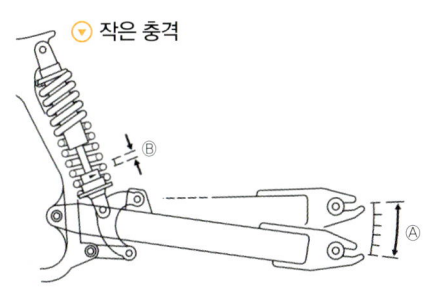
▽ 작은 충격

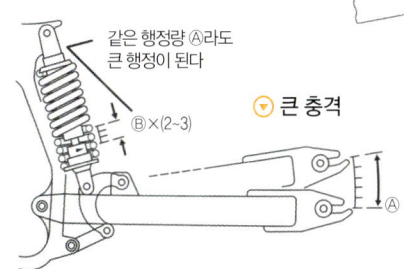
같은 행정량 Ⓐ라도 큰 행정이 된다
Ⓑ×(2~3)
▽ 큰 충격

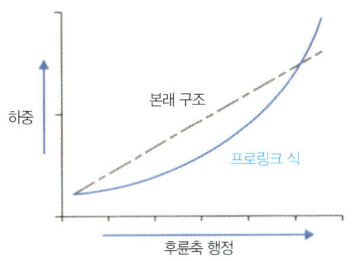
하중
본래 구조
프로링크 식
후륜축 행정

휠 행정이 작은 범위에서는 리어 쇽업소버의 행정량은 작고, 리어 휠 행정이 커질수록 링크와 레버 비에 따라 리어 쇽업소버의 행정량이 프로그레시브하게 변화한다. 혼다는 이것을 PRO-LINK라고 부른다.

~OW53

OW60~OW70

Later specs of the OW70~

초기의 모노 쇽업소버는 연료 탱크 아래에 댐퍼 유닛이 놓여 있었고, 삼각형으로 조립된 암 끝에 가로로 장착되어 있었다. 링크식이 등장하면서 현가장치 상부에 링크를 마련한 톱 링크식도 개발되었지만 노면의 반력이 쇽업소버 유닛 자체에 가해지는 힘이 너무 커지는 단점이 있어서 현재는 세로 배치 현가장치 아래에 링크 기구를 설치한 보텀 링크식이 주류를 이룬다.

모토크로스에서 높은 마력을 얻은 모노 쇽업소버를 야마하는 1970년대 중반부터 로드레이스 워크스 머신 YZR500에도 채택하였다. 쇽업소버를 연료 탱크 아래에 배치함으로써 기존의 현가장치보다 휠 행정을 크게 확보할 수 있었던 점이 특징이었다. 1982년의 OW60(2세대 YZR500)은 프로그레시브 효과를 낳는 새로운 기술을 도입했고, 1983년 시즌 중반부터 OW70에 보텀 링크식 현가장치를 투입하였다.

문에 댐퍼 유닛의 행정에 비해 현가장치의 행정을 크게 확보할 수 있어서 노면 추종성 향상이 쉽게 이루어진다. 게다가 쇽업소버 유닛이라는 무거운 파츠를 아담하게 차체 중앙에 집약할 수 있어서 질량 집중화에도 유리하다.

◉ 유닛 프로 링크

혼다의 **유닛 프로 링크 리어 현가장치**는 스윙 암 움직임의 범위 내에서 완전히 독립된 작동을 한다. 새롭게 배열된 링크에 대해 앵커의 역할을 담당하는 하부 암을 별도로 설치함으로써 메인 프레임과의 접점이 생략되어 코너링에서의 가속 시에 차체의 롤링 움직임을 안정시킬 수 있는 장점이 있다. 메인 프레임에 현가장치의 하중이 걸리지 않으므로 차체 전체가 현가장치의 영향을 받지 않는 것이다. 또한 현가장치 상부를 지지하는 견고한 강도 부재가 프레임에 필요 없어 프레임 강성을 선회 특성에 맞도록 설정할 수 있어서 롤링 각도에 의존하지 않는 높은 선회 성능을 얻을 수 있다.

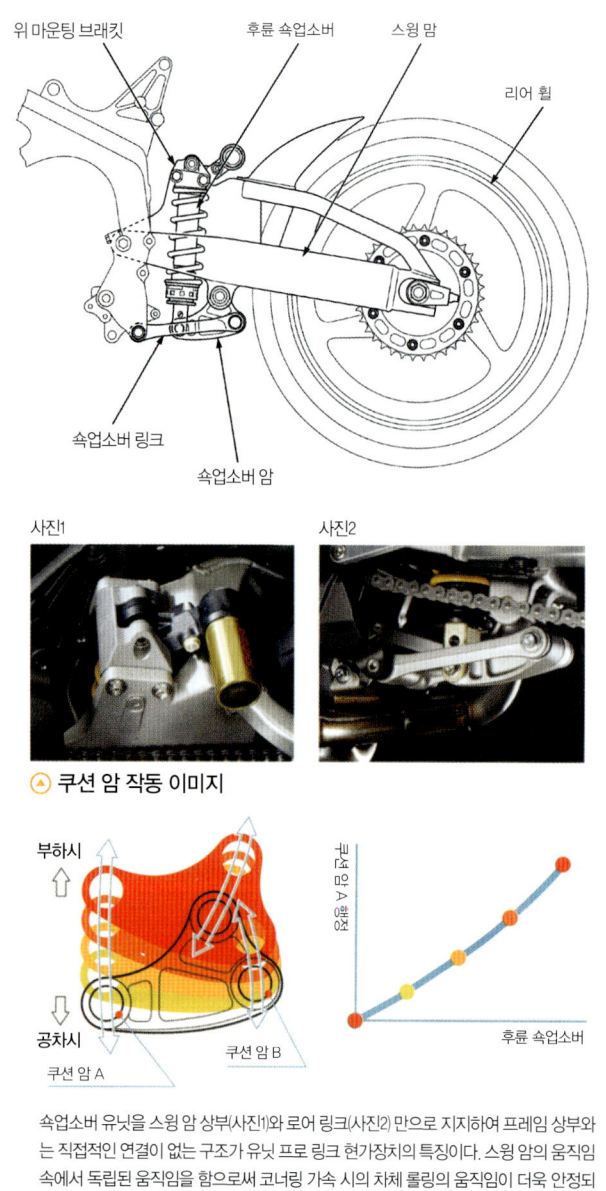

위 마운팅 브래킷 / 후륜 쇽업소버 / 스윙 암 / 리어 휠 / 쇽업소버 링크 / 쇽업소버 암

사진1 사진2

◉ 쿠션 암 작동 이미지

부하시 / 공차시 / 쿠션 암 A / 쿠션 암 B / 쿠션 암 A 행정 / 후륜 쇽업소버

쇽업소버 유닛을 스윙 암 상부(사진1)와 로어 링크(사진2) 만으로 지지하여 프레임 상부와는 직접적인 연결이 없는 구조가 유닛 프로 링크 현가장치의 특징이다. 스윙 암의 움직임 속에서 독립된 움직임을 함으로써 코너링 가속 시의 차체 롤링의 움직임이 더욱 안정되고, 높은 선회력을 발휘한다. 또한 일체화된 어퍼 댐퍼 마운트를 채택해서 어퍼 브래킷과 스윙 암 일체화에 의해 경량화를 달성함과 동시에 우수한 정비성을 확보하였다.

▼ 유닛 프로 링크 리어 현가장치

공차 상태

부하가 걸린 상태

유닛 프로 링크 현가장치를 채택하는 혼다 CBR1000RR (위쪽)과 CBR600RR.

⊙ 캐스터 각과 트레일

프런트 포크는 지면에 대해 수직이 아니라 어느 정도 각도를 두고 장착되어 있다. 스티어링 헤드의 각도(노면에서 수직에 대한)를 **캐스터 각(레이크)**이라고 부르며, 스티어링 헤드를 연장해서 노면과 닿는 지점과 프런트 타이어의 접지점 사이의 거리를 **트레일**이라고 한다.

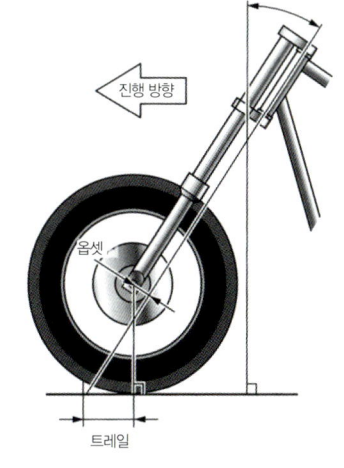

바이크는 직진을 하는 경우에도 실제로는 좌우로 균형을 잡으면서 미세하게 사행(지그재그)을 되풀이 하고 있다. **캐스터 각**이 있기 때문에 차체가 기울어진 방향으로 스티어링이 꺾이면서 진행 방향 쪽으로 앞 타이어를 향하게 하는 움직임이 발생한다. 캐스터 각을 크게 하면 핸들 조향각이 똑같더라도 앞 타이어가 노면 상에서의 실 조향각은 줄어든다. 캐스터 각, 옵셋 양, 트레일, 휠 직경 등이 서로 영향을 미치므로 원래는 그렇게 단순하지 않지만 캐스터 각을 크게 하면 직진 안정성이 높아지고, 캐스터 각을 줄이면 선회성이 향상된다고 알려져 있다. 예를 들어 직진할 경우가 많은 크루저 바이크나 드래그 레이서 등은 30° 이상의 캐스터 각을 이루고 있으며, 휠 베이스도 길게 설정되어 있는 경우가 많다. 반대로 스포츠 바이크는 캐스터 각을 25° 이하로 설정해서 선회력을 중시하고 있다.

캐스터 각 23도 50분, 트레일 98mm. 날카로운 선회력을 갖추고 있는 스즈키 GSX-R1000은 휠 베이스도 1405mm로 짧다.

캐스터 각 34도, 트레일 115mm의 할리데이비슨 VRSCAW V로드. 휠 베이스는 1715m로 길며 로우&롱 스타일이 돋보이다.

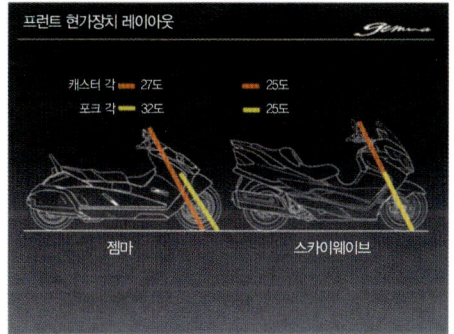

스즈키의 빅스쿠터 젬마와 스카이웨이브의 프런트 현가장치 각도 비교. 로우&롱 스타일의 젬마는 프런트 포크 장착 각도가 캐스터 각도보다 크게 설정되어 있다.

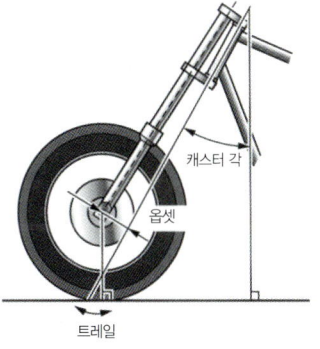

프런트 포크 장착 각도는 스티어링 헤드 파이프 각도(캐스터 각)와 같은 것이 일반적이지만 프런트 포크를 장착하는 탑브릿지나 언더 브래킷으로 각도를 바꾸는 방법도 있다. 이것을 슬랜티드 앵글이라고 한다.

04 스윙 암

The **B**asic **S**tructure of **B**ikes

후륜을 지지하는 스윙 암은 가로 세로 방향의 비틀림이 작용하기 때문에 강성이 필요하다. 그러나 강성을 높이기 위해 무게가 무거워진다면 운동성이 희생되는 문제가 있다.

⊙ 여러 가지 스윙 암

리어 현가장치로서 중요한 역할을 담당하고 있는 **스윙 암**은 다양한 방향으로부터 가해지는 힘에 견디기 위해서 높은 강성이 필요하다. 그러면서도 운동성을 위해서는 가벼워야 한다. 스윙 암의 고강성과 경량은 일찍부터 중요시되어 왔으며 프레임보다 먼저 알루미늄으로 제작되기 시작했을 정도이다. 크게 나누면 **양발 방식**과 **외발 방식**이 있다. 좌우 균형을 맞추기가 편하고 단순한 구조인 양발 방식은 강성을 내기가 수월해서 옛날부터 채택되어 왔다. 외발 방식은 중량적으로 이점이 있으며 타이어 교환도 쉽게 할 수 있다.

D형 단면 형상의 알루미늄 양발 스윙 암. 트윈 쇽업소버를 사용하는 카와사키 ZRX1200 DAEG용이며, 익센트릭 체인 어저스터 기구를 채택하였다.

벨트 드라이브와 조합한 외발 스윙 암은 BMW F800S/ST. 리어 쇽업소버는 링크가 없이 스윙 암에 장착된다.

할리데이비슨의 소프테일 시리즈는 리어 쇽업소버를 차체 아래에 배치함으로써 리지드 프레임 같은 스타일링을 연출하였다.

컴퓨터 분석으로 최적의 형상과 부재를 추구하는 스윙 암. 프레임과의 강성 밸런스를 고려하면서 개발이 이루어진다.

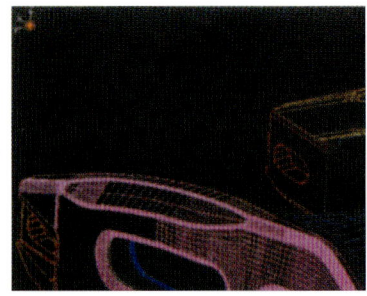

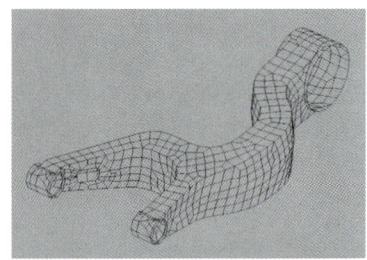

가와사키 1400GTR은 강력한 토크를 높은 효율로 노면에 전달하기 위해 고강성 **듀얼 사이드 4링크 스윙 암**을 채택하였다. 샤프트 드라이브 특유의 스로틀 조작에 따른 상하 움직임을 억제하도록 2점으로 접속된 샤프트를 사용한다. 주행 필링과 차체의 특성은 매우 자연스러우며 샤프트 드라이브의 다이렉트한 느낌을 유지하면서도 체인 드라이브와 똑같은 필링을 실현하였다.

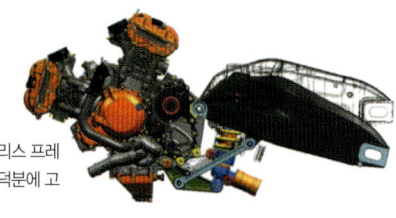

스윙 암을 프레임이 아닌 크랭크축 케이스에 직접 장착하는 것이 피벗리스 프레임이다. 프레임의 경량화와 후륜의 움직임을 엔진으로 받아내는 구조 덕분에 고속 주행이나 코너링에서 안정감 있는 핸들링을 실현한다.

05

매스(질량) 집중화

무거운 것을 중심 가까이에 모아서 더욱 작고 간단하게 만드는 노력은 운동성 향상을 위해 필수 불가결한 요소이다. 슈퍼 스포츠나 모터크로서 등 고성능 모델은 전후륜의 분담 하중 등을 철저하게 추구해서 최적의 디멘전을 실현하고 있다.

◉ 매스(질량) 집중화

무거운 파츠를 여기저기 산만하게 설치하는 것 보다는 가능한 한 차체 중심에 가까운 곳에 모아놓으면 바이크의 운동성능을 높일 수 있다. 차체 중심에서 먼 곳에 무거운 파츠가 있는 것보다는 바이크 중심에 무거운 것을 모아두는 편이 라이더는 자연스런 응답성을 느끼며, **롤링, 피칭, 요잉** 등의 모든 움직임이 **발생하기 쉽고** 또한 **수습하기 쉽기** 때문이다. 자동차의 경우를 예로 들면 중량물인 엔진이 차체 중심에 가까운 미드십이 높은 운동성을 발휘하는 것과 같으며 질량의 집중화는 라이더의 주행 감각과 바이크 움직임에 일체감을 낳게 해서 높은 차원의 조종성을 획득할 수 있는 것이다.

 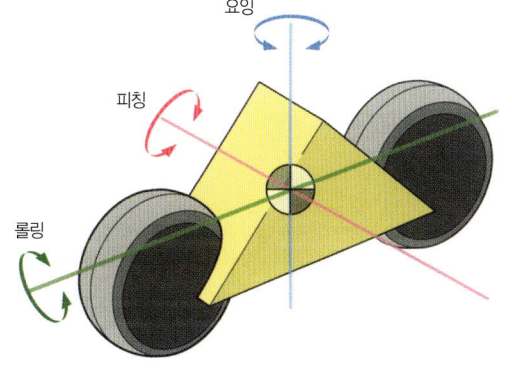

요잉 : 차체의 수평 면에서의 회전운동
피칭 : 차체의 중심 둘레에서의 회전운동
롤링 : 바퀴 접지선(전후륜의 접지점을 연결한 선) 둘레에서의 회전운동

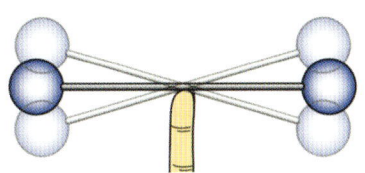

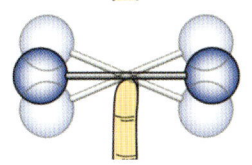

무거운 물체는 분산해 있는 것보다 중심 가까이에 배치하는 것이 움직이기에 편하고, 멈추기도 편하다.

질량 집중화, 언스프링 웨이트의 경감을 극한까지 추구한 슈퍼 스포츠 모델.

◉ 언스프링 웨이트

현가장치 스프링보다 아래쪽, 즉 바퀴 쪽 파츠의 무게를 **언스프링 웨이트**라고 부른다. 타이어, 휠, 브레이크 관계, 텔레스코픽 포크의 경우라면 보텀 케이스와 댐퍼 기구, 그리고 스윙 암의 후반 부분 등이 이에 해당한다. 이들 파츠의 무게는 바이크의 운동성에 큰 영향을 미친다.

06

도난 방지 장치

바이크 도난의 증가 추세에 따라 각 제조사에서는 도난방지 장치를 갖추는 등으로 대처하고 있다. 스마트키를 들고 바이크에 다가서면 ID를 조회해서 오너를 인식하고 스위치를 누르기만 하면 엔진 시동이 걸리는 스마트 카드 키 시스템은 빅스쿠터 등에 이미 채택되어 있다.

◉ 스마트 카드 키 시스템

라이더가 소지한 카드 키와 차체 핸들락 모듈에 내장되어 있는 ECU와의 상호 전파 통신에 의해 ID가 인증을 받았을 경우에만 메인 스위치 자물쇠가 풀리고 연료 분사 ECU 작동이 가능해지는 시스템이 **스마트 카드 키 시스템**이다.

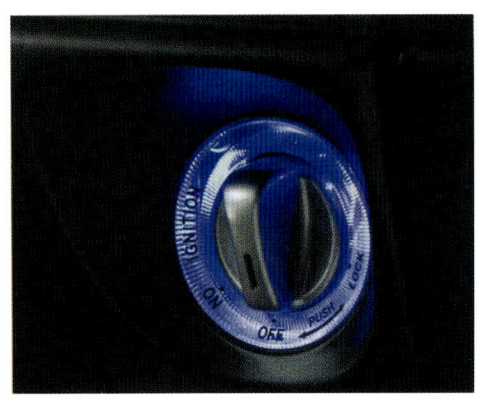

◀ 바이크의 메인 스위치는 외부에서 조작이 가능하므로 메인 스위치 뭉치 안에 토크 리미터를 설치해서 과대한 힘으로 스위치를 돌리게 되면 내부에서 헛돌게 되어 장비를 보호한다. 사진은 혼다 FORZA의 점화 스위치이다.

◀ 혼다의 스마트 카드 키. 작동 범위는 메인 스위치를 기점으로 반경 80cm 후방 180도(높이 70~130cm) 이내. 메인 스위치의 자물쇠 작동 범위는 차량 중앙을 기점으로 반경 250cm 이상이다.

▶ 승차 시(메인 스위치 풀림)

스마트 카드 키를 휴대하고 차량에 다가서서 메인 스위치 노브를 누르면 랜들 락 모듈 안의 스마트 ECU가 기동해서 스마트 카드 키와 상호 통신을 실시한다. 상호 인증이 끝나면 메인 스위치가 해제 되면서 계기반 안의 SMART 표시등과 노브 외주에 파란 조명이 켜진다. 메인 스위치를 ON으로 하면 FI-ECU에 동작 허가 ID를 송신해서 이것의 인증 조회가 확인되면 주행 가능 상태가 된다.

▶ 하차시(메인 스위치 잠김)

메인 스위치를 OFF로 하면 스마트 카드 키와 1초 간격으로 교신을 하면서 상호 인증이 성립되고 있는 동안은 메인 스위치 노브가 해제 상태로 대기하다가 라이더가 차량에서 250cm 이상 떨어지면 메인 스위치 노브를 잠그고 윙커를 점멸시켜서 라이더에게 알린다. 라이더가 차량 가까이에 있더라도 20초 이상 방치할 경우 또는 스마트 카드 키의 스위치를 OFF로 할 경우에는 메인 스위치가 잠긴다.

윙커를 점멸시켜서 라이더에게 잠금 상태를 알리는 FORZA의 앤서 백 기능. 시트락 해제도 리모컨으로 실시할 수 있으므로 화물을 꺼내거나 넣을 때에도 열쇠를 꽂아 돌릴 필요가 없다.

리모컨 조작으로 잠금장치 해제가 이루어지는 시트 아래에 대용량 60리터 트렁크를 갖추고 있는 야마하 그랜드 마제스티 400. 서류 가방도 수납할 수 있는 크기이므로 XL 사이즈 풀 페이스 헬멧을 두 개 수납하고도 여유 공간이 있다.

● KIPASS

전자인증 시스템 **KIPASS(가와사키 인테리전트 플록시미티 액티베이션 스타트 시스템)**은 메인 스위치를 리모컨으로 조작할 수 있는 마스터 키 시스템이다. 스페어 키는 얇은 카드 키로 편리성을 철저하게 추구하였으며 가와사키 1400GTR에 탑재되어 있다.

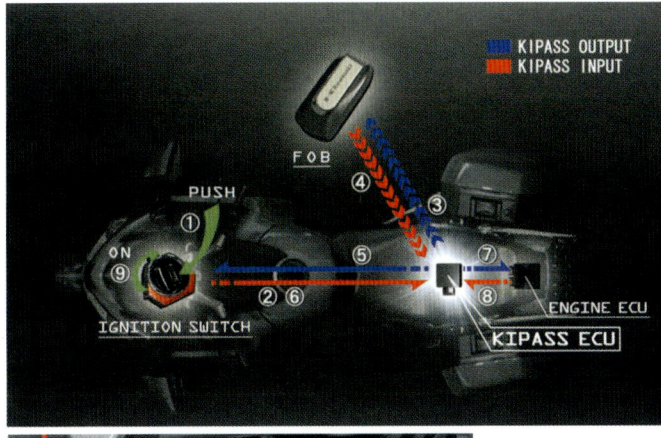

● 이모빌라이저

순정 키에 내장되어 있는 전자 칩이 갖고 있는 ID 코드와 차량의 ID 코드를 전자적으로 조회해서 일치하지 않으면 엔진 시동이 불가능한 도난방지 장치가 **이모빌라이저(Immobilizer)**이다. ID가 일치하지 않으면 엔진 시동을 걸 수가 없다.

전자 칩이 내장된 순정 키가 아니면 엔진 시동이 불가능한 전자제어 이모빌라이저.
사진은 혼다의 HISS(Honda Ignition Security System).

좌석 아래에 전용 U락을 수납할 수 있는 공간을 갖춘 모델도 있다.

키에 내장된 IC 칩으로 전자 조회를 실시하는 스즈키 SAIS는 키 실린더 파괴 등 부정 조작을 하면 엔진 시동이 불가능해져서 도난을 방지한다. 자석식 셔터도 갖추고 있다.

07 The Basic Structure of Bikes
안전 장비

바이크는 사고를 미연에 방지하는 것이 중요하지 충돌 시의 라이더 보호는 어렵다는 것이 일반적인 인식이다. 그러나 혼다는 그런 의견을 감수하면 안 된다는 생각에서 1989년에 라이더 보호 연구 프로젝트를 시작하였으며, 1990년에는 바이크용 에어백 연구에 착수해서 2006년에 판매를 시작하였다. 또한 에어백을 탑재한 웨어를 개발하는 등 라이더의 안정을 위한 장비가 속속 나오고 있다.

◉ 혼다 바이크용 에어백 시스템

혼다는 바이크용 에어백 연구에 1990년부터 착수해서 2005년에 양산 이륜차용 에어백을 발표하였으며, 2006년에는 세계 최초로 바이크용 에어백을 탑재한 **골드윙 에어백(북미사양)**을 판매하였다. 바이크의 사상 사고는 정면충돌로 인해 라이더가 앞으로 내동댕이쳐지면서 상대편 자동차나 노면에 부딪혀 중상을 입는 경우가 많다는 사고 자료를 분석해서 그것을 방지하는 것이다.

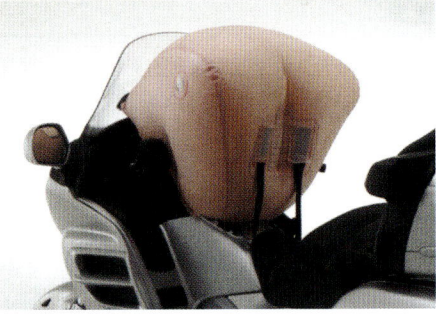

충돌을 재현하는 컴퓨터 시뮬레이션으로 수많은 실험을 거쳐 안정적으로 라이더를 감싸는 V자 형상 대형 에어백을 개발해서 골드윙에 탑재하였다.

◉ 착용하는 에어백

라이더가 몸에 착용하는 바이크용 에어백 시스템을 개발해온 무겐은 세계 최초로 Hit Air라는 에어백 내장형 웨어를 제품화하였다. 라이더가 바이크로부터 분리되면 포켓에 들어갈 정도로 작은 가스봄베에 들어있던 CO_2가 에어백을 순식간에 부풀려서 인체로 가해지는 충격을 완화한다. 작동을 하게 되면 일시적으로 머리의 움직임을 억제하고 본래의 보호 목적인 경추를 중심으로 척추를 보호한다. 동시에 헬멧으로 인한 쇄골 손상 피해도 낮출 수 있게 되었다.

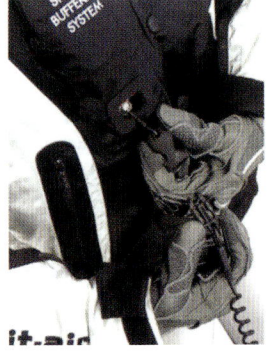

라이더와 바이크가 분리되면서 가스봄베를 여는 줄이 당겨지면 에어백이 부풀어 오르는 구조이다.

◉ 선진적인 레이싱 웨어

　RS 타이치는 에어백 프로텍션 시스템을 레이싱 수트에 탑재하고 있으며, 기존의 가죽 수트로는 보호 기능이 미흡했던 경추 둘레의 보호를 목적으로 **T-RAPS(Taichi Racing Airbag Protection System)**를 개발하였다. 특히 하이사이드를 일으켜서 착지 후에 라이더가 크게 다칠 가능성이 클 때에 효과적인 시스템이라고 생각해서 레이스에서의 안전성 향상을 도모하고 있다.

전도나 충돌 시에 경부에 가해지는 충격을 완화하는 목 보호대. 목 둘레를 감싸는 패드가 충격을 흡수하면서 머리의 요동을 적절하게 감속시켜 목에 극단적인 힘이 가해지지 않도록 방지한다.

목 둘레에 가스봄베를 비롯한 작동 유닛을 수납해서, 작동 시에는 두 개의 공기실에 가스를 충만시켜 헬멧 하부를 지지함으로써 경추에 가해지는 충격을 완화한다. 사진은 원피스 타입 레이싱 수트 GP MAX R100/70. 왼쪽은 가죽 재킷 GMX VENTED LEATHER JACKET RSJ822.

● 바이크용 헬멧

⊙ 풀페이스

아라이 RX-7RR AOYAMA

쇼에이 X12 KIYONARI

⊙ 제트 타입

아라이 SZ Ram3 RIPTIDE

쇼에이 J-FORCE 3

⊙ 오프로드

아라이 V-Cross 3

쇼에이 VFX-DT METAL MULISHA 3

1977년 할리데이비슨 FXS 로우라이더

할리데이비슨의 바이크를 살펴보면 금세 눈에 띄는 멋진 이름 로우라이더. 할리 라이더가 아니더라도 한 번 쯤은 들어본 적이 있는 이름 아닐까. 낮고 길다란 독특한 스타일링은 누구나 이미지하고 있는 커스텀 할리 그 자체일 것이다.

로우라이더가 속해 있는 것이 다이나 패밀리이다. 역사를 거슬러 올라가 보면 배기량이 큰 엔진을 탑재한 FL과 경쾌한 주행 특성이 특징인 스포스터 XL을 합쳐서 새로운 흐름을 제안하기 위해 발표된 모델 1971년 FX 수퍼글라이드까지 간다. FL + XL = FX인 것이다.

FX 시리즈의 이름을 일약 유명하게 만든 것이 1977년에 등장한 FXS 로우라이더이다. 프런트 포크가 길게 나오고 시트고는 685mm까지 낮춰졌다. 2 in 1 머플러를 장착하여 로우&롱 스타일은 전 세계에서 인기를 끌었다.

PART **10**

제동 장치와 휠, 타이어

바이크의 운동 에너지를 마찰을 통해 열에너지로 변환하여
바퀴의 움직임을 멈추는 것이 브레이크이다.
하이브리드 자동차에서는 감속 시에 모터로 전기를 발생시켜 저장하는 시스템도
이미 실용화에 있지만 바이크에서는 아직 그런 시스템이 없다.
ABS의 보급률은 해마다 증가하고 있으며,
전후 연동 브레이크를 채택하는 경우도 늘고 있다.

The Basic Structure of Bikes
디스크 브레이크

바이크의 제동 장치로는 디스크 브레이크나 드럼 브레이크가 주로 사용되는데, 현재 주류를 이루고 있는 것은 디스크 브레이크이다. 회전하는 디스크 로터에 마찰 패드를 눌러 대서 회전을 멈추는 구조이며, 브레이크 캘리퍼는 유압으로 작동하는 것이 주류이다.

◉ 디스크 브레이크의 구조

휠과 함께 회전하는 디스크를 좌우에서 **브레이크 패드**라고 불리는 마찰재로 압착하여 바퀴의 회전을 감속, 정지시키는 것이 **디스크 브레이크**이다. 브레이크 레버나 페달을 조작하면 **마스터 실린더** 안의 피스톤이 브레이크 액을 가압하고, 그 압력을 받은 **캘리퍼 피스톤**이 패드를 밀어내면서 디스크를 압착한다.

캘리퍼 피스톤은 **브레이크 캘리퍼** 안에 들어 있으며, 유압을 받아 브레이크 디스크를 양쪽에서 패드로 압착하는데, 압착하는 방법은 **단동식**과 **복동식**이 있으며, 단동식은 한쪽에만 피스톤이 있어서 피스톤의 누르는 반력을 사용해서 디스크 양쪽을 압착하는 방식이고 복동식은 로터 면 양쪽에 있는 피스톤이 각각의 패드를 압착시키는 방식이다.

캘리퍼에 들어있는 피스톤은 한 개짜리부터 여덟 개짜리까지 다양하며, 패드도 두 개의 피스톤이 함께 누르는 타입부터 피스톤마다 하나 씩 설치된 것까지 다양한 타입이 있다. 피스톤의 수를 늘이면 각각의 피스톤 직경을 작게 만들 수 있어서 디스크의 바깥쪽을 압착할 수 있다는 장점이 있다. 디스크의 회전을 멈출 때에 중심부보다는 외주 쪽을 조이는 편이 보다 작은 힘으로도 멈출 수 있기 때문이다. 한쪽에 두 개 이상의 피스톤이 있을 경우에는 피스톤 지름을 똑같이 하지 않고 일부터 다른 직경을 채택하는 경우가 많다. 이것은 회전방향 뒤쪽의 패드 소모가 빨리지는 것을 방지하기 위함인데 서로 다른 직경 피스톤을 채택할 경우 뒤쪽 피스톤의 지름이 작다.

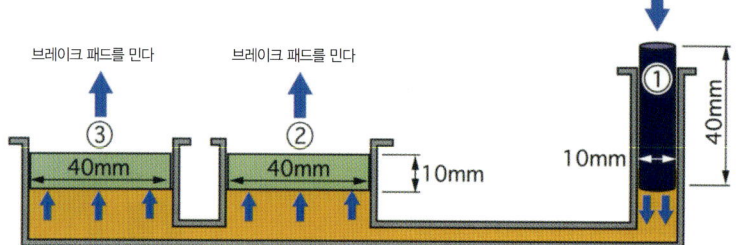

◉ 디스크 브레이크의 원리

밀폐된 용기 속의 액체나 기체에 압력을 가하면 그 압력의 증가분은 같은 세기로 액체 전체의 모든 방향으로 전달된다는 것이 **파스칼의 원리**이며, 이 파스칼의 원리를 적용한 것이 유압식 디스크 브레이크이다.

가령 피스톤 ②, ③의 면적이 피스톤 ① 면적의 4배라고 하였을 때 마스터 실린더의 피스톤 ①을 1kg의 힘으로 누르면 캘리퍼 피스톤 ②. ③은 각각 4kg

바이크용 디스크 브레이크는 초기에는 케이블로 작동하는 기계식이었지만, 현재는 유압식이 주류이다.

의 힘으로 밀리게 된다. 즉, 브레이크 레버나 페달을 작은 힘으로 조작해도 캘리퍼 피스톤에는 큰 힘이 걸리게 되고, 브레이크 패드를 강하게 압착시킬 수 있다는 뜻이다.

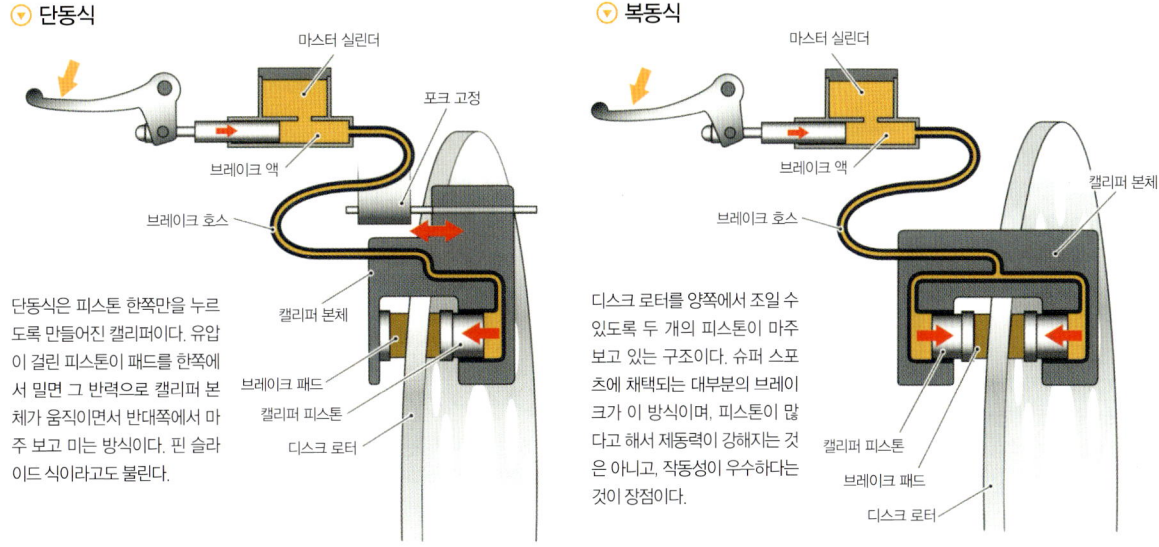

▼ 단동식

마스터 실린더
브레이크 액
포크 고정
브레이크 호스
캘리퍼 본체
브레이크 패드
캘리퍼 피스톤
디스크 로터

단동식은 피스톤 한쪽만을 누르도록 만들어진 캘리퍼이다. 유압이 걸린 피스톤이 패드를 한쪽에서 밀면 그 반력으로 캘리퍼 본체가 움직이면서 반대쪽에서 마주 보고 미는 방식이다. 핀 슬라이드 식이라고도 불린다.

▼ 복동식

마스터 실린더
브레이크 액
캘리퍼 본체
브레이크 호스
캘리퍼 피스톤
브레이크 패드
디스크 로터

디스크 로터를 양쪽에서 조일 수 있도록 두 개의 피스톤이 마주 보고 있는 구조이다. 슈퍼 스포츠에 채택되는 대부분의 브레이크가 이 방식이며, 피스톤이 많다고 해서 제동력이 강해지는 것은 아니고, 작동성이 우수하다는 것이 장점이다.

● 피스톤 수와 디스크 패드 수

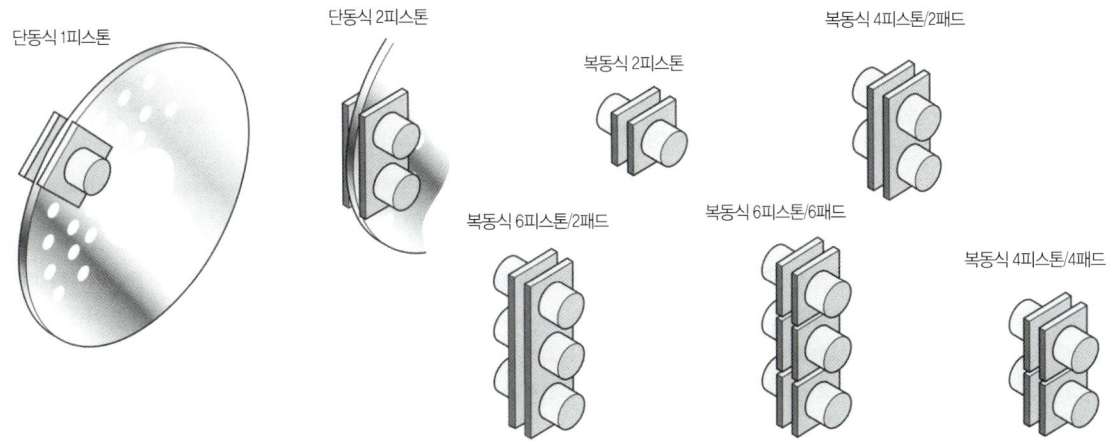

단동식 1피스톤
단동식 2피스톤
복동식 2피스톤
복동식 4피스톤/2패드
복동식 6피스톤/2패드
복동식 6피스톤/6패드
복동식 4피스톤/4패드

● 피스톤의 유효 직경

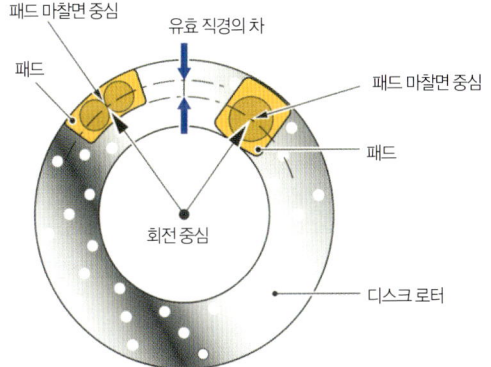

패드 마찰면 중심
유효 직경의 차
패드
패드 마찰면 중심
패드
회전 중심
디스크 로터

피스톤의 수를 늘였을 때의 장점은 피스톤의 직경을 작게 만들어서 브레이크 패드가 디스크 로터 바깥쪽을 압착할 수 있다는 점이다. 지렛대의 원리로 회전체의 중심에서 먼 곳을 압착할수록 작은 힘으로도 멈출 수 있다.

02 드럼 브레이크

The **B**asic **S**tructure of **B**ikes

바퀴 중앙에서 회전하는 드럼 안쪽에서 마찰재를 눌러 회전을 멈추는 것이 드럼 브레이크이다. 드럼은 휠 허브와 일체식으로 되어 있어서 이것을 브레이크 드럼이라고 부르며, 마찰재를 브레이크 슈 또는 브레이크 라이닝이라고 부른다.

◉ 드럼 브레이크의 구조

반달 모양으로 생긴 브레이크 슈 두 개가 서로 마주 보듯 브레이크 드럼 내부에 설치되어 있고 각각의 한쪽이 앵커 핀으로 고정되어 있다. 브레이크 슈의 반대편 끝은 캠에 닿아 있어서 와이어나 로드를 통해 캠이 회전하면 두 개의 브레이크 슈가 앵커 핀을 지점으로 밖으로 밀려 난다. 밀려난 두 개의 브레이크 슈가 드럼 안쪽 면을 누르면 마찰력이 발생해서 제동력이 발생되며, 드럼과 함께 회전하려는 진행방향의 슈를 **리딩 슈**, 반대쪽을 **트레이딩 슈**라고 부른다.

리딩 슈는 드럼과 함께 회전하려고 하지만 앵커 핀으로 고정되어 있기 때문에 회전하지 못하고 더욱 강하게 드럼에 밀착하려고 하며, 트레이딩 슈는 드럼에서 떨어지려고 하는 힘이 걸리지만 캠이 슈를 밀치고 있기 때문에 마찰력이 저하되지 않고 전체적으로 큰 제동력을 발휘한다.

그러나 밀폐된 드럼 안에서 발생한 마찰력 때문에 마찰력이 저하되는 페이드 현상이 일어나기 쉬운 것이 드럼 브레이크의 단점이다. 또한 드럼 안에 물이 스며들면 쉽게 마르지 않는 것도 단점이다. 그에 비해 디스크 브레이크는 로터가 밖으로 노출되어 있기 때문에 방열성이 좋고 젖은 노면에서도 원심력으로 물기를 떨어버리기 때문에 안정적인 제동력을 얻을 수 있다. 조작성 등을 생각하면 디스크 브레이크가 유리하지만 제작 단가는 드럼 브레이크가 유리하다.

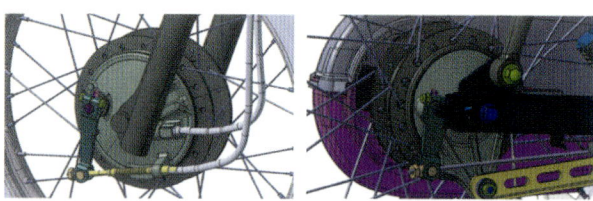

드럼 브레이크가 요즘의 스포츠 바이크에 채택되는 경우는 드물지만 혼다 슈퍼커브 등 비즈니스 바이크에는 전후륜 모두 드럼 브레이크가 사용된다. 또한 전륜 디스크 브레이크, 후륜 드럼 브레이크를 채택하는 모델도 적지 않다.

⊙ **리딩 트레이딩 방식**

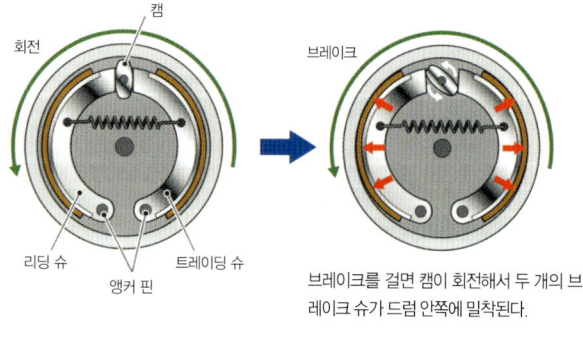

브레이크를 걸면 캠이 회전해서 두 개의 브레이크 슈가 드럼 안쪽에 밀착된다.

⊙ **투 리딩 방식(트윈 캠)**

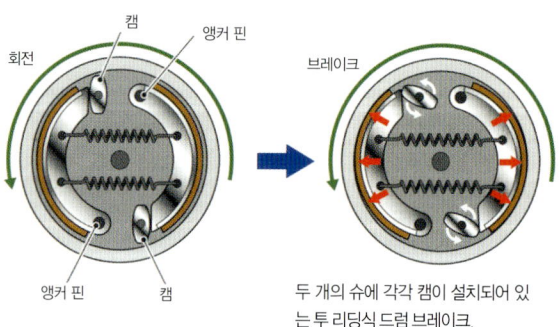

두 개의 슈에 각각 캠이 설치되어 있는 투 리딩식 드럼 브레이크.

03 The Basic Structure of Bikes
브레이크 시스템 각 부의 역할

제동력과 조작성을 향상시키기 위해 디스크 브레이크 시스템을 구성하는 파츠는 다양한 진화를 이루어 왔다. 최신 슈퍼 스포츠 모델은 레이디얼 마운드 캘리퍼 + 레이디얼 펌프를 채택하는 것이 주류이다. 각 부의 역할에 대해 알아본다.

◉ 싱글 디스크와 더블 디스크

디스크 브레이크가 한 장인 것을 **싱글 디스크**, 좌우에 한 장씩 두 장이 설치되어 있는 것을 **더블 디스크**라고 부른다. 경량화와 제동력에 유리하다는 각각의 장점이 있다.

▷ 더블 디스크
휠 양쪽에 디스크가 설치되어 있는 더블 디스크는 제동력이 강력하다.

▷ 싱글 디스크
싱글 디스크는 더블 디스크에 비해 가볍고 제작비가 싸다는 장점이 있다.

◉ 플로팅 로터

휠 허브에 고정되는 **이너 로터**와 브레이크 패드가 닿는 **아우터 로터**로 2분할 구성된 것이 **플로팅 로터**이다. 이너 로터와 아우터 로터는 플로팅 핀으로 서로 고정되어 있긴 하지만 열에 의한 팽창에 대비해서 전후좌우로 조금씩 움직일 수 있도록 되어 있다. 브레이크 패드와 로터 사이에 어긋남이 발생하기 어렵기 때문에 안정적인 제동력을 얻을 수 있는 장점이 있다. 이너 로터를 알루미늄 등의 가벼운 소재로 제작할 수 있어서 경량화에도 유리하다.

아우터 로터

브레이크 캘리퍼

이너 로터

플로팅 핀

◉ 웨이브 디스크

디스크 로터가 처음 나왔을 당시에는 단순한 원판 모양이었다. 그러다가 방열성이나 경량화, 패드 면의 클리닝 효과 등이 밝혀지면서 로터에 구멍이 뚫리는 것이 일반적이 되었다. 최근에는 테두리를 물결 모양으로 만든 **웨이브 로터**가 등장했으며, 같은 직경의 디스크에 비해 가볍고, 물결 모양의 엣지가 패드를 깨끗이 클리닝하고 물기 등을 긁어 배출해주는 효과가 있다고 알려져 있다. 꽃잎처럼 생겼다고 해서 **페틀 디스크**라고도 불린다.

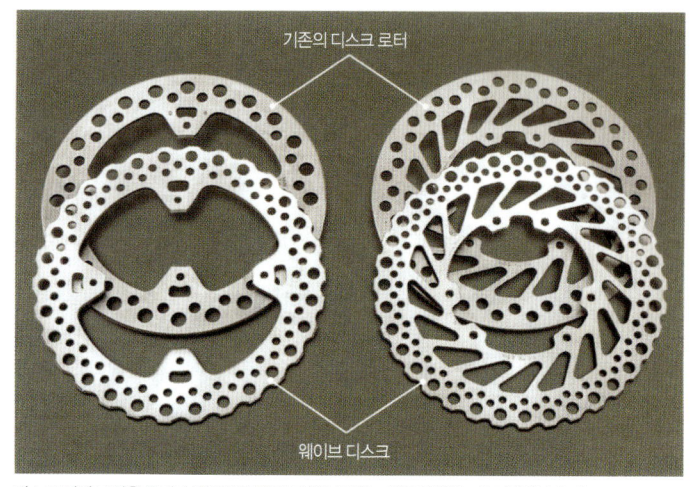

기존의 디스크 로터

웨이브 디스크

디스크 면에 구멍을 뚫거나 테두리를 물결 모양으로 하는 것은 경량화, 패드 클리닝 효과, 방열성 등에 유리하기 때문이다.

◉ 브레이크 패드

브레이크는 마찰을 이용해서 운동에너지를 열에너지로 바꿈으로써 감속을 하며, 이 마찰을 발생시키는 부분이 **브레이크 패드**라고 불리는 부분이고 디스크 로터를 좌우에서 압착한다. 제동시에는 로터와 강하게 접촉해서 마찰을 일으킴으로써 제동력을 발휘하며, 마찰을 하면서 조금씩 마모되기 때문에 주기적으로 교환해야 하는 소모품이기도 하다.

브레이크 패드는 베이스 플레이트에 마찰재(패드)를 붙여 놓은 단순한 구조를 하고 있다. 패드 소재는 금속 가루와 섬유재를 결합시켜 성형한 **세미 메탈 패드**가 주류였으나 최근에는 결합재를 사용하지 않고 고온고압으로 소결한 합성 패드가 고성능 브레이크 패드로 등장하여 내열 온도가 높고 내마모성, 조작성 등이 우수하다.

0.7μ의 강력한 제동력과 조작성을 겸비한 데이토나 골든 패드는 합성 메탈 소재의 패드이다. 표면에 홈이 파여 있는 것은 방열성 등을 고려한 설계이며 제동력과는 관계없다.

◉ 원피스 캘리퍼

실린더가 한쪽에만 있는 단동식 캘리퍼는 일체 주조로 제작되는 것이 일반적인데 복동식에서는 2분할 구조(투피스 캘리퍼)로 만들어지는 것이 대부분이다. 그러나 분할식 캘리퍼는 피스톤이 디스크 로터를 압착할 때에 캘리퍼 본체를 바깥으로 벌어지게 하는 힘이 작용한다. 이것을 원피스 구조로 하면 강성이 향상되고 제동력이나 조작성이 크게 향상된다. **모노 블록 캘리퍼**라고도 부른다.

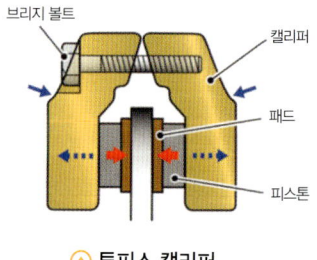

브리지 볼트
캘리퍼
패드
피스톤

◉ 투피스 캘리퍼

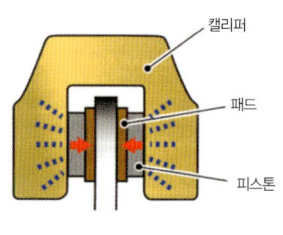

캘리퍼
패드
피스톤

◉ 원피스 캘리퍼

◉ 레이디얼 마운트 캘리퍼

브레이크 캘리퍼는 프런트 포크에 장착되어 있는데 장착하는 방법에 따라 **레이디얼 마운트 캘리퍼**라고 불리는 것이 있으며, 일반적인 캘리퍼는 차축과 평행으로 배치된 볼트로 고정되는 반면에 레이디얼 마운트 캘리퍼는 휠에 대해 방사형(레이디얼)으로 장착되어 있다. 차축 방향으로 캘리퍼를 고정하는 기존의 방법으로는 과격한 브레이킹 시에 고속으로 회전하려는 디스크 로터에 캘리퍼가 딸려 들어가려는 힘이 걸려서 비틀림이나 어긋남이 발생한다. 그러나 레이디얼 방향으로 캘리퍼를 고정하면 이것을 방지할 수 있고, 캘리퍼나 프런트 포크의 강성도 크게 향상된다.

▲ 기존의 캘리퍼

기존의 캘리퍼는 포크에 고정하는 볼트가 차축과 평행 구조이지만, 레이디얼 마운트 캘리퍼는 차축을 기점으로 방사 방향으로 고정되어 있다.

▲ 레이디얼 마운트 캘리퍼

스즈키 GSX-R1000은 2003년형부터 레이디얼 마운트 캘리퍼를 시판차로서는 세계 최초로 채택하였다. 레버 조작감이 우수하고 강성 향상과 경량화를 실현하였으며, 지금은 각 제조사의 스포츠 모델에 채택되고 있다.

◉ 레이디얼 펌프 브레이크 마스터 실린더

기존의 마스터 실린더는 **스러스트 펌프**라 불리며 핸들을 따라 가로 방향으로 피스톤을 작동시키고 있었는데, **레이디얼 펌프**에서는 핸들에 대해 수직(세로 방향)으로 피스톤을 누른다. 레버를 당기는 방향과 피스톤이 움직이는 방향이 같기 때문에 작동 저항이 적고 피스톤 이동량에 비해 다량의 브레이크 액을 압송할 수 있다. 실린더 직경을 크게 할 수 있어 다이렉트한 조작감을 얻을 수 있는 등 장점이 많다.

▽ 스러스트 펌프

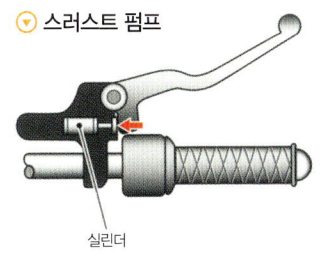

실린더

▽ 레이디얼 펌프

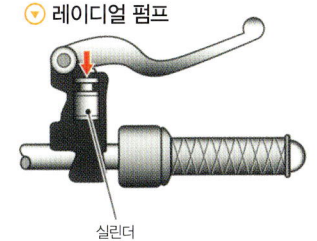

실린더

◉ 브레이크 액

브레이크 액의 성능을 나타내는 규격이 **DOT**이며, 제조사가 지정한 것을 사용할 필요가 있다. **드라이 끓는점**이란 제조된 직후의 수분이 전혀 포함되어 있지 않은 상태에서의 끓는점이며, **웨트 끓는점**이란 수분을 3% 흡수한 상태에서의 끓는점이다.

규격	드라이 끓는점	웨트 끓는점
DOT3	205℃ 이상	140℃ 이상
DOT4	230℃ 이상	155℃ 이상
DOT5	260℃ 이상	180℃ 이상

04 The Basic Structure of Bikes
진화하는 브레이크 시스템

라이더의 조작으로 균형을 잡아야 하는 바이크는 전후륜 브레이크를 따로 조작해야 할 필요가 있다. 난이도가 높은 기술인 브레이크 조작을 간략화시켜서 안전성을 높이려는 기술이 계속 개발되고 있다. ABS나 전후 연동 브레이크 등을 도입하는 모델이 증가되고 있다.

⊙ ABS(Anti-Lock Brake System)

급제동 시나 미끄러운 노면에서 브레이크를 과도하게 걸면 바퀴의 회전이 멈춰서 조종성이 떨어지거나 넘어지는 경우가 있기 때문에 차륜의 정지(록)를 방지하는 것이 **ABS**이다. 전후 휠에 설치된 센서가 휠의 회전 여부를 감지해서 브레이크 유압을 자동으로 감압, 유지, 가압해서 록(Rock)을 억제한다.

BMW는 1988년의 K100에 ABS를 시판차 최초로 탑재했고 그 후로도 진화와 숙성을 거듭해서 전후륜 연동 브레이크와 조합시킨 **인테그럴 ABS**를 개발하였다. 후륜의 공회전을 억제하는 **오토매틱 스태빌리티 컨트롤(ASC)**도 추가되어 브레이크만으로 작동하는 단독 작동형에서 네트워크로 작동하는 종합 시스템으로 발전하고 있다.

⊙ 전후륜 연동 브레이크 시스템

스쿠터를 제외한 대부분의 바이크는 오른손으로 핸들의 전륜 브레이크 레버를 조작하고 오른발로 후륜 브레이크 페달을 밟는 것이 일반적이다. 프런트 브레이크는 제동력이 강한 더블 디스크나 고성능 캘리퍼가 설치되어 있는 반면에 리어에는 조작성을 중시한 싱글 디스크가 설치되어 있는 등 전후 브레이크의 특성에 맞는 장비가 설치되어져 있으며, 라이더는 레버와 페달로 노면 상황이나 주행 상태에 맞도록 입력을 배분하고 컨트롤하여야 한다. 얼마나 강하게 감속하느

⊙ 인티그럴 ABS

BMW의 인티그럴 ABS는 기존의 플랜저 방식이나 램압(동압) 방식이 아닌, 밸브에 의한 제어방식을 채택하였다. 유압회로로 브레이크 압을 프런트 브레이크에 가한다. 브레이크 레버 입력에 진솔하게 반응하는 다이렉트 감각을 향상시킴으로써 ABS가 장착되지 않은 바이크에서 바꿔 타더라도 브레이크 조작에 위화감을 느끼는 경우가 없다.

⊙ 전후륜 연동 브레이크

전륜 디스크 브레이크
FRONT
왼쪽 브레이크 레버
오른쪽 브레이크 레버
딜레이 밸브
HANDLE
HANDLE
파킹 브레이크
후륜 디스크 브레이크
REAR
※ 드럼 브레이크

ⓐ FORZA Z 브레이크 시스템 개념도

혼다 FORZA Z는 오른쪽 브레이크 레버 조작으로 전륜 브레이크가 작동하고 왼쪽 레버 조작으로 프런트와 리어가 동시에 작동하는 연동 브레이크를 채택하였다.
※드럼 브레이크는 전용 와이어로 작동한다.

나에 따라 전후륜에 걸리는 하중 분포는 변하지만 이상적인 제동력 배분에 가까워지도록 레버와 페달의 조작을 더욱 간편하게 하려는 것을 목적으로 하는 것이 **전후륜 연동 브레이크**이다.

⊙ 전자제어 컴바인드 ABS

혼다 CBR1000RR/600RR이 채택하는 **전자제어 컴바인드 ABS**는 핸들 레버와 풋 페달로 조작한 유압을 전기 신호로 변환해서 와이어(전선)를 통해 파워 유닛에서 유압을 발생시켜 브레이크를 거는 **브레이크 바이 와이어** 방식을 채택하였다. 브레이크 입력 상태를 ECU가 감지, 연산해서 전후륜에 배치된 파워 유닛 모터를 작동시키면 전후 캘리퍼에 각각 독립적인 브레이크 유압을 발생시켜서 다양한 상황에서 최적의 제동력이 발생되도록 한다. 기존의 기계 제어식 컴바인드 브레이크 시스템에 비해 훨씬 부드러운 유압 제어가 가능하고, 브레이킹 시의 차체 피칭 모션의 발생을 효과적으로 억제할 수 있으며, ABS 작동시에 발생하는 진동도 감소되었다.

기계식에서는 레버 개방시에 후륜 제동력이 증가하면서 전륜의 호핑이나 릴리스 지연 현상이 발생하는 경우가 있었는데 전자제어식에서는 핸들 레버 입력, 해제마다 제동력 배분 특성을 변화시켜서 이 문제를 해소하고 있다. 기존의 **기계제어 컴바인드 브레이크 시스템**은 브레이크 주위에 많은 부품을 장착하고 그에 따라 현가장치 가동부의 중량 증가를 피할 수 없었지만, 전자식으로 바뀜에 따라 시스템 구성 부품이 크게 줄었고 무게도 가벼워졌다. 브레이크 캘리퍼도 스탠더드 모델과 공용이다.

⊙ 전자제어 컴바인드 ABS 시스템도

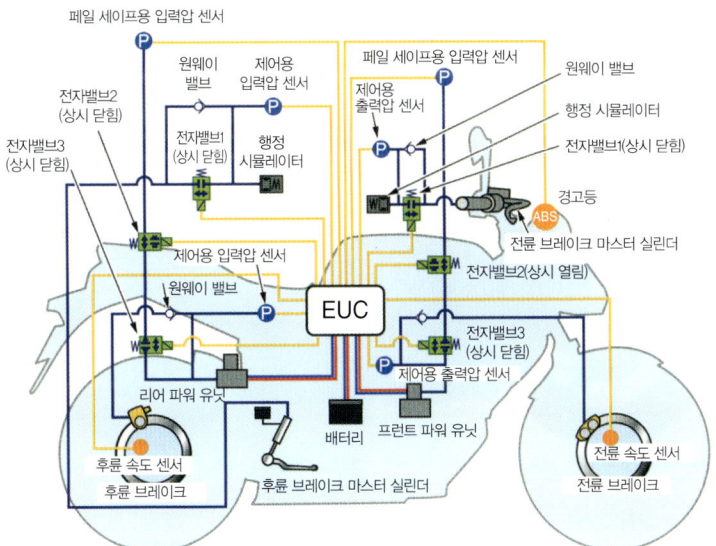

시스템에 이상이 발생했을 경우에 켜지는 ABS 경고등을 장비한 혼다 CBR1000RR.

브레이크 유압은 도중에 전기 신호로 변환되지만 행정 시뮬레이터를 채택하여 기존과 다름없는 레버/페달 조작성을 실현하고 있다.

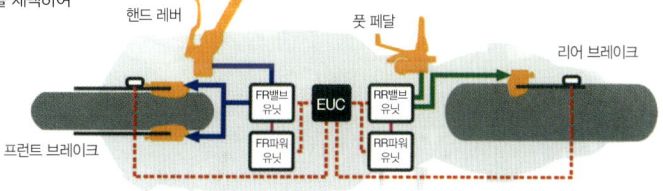

● 전자제어 컴바인드 ABS 시스템 배치도

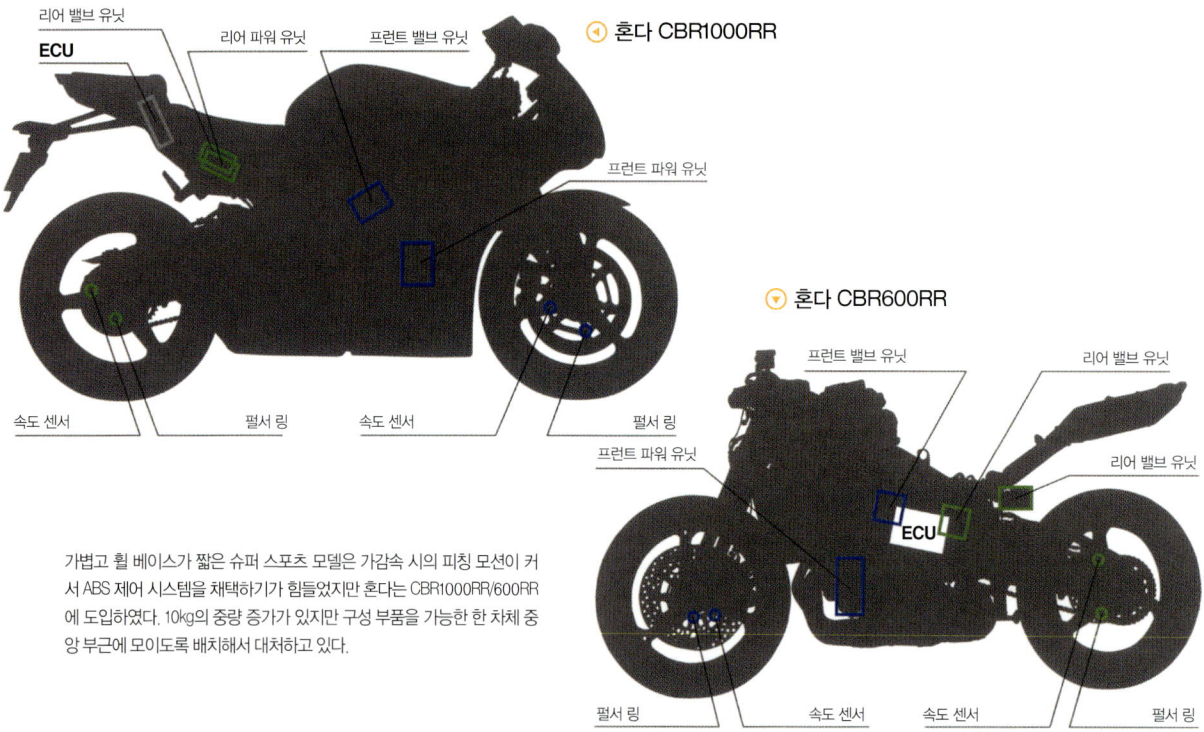

◐ 혼다 CBR1000RR

리어 밸브 유닛
ECU
리어 파워 유닛
프런트 밸브 유닛
프런트 파워 유닛

속도 센서
펄서 링
속도 센서
펄서 링

◐ 혼다 CBR600RR

프런트 밸브 유닛
리어 밸브 유닛
프런트 파워 유닛
ECU
리어 밸브 유닛

펄서 링
속도 센서
속도 센서
펄서 링

가볍고 휠 베이스가 짧은 슈퍼 스포츠 모델은 가감속 시의 피칭 모션이 커서 ABS 제어 시스템을 채택하기가 힘들었지만 혼다는 CBR1000RR/600RR에 도입하였다. 10kg의 중량 증가가 있지만 구성 부품을 가능한 한 차체 중앙 부근에 모이도록 배치해서 대처하고 있다.

● K-ACT ABS

가와사키 1400GTR에 탑재되는 **가와사키 어드밴스드, 코액티브 브레이킹 테크놀로지 ABS**는 기존의 ABS 기능 외에도 브레이크 레버 입력을 감지해서 전후 브레이크를 이상적인 제동력 배분으로 작동시키는 시스템이다. 전후 브레이크 작동을 **하이 컴바인드 모드**와 **스탠더드 모드** 두 종류에서 라이더가 선택할 수 있는데 가령 교통 체증이나 U턴 시에는 자동적으로 연동 기능이 꺼지는 등 보다 현실적인 기능이 고려되었다.

선진적인 K-ACT ABS에는 프런트 브레이크에 레이디얼 마운트 캘리퍼를 채택하는 등 안정적인 브레이크 성능을 실현하는 장비가 장착되어 있다.

● 더욱 진화하는 브레이크 시스템

20~30년 전까지만 해도 제동력을 향상시키는 데에 주력하던 시대였으나 진화와 숙성을 거듭한 최근의 브레이크는 더 이상 강력한 제동력만 가지고는 만족할 수 없는 시대가 되었다. 바이크는 브레이크 성능이 아무리 좋아져도 그것을 조작하는 라이더의 실력에 의존하는 부분이 크므로 조작을 잘못하면 균형을 잃거나 넘어지는 것은 변함이 없다. 그래서 각 제조사는 ABS나 전후 연동 브레이크를 적극적으로 도입해서 라이더의 실력에 관계없이 안정적인 제동력을 발휘하는 우수한 브레이크 시스템을 개발하는 데에 노력하고 있다.

◉ 진화하는 스즈키의 ABS

ABS는 전후륜에 장착된 **휠 스피드 센서**로 바퀴의 회전 속도를 감지해서 브레이크 압력을 자동으로 제어함으로써 바퀴의 록을 방지하는 시스템이다. 주행 속도와 휠 회전 속도를 언제나 감시해서 ABS 유닛으로 브레이크 압력을 유지, 가감하는 작업을 자동으로 반복한다. 휠 회전 속도와 주행 속도의 차이가 작아지면 브레이크 압력을 서서히 높인다. 이것을 반복해서 제어함으로써 바퀴를 록 시키지 않고 효율적으로 감속이 가능해졌다.

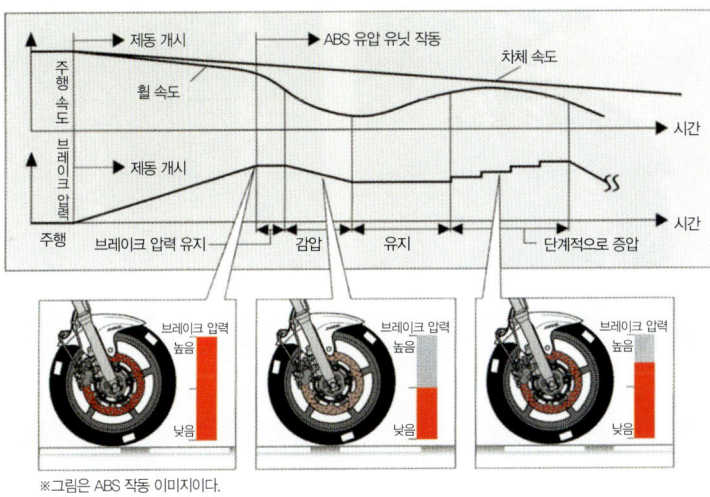

※그림은 ABS 작동 이미지이다.

스즈키 글라디우스 400 ABS. 스즈키는 1996년부터 ABS를 채택하였다. 초기에는 유압제어 유닛 + 컨트롤 유닛(8bit)이 약 4kg이었는데 지금의 ABS 유닛(16bit)은 약 1.5kg으로 크게 가벼워졌다. 휠 속노 센서노 패시브 타입에서 액티브 타입으로 진화해서 더욱 안정적인 성능을 발휘한다.

◉ 스즈키의 ABS

◉ ABS 시스템 이미지 그림

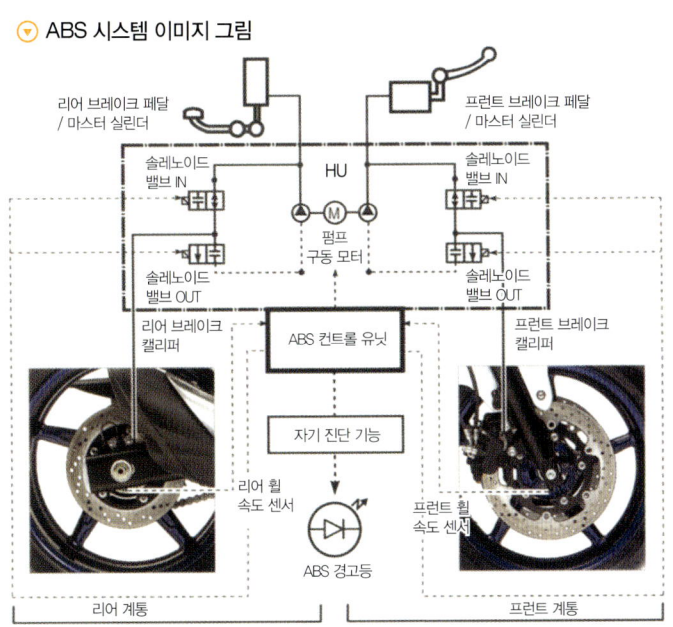

ABS 유닛은 전후륜을 독립적으로 제어한다. ABS 컨트롤 유닛은 휠 속도 센서의 신호를 연산해서 펌프 구동 모터와 솔레노이드 밸브 작동을 제어함으로써 브레이크 압력을 조정한다.

스즈키 글라디우스 400 ABS의 ABS 유닛은 ECU와 HU(하이드로 유닛)가 일체식으로 되어 있다. 16bit ECU는 1초당 약 100번 꼴로 휠 속도를 연산하며, 수 백 가지나 되는 패러미터 제어를 실시할 수 있다. 전용 컨트롤 로직에 의해 높은 제동력과 안정성을 확보하였다. 휠 속도 센서는 액티브 센서를 채택해서 저속에서 고속에 이르기까지 안정적인 계측이 가능하다.

05 휠

바이크에 사용되는 휠은 옛날부터 사용되던 스포크 휠과 로드 모델에 즐겨 사용되는 캐스트 휠이 있으며, 언스 프렁 웨이트에 직접적인 관련이 있는 부품이므로 강도를 유지하면서도 경량화를 추구해서 운동성을 향상시키 고 있다.

▶ 스포크 휠

센터 허브와 림을 금속 스포크로 연결해서 조 립한 것이 스포크 휠이며, 노면의 충격을 잘 흡수 하는 특징이 있어서 경량화와 충격 흡수력이 요구 되는 오프로드 모델은 최신 모터크로서나 트라이 얼 머신도 채택하고 있다. 아름다운 외관도 매력 적이라서 클래식 바이크에도 즐겨 채택된다. 림에 스포크를 장착하는 구멍이 뚫려 있기 때문에 튜브 타이어를 사용할 수밖에 없는 구조이지 만 스포크 니플을 특수하게 제작해서 튜브리 스 타이어가 장착 가능한 스포크 휠도 등장하 였다.

▶ 스즈키 RM-Z450

림에 있던 니플을 허브 쪽으로 옮김으로써 타 이어와 림을 밀폐 상태로 만드는 데에 성공. 스포크 휠이면서도 튜브리스 타이어를 장착 할 수 있는 BMW R1200GS.

▶ 캐스트 휠

캐스트 휠은 튜브리스 타이어를 장착할 수 있어서 요즘에 나오는 거의 모든 로드 바이크가 채택하고 있으며, 허브나 림, 스포크를 일체 주조로 제작한다. 특수한 경우로는 조립 구조를 채택해서 충격 흡수력을 높인 타입도 있다.

강도 향상, 디자인, 경량화를 추구한 다양한 형상과 패턴이 있다. 알루미늄 합금을 주조 성형한 알루미늄 캐스트 휠과 제작 단가가 저렴한 주철제가 주류이며, 레이스 전용이나 사외품으로는 제작비가 비싼 마그네슘 단조품이나 카본 재질 도 있다.

강도와 경량화를 양립시켜 야 하는 휠은 개성을 어필하 기에도 적격인 파츠이다. 할 리데이비슨 FLSTF 팻보이는 디쉬 타입 휠이 큰 특징이다.

06 타이어

The Basic Structure of Bikes

바이크가 도로를 달릴 때에 유일하게 지면과 닿아있는 부분이 타이어이며, 차체와 라이더의 무게를 지지하는 동시에 노면의 충격을 완충하고, 제동력과 구동력을 노면에 전달한다. 차체의 방향을 바꾸는 것도 타이어의 역할이다. 그 성능 여하에 따라 주행 필링에 지대한 영향을 미친다.

◉ 바이크 선회 특성에 맞는 전용 설계 타이어

스티어링을 꺾어서 코너링하는 자동차와는 달리 바이크는 차체를 기울임으로써 선회를 하며, 타이어의 특성이나 형상도 자동차용과는 달리 바이크 전용으로 설계 제작되어 있다. 트레드 면은 자동차 같은 평평한 형상이 아니라 둥그렇다. 바이크를 기울이는 각도 **캠버 앵글**이 커지면 선회력 **캠버 스러스트**도 커지는데 타이어의 숄더 부분에 걸리는 부담도 커진다. 숄더 부에는 바이크 전용 타이어 특유의 높은 강성이 필요하다.

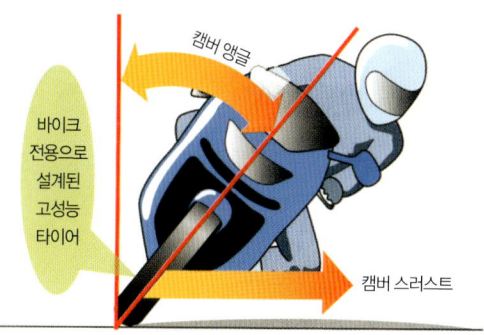

캠버 앵글

바이크 전용으로 설계된 고성능 타이어

캠버 스러스트

◉ 타이어 구조와 각 부의 역할

언뜻 보기에 고무 덩어리처럼 보이는 타이어지만 속에는 화학섬유 등이 들어 있으며, 나날이 새로운 기술이 적용되고 있다. 타이어의 골격에 해당하는 부분을 **카커스**라고 하며, 내부 공기압을 유지하고 타이어가 받는 하중이나 충격에 견디며, 노면과 닿은 부분을 **트레드**, 타이어 옆면을 **사이드 월**이라고 한다.

트레드는 두터운 고무로 내부 카커스를 보호하고 트레드 면에는 타이어가 미끄러지지 않도록 다양한 홈이 파여 있으며, 사이드 월은 주행 시에 가장 많이 변형되는 부분으로 유연성과 강성을 동시에 만족시키도록 설계되어 있다. 타이어를 휠과 림에 고정시키는 부분이 **비드**이다. 림과의 마찰 손상을 방지하기 위해서 튼튼하게 제작된다.

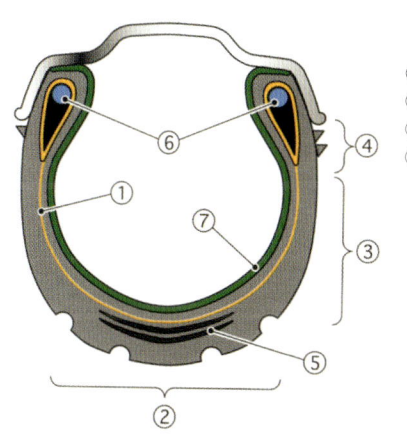

① 카커스 ② 트레드
③ 사이드 월 ④ 비드
⑤ 벨트 ⑥ 비드 와이어
⑦ 이너 라이너

▶ 던롭 SPORTMAX α-12는 최신 기술로 개발한 빅바이크, 미들 바이크용 고속 주행 레이디얼 타이어이다. 신속한 롤링 특성과 풀 뱅크 시의 강력한 선회력을 발휘한다.

프런트　　　리어

▶ 튜브 타이어와 튜브리스 타이어

림에 스포크를 장착하기 위한 구멍이 뚫려 있는 **스포크 휠**은 타이어와 림만으로는 기밀성을 유지할 수 없으므로 림과 타이어 사이에 튜브를 넣어서 공기압을 유지하는 **튜브 타이어**를 사용한다.

한편, 튜브를 사용할 필요 없이 타이어와 림 사이에 직접 공기를 주입해서 공기압을 유지하는 타이어를 **튜브리스 타이어**라고 하며, 타이어에 못이나 이물질이 박혔을 때에 튜브 타이어는 금세 바람이 빠져버리지만 튜브리스 타이어는 급격하게 공기가 빠지지 않고 수리하기에도 편하다는 장점이 있다.

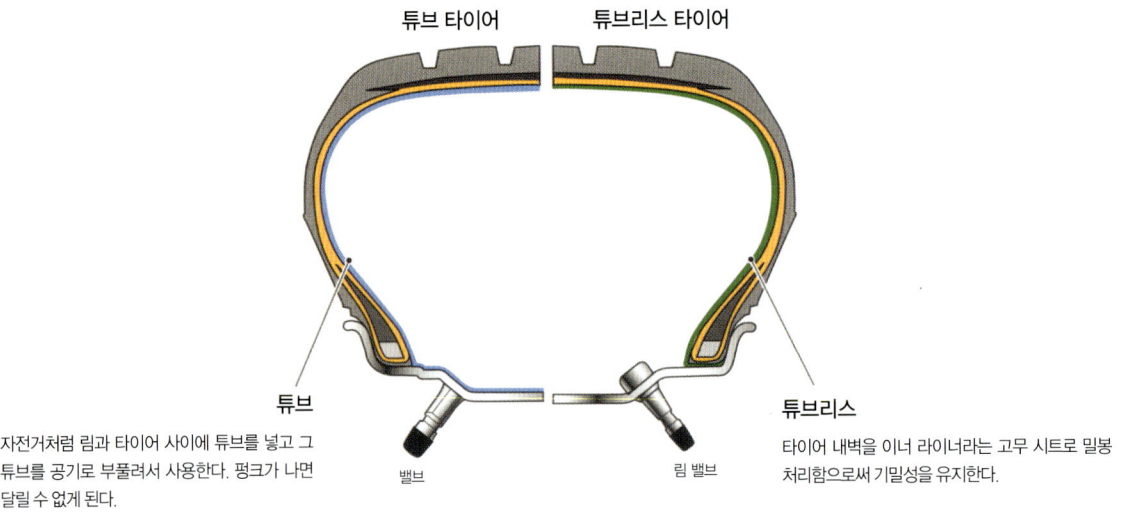

튜브 타이어 **튜브리스 타이어**

튜브

자전거처럼 림과 타이어 사이에 튜브를 넣고 그 튜브를 공기로 부풀려서 사용한다. 펑크가 나면 달릴 수 없게 된다.

밸브   림 밸브

튜브리스

타이어 내벽을 이너 라이너라는 고무 시트로 밀봉 처리함으로써 기밀성을 유지한다.

▶ 바이어스 타이어와 레이디얼 타이어

화학섬유를 사용한 **카커스**가 타이어의 골격을 이루는데 이 카커스를 어떤 식으로 감느냐에 따라 **바이어스 타이어**와 **레이디얼 타이어**로 구분할 수 있다. 바이어스 타이어는 카커스를 중심에 대해 30~40°의 각도(바이어스)로 서로 엇갈리게 감고 그 각도로 타이어의 강성을 결정한다. 타이어 전체로 노면의 충격을 흡수하므로 승차감이 좋아서 크루저나 스쿠터 등에 채택된다. 레이디얼 타이어는 카커스를 방사선상(레이디얼)으로 감고 그것을 케블러나 스틸 벨트로 다시 감은 것으로 강성은 벨트로 결정할 수가 있다. 트레드와 사이드 월을 각각 나누어서 설계 최적화할 수 있어서 바이어스 타이어보다 유연하고 그립력이 높은 고무를 사용할 수 있다는 장점이 있다.

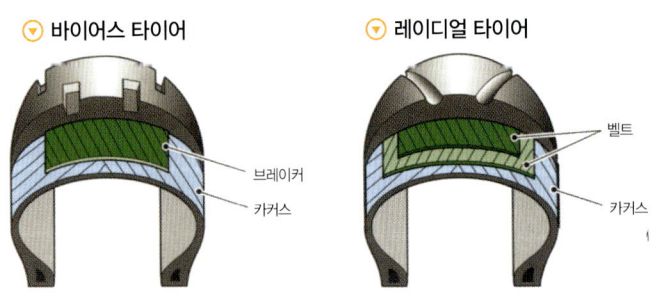

▽ **바이어스 타이어**   ▽ **레이디얼 타이어**

브레이커

카커스

벨트

카커스

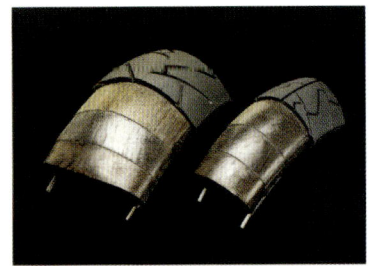

내부 구조에 고강도 벨트를 사용하는 레이디얼 타이어는 고속 내구성이 우수해서 스포츠 바이크에 즐겨 채택된다.

⊙ 타이어 사이즈

사이드 월에는 190–50–ZR17 등 타이어에 관한 정보가 숫자와 알파벳으로 적혀 있는데 이것이 **타이어 사이즈**이다. **190**은 타이어의 폭(mm), **50**이란 편평률(%), **17**은 휠 사이즈(인치)를 나타내는 수치이며, **Z**는 속도 영역, **R**은 레이디얼 타이어를 나타낸 것이다. **편평률**이란 타이어 폭에 대한 높이의 비율로 편평률 = 타이어 높이 / 타이어 폭 × 100이다. 타이어 폭이 190mm, 편평률 50%라면 타이어의 높이(휠부터 접지면까지의 거리)는 95mm가 된다. **속도 영역**이란 타이어가 견딜 수 있는 속도 영역을 말하는데, P, S, H, V, W, Z 순서로 고속으로 달릴 수 있는 강성을 갖추고 있다는 의미이다. 바이어스 타이어에서는 인치 표기가 사용된다. 예를 들어 **2.75–21 45L TT**는 타이어 폭 2.75인치, 휠 사이즈 21인치, 45는 **로드 인덱스**라는 타이어 제조사가 지정하는 최대 하중 지수로서 45의 경우는 165kg을 말한다. 마지막의 **TT**는 튜브 타이어를 의미하며, 튜브리스 타이어의 경우는 **TL**이라고 표기한다.

⊙ 최대 하중 지수(로드 인덱스)

하중 지수	하중(kg)	하중 지수	하중(kg)	하중 지수	하중(kg)	하중 지수	하중(kg)	하중 지수	하중(kg)	하중 지수	하중(kg)
		30	106	40	140	50	190	60	250	70	335
21	82.5	31	109	41	145	51	195	61	257	71	345
22	85	32	112	42	150	52	200	62	265	72	355
23	87.5	33	115	43	155	53	206	63	272	73	365
24	90	34	118	44	160	54	212	64	280	74	375
25	92.5	35	121	45	165	55	218	65	290	75	387
26	95	36	125	46	170	56	224	66	300	76	400
27	97.5	37	128	47	175	57	230	67	307	77	412
28	100	38	132	48	180	58	236	68	315	78	425
29	103	39	136	49	185	59	243	69	325	79	437

⊙ 속도 표시

L	P	S	H	V	Z
120km/h 이하	150km/h 이하	160km/h 이하	210km/h 이하	240km/h 이하	240km/h 이상

⊙ 타이어 제조 기간

사이드 월에는 타이어가 제조된 시기가 쓰여 있다. **1210**이라고 나와 있다면 2010년 12주째에 제조되었다는 의미이다. 타이어는 소모품이라서 마모 상태가 심하지 않더라도 시일이 지나면 고무가 조금씩 변질되므로 주기적인 교환이 필요하다.

◉ 공기압 단위

타이어 공기압을 나타낼 때에 흔히 쓰이는 것이 **kgf/cm²**이다. 미국이나 유럽에서는 **PSI, KPa, bar** 등을 사용한다.

PSI는 **파운드 퍼 인치**라고 읽으며 1평방 인치당 몇 파운드의 압력이 걸리는가를 나타낸다. **Kpa**는 **킬로 파스칼**이며, **bar**는 일기예보에서 기압을 나타내는 단위로도 쓰인다. 이들을 각각 환산하면 1kgf/㎠ = 14.2233PSI = 98.0665KPa = 0.9807bar이다.

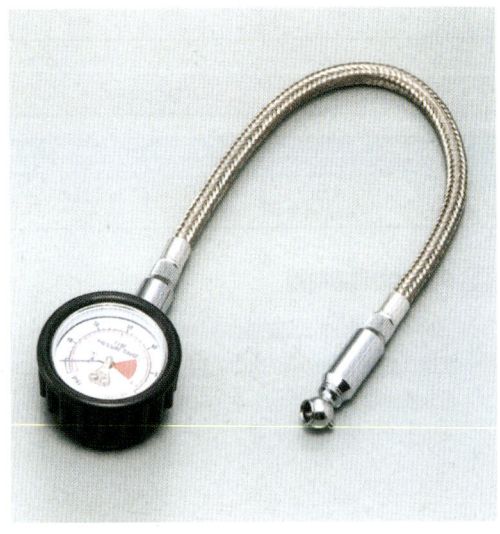

사진은 데이토나 에어 게이지. 헤드가 회전하므로 작업이 편한다.

1kgf/cm² = 14.2233PSI = 98.0665KPa = 0.9807ba
0.0070kgf/cm² = 1PSI = 6.895KPa = 0.069bar
0.010kgf/cm² = 0.145PSI = 1KPa = 0.01bar
1.020kgf/cm² = 14.5037PSI = 100Kpa = 1bar

◉ 타이어 압력 모니터링 시스템

타이어 공기압은 승차감이나 타이어 성능을 발휘하는 데에 중요한 요소로 너무 높아도 너무 낮아도 안 된다. 공기압 부족은 발열에 의한 손상이나 편마모를 일으키고, 공기압 과다는 센터 마모, 그립력 저하 등의 원인이 된다. 공기압은 꼼꼼히 점검해서 각 모델에 맞는 적정 공기압을 유지해야 한다.

가와사키는 1400GTR에 **타이어 압력 모니터링 시스템**을 도입했으며, 타이어 공기압을 센서로 감시하다가 이상이 발견되면 계기반의 경고등으로 알려 준다. 타이어 내부의 온도를 20℃일 경우의 공기압을 계산해서 표기하므로 온도 변화에 의한 수치 오차를 최소한으로 억제하고 있다.

타이어 공기압 센서의 신호를 ECU로 수신해서 계기반에 공기압을 표시한다. 공기압이 부족해지면 경고등으로 알려서 에어 부족으로 인한 트러블을 미연에 방지한다.

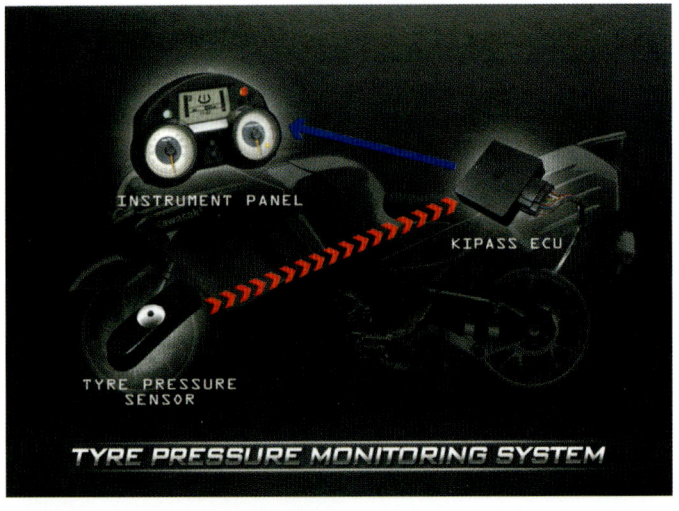

1976년 BMW R100RS

인상적인 디자인을 하고 있는 개성적인 프런트 카울은 아우토반을 고속으로 이동하기 위한 이상적인 설계에서 태어났다. BMW의 플래그십 모델로서 1976~1984년, 그리고 1986~1992년에 군림했다. 양산차로서는 세계 최초로 채택한 풀카울은 풍동 실험을 반복해서 개발된 것인데 그 중량은 불과 9.5kg에 지나지 않는다. 1976년에 처음 등장했을 때에는 스포크 휠에 싱글 시트 차림이었지만 곧바로 캐스트 휠을 채택하게 되었고 1979년에는 더블 시트를 도입했다. 프런트 19인치, 리어 18인치이며 현가장치는 트윈 쇽업소버를 장착하였다. 1984년에 일시적으로 생산이 중지되었지만 딜러와 소비자들의 뜨거운 성원을 받고 1986년에 재등장하였다. 디자인에 큰 변화는 없었고 이 후기형도 큰 인기를 끌었다. 휠은 전후 18인치로 다듬어졌고 현가장치도 모노 쇽업소버 타입이 되었다.

비주얼 바이크(구조와 기능)

2012년 1월 16일 초판발행
2016년 5월 1일 제1판 2쇄 발행

감　　수 : 이 순 수
편　　성 : GB기획센터
발행인 : 김 길 현
발행처 : 도서출판 골든벨
등　　록 : 제3-132호(87.12.11)
ⓒ 2012 Golden Bell
ISBN : 978-89-7971-991-8

이 책을 만든 사람들
기 술 교 정 : 이상호, 이순수
본문디자인 : 김재모　　　　　커버디자인 : 최동규
제 작 진 행 : 최병석　　　　　오프라인마케팅 : 우병춘, 강승구
온라인마케팅 : 안재명　　　　　공 급 관 리 : 오민석, 김경아, 연주민

● 주소 : 140-846 서울특별시 용산구 원효로 245(원효로1가 53-1)
● TEL : (02)713-4135　　　　　● FAX : (02)718-5510
● E-mail : 7134135@naver.com　　● http://www.gbbook.co.kr
※ 파본은 구입하신 서점에서 교환해 드립니다.

정가 20,000원